碳化硅材料磨削机理研究

刘　瑶　著

中国原子能出版社

图书在版编目（CIP）数据

碳化硅材料磨削机理研究 / 刘瑶著.--北京：中
国原子能出版社，2023.6
ISBN 978-7-5221-2771-2

Ⅰ．①碳… Ⅱ．①刘… Ⅲ．①碳化硅陶瓷–磨削–研
究 Ⅳ．①TQ174.75

中国国家版本馆 CIP 数据核字（2023）第 164378 号

碳化硅材料磨削机理研究

出版发行	中国原子能出版社（北京市海淀区阜成路 43 号　100048）
责任编辑	张　磊
责任印制	赵　明
印　　刷	北京金港印刷有限公司
经　　销	全国新华书店
开　　本	787 mm×1092 mm　1/16
印　　张	13
字　　数	189 千字
版　　次	2023 年 6 月第 1 版　2023 年 6 月第 1 次印刷
书　　号	ISBN 978-7-5221-2771-2　　　定　价　96.00 元

网址：http://www.aep.com.cn　　　　E-mail：atomep123@126.com
发行电话：010-68452845

作者简介

刘瑶，男，汉族，1990年1月出生，东华大学与密西根大学联合培养博士，密歇根大学博士后访问学者，国家留学基金委国际本科学术互认课程项目（ISEC）认证教师，先进制造技术山西省重点实验室骨干成员，《金刚石与磨料磨具工程》期刊青年编委，*Journal of Coating Science and Technology* 编委，广东省精准医工结合分会委员；现就职于中北大学，为副教授、硕士生导师、国际留学生硕导，主要从事精密加工技术与装备、无损检测技术与装备和生物医学制造领域的研究工作；主持国家自然科学基金青年基金项目1项、国家重点研发计划子课题1项、省部级课题4项，先后在 *CIRP-Annals Manufacturing Technology*、*Ceramics international* 等高水平 SCI 期刊发表论文20余篇，申请和授权中国专利10余项，授权美国专利1项，翻译出版英文专著1部。

前　言

　　近年来，碳化硅材料的发展极为迅速，其应用也日益广泛，已经深入航空航天发动机、高端轴承、核电站外壳、大型天文反射镜、耐压电力电子等众多的领域。碳化硅材料目前主要以陶瓷、陶瓷复合材料和晶片的形式存在，不同存在形式表现出相同的硬脆、耐高温、耐腐蚀特性，同时兼顾不同的物理特性，如碳化硅复合材料相比于碳化硅陶瓷，添加了纤维后，材料韧性增加，更加抗冲击；而碳化硅晶片相比于碳化硅陶瓷，由于没有粘接剂和晶体缺陷的存在，表现出更强的脆性，致使其延性加工更加困难。

　　本书是作者多年来从事碳化硅材料磨削机理和技术方面研究的最新成果。全书共分为 11 章，各章的主要内容分别为：第 1 章为碳化硅材料的制备工艺、特性、应用和加工技术研究现状；第 2 章为碳化硅材料的磨削和断裂、去除理论；第 3 章为碳化硅陶瓷的磨削力和磨削表面质量研究；第 4 章为 SiC 陶瓷磨削表面粗糙度建模；第 5 章为碳化硅陶瓷磨削热计算与分析；第 6 章为光滑粒子流体力学仿真 SiC 陶瓷划擦机理；第 7 章为 2.5D SiC$_f$/SiC 的单颗磨粒划擦实验研究；第 8 章为 2D SiC$_f$/SiC 磨削实验研究；第 9 章为单颗金刚石磨粒划擦 2D SiC$_f$/SiC 光滑粒子流体动力学仿真；第 10 章为单晶 SiC 晶片的纳米磨削机理研究；第 11 章为多晶 SiC 晶片的纳米磨削机理研究及其与单晶 SiC 晶片的纳米磨削机理的比较。

　　本书选题新颖独到、结构科学合理、数据丰富详实，作者希望读者通过本书的学习，能够掌握碳化硅材料的基本知识、磨削加工的基本理论和方法，为以后从事硬脆磨削技术方面的研究和工艺优化奠定基础。

由于作者的学识和水平有限，书中难免存在疏漏之处，恳请广大读者给予批评指正。如果本书的出版能够对读者了解碳化硅材料磨削加工的原理和技术有所裨益，作者将不胜欣喜。

刘　瑶

2023 年 3 月于中北大学机械工程学院

目　录

第1章

绪 论

碳化硅材料是一种典型的脆性材料，因为其具有低密度、耐腐蚀、耐磨损、耐高温、化学惰性好等方面的优点，而被广泛应用于航空航天、光伏能源、自动化、刀具、光学仪器等领域。碳化硅根据呈现形式的不同，一般可分为以下三大类。

（1）碳化硅陶瓷。碳化硅陶瓷晶体结构主要分为六方晶系的 α-SiC 和立方晶系的 β-SiC，是一种强共价键的化合物。

（2）碳化硅陶瓷复合材料。碳化硅陶瓷与其他材料纤维结合，可制备成碳化硅陶瓷复合材料，如 C_f/SiC、SiC_f/SiC 等。

（3）碳化硅晶片。碳化硅晶片主要用来代替硅基芯片，制作半导体器件。

碳化硅陶瓷和碳化硅陶瓷复合材料一般以多晶的形式存在，而碳化硅晶片则以单晶的形式存在。上述三种材料均具有低密度、耐腐蚀、耐磨损、耐高温以及化学惰性好等方面的优势，虽然这些材料在自身的结构上存在一定的差异，性能上也各有不同，但三者因其高硬度和耐磨的共同特性使得目前它们的加工方式主要以机械磨削为主。因此，这三种材料在加工过程中表现出较大的相似性，但同时又具有各自独特的性能。

本书将从上述三种形态的碳化硅材料的磨削加工理论出发，研究其加工机理。

1.1 碳化硅材料的制备工艺

碳化硅陶瓷主要通过烧结工艺制备。为了制备紧密的碳化硅陶瓷材料，研究人员对碳化硅的烧结机理、烧结助剂、烧结方法、致密化过程进行了大量实验研究，使得各种烧结技术迅速发展。目前碳化硅陶瓷材料的制备技术有反应烧结、常压烧结、重结晶烧结、热压烧结、热等静压烧结、放电等离子烧结、闪烧、振荡压力烧结等。

碳化硅陶瓷基复合材料是指将碳或碳化硅等纤维按照一定结构进行编织后，得到预制体，然后采用碳化硅陶瓷制作基体包裹预制体。根据纤维的编织方式不同，陶瓷基复合材料可分为 2D、2.5D 和 3D 复合材料。在材料制备方面，主要的制备工艺有聚合物浸渍裂解（precursor infiltration pyrolysis，PIP）工艺、反应熔体浸渗（reactive melt infiltration，RMI）工艺和化学气相渗透（chemical vapor infiltration，CVI）工艺。

碳化硅晶片材料的制备分为物理方法和化学合成法。物理方法一般指机械粉碎法和 β-SiC 粉末的升华-结晶法；化学合成法主要有化学气相沉积法和碳热还原法。高纯硅粉和高纯碳粉是制作 SiC 晶片的原料，先将高纯硅粉和高纯碳粉按一定配比放入反应炉内，在 2 000 ℃以上的环境下反应生成碳化硅颗粒；再经过机械粉碎、清洗等过程，便可制作为可以满足晶体生长的高纯度碳化硅微粉原料。SiC 单晶的主要生长方法有物理气相输运法（physical vapor transport，PVT）、化学气相沉积法（chemical vapor deposition，CVD）、液相外延法（liquid phase epitaxy，LPE）、高温溶液法（HSSG）等。

1.2 碳化硅材料的特性与应用

1.2.1 碳化硅陶瓷材料的特性与应用

碳化硅陶瓷材料因其优异的各项性能（如力学性能和物理、化学性能等），使得其在传统工业领域应用范围广阔，而且在核能、国防及空间技术等高科技领域发展迅速，应用广泛。SiC 陶瓷材料的密度较铝合金略高，但其抗弯强度、硬度和弹性模量比铝合金高几十倍，同时线膨胀系数极低，高温下尺寸保持性非常好。

硬度是 SiC 陶瓷材料最重要的特性之一，与材料本身原子之间的结合方式直接相关。SiC 陶瓷材料的工作环境温度对材料的硬度影响极大，在 700 ℃温度下，其硬度大约只有常温下的 50%。当温度升高以后，晶粒的热运动使陶瓷材料产生一定程度的变形。在塑性和粘性过程的基础上，陶瓷材料将进一步形成蠕变过程。对多晶陶瓷的应力-应变测量表明，温度上升后的高应力产生的塑性形变比常温下的高塑性变形更加明显。当温度上升时，陶瓷的塑性流动能力增强，而脆性特征减弱。在高温环境下产生的位错运动将使滑移面活化或形成位错攀移。同理，环境温度对陶瓷材料的强度的影响显著。在 1 000 ℃ 以上时，陶瓷的弯曲强度低于金属材料。在高温环境下，陶瓷也有着与金属材料类似的"变形行为"。

随着碳化硅的制备和加工技术的逐渐成熟，其应用场景也逐步扩大。因碳化硅陶瓷具有硬度高、耐损耗、不易腐蚀等特点，其是制备陶瓷轴承和陶瓷密封件的优良材料；由于碳化硅陶瓷具有极好的耐高温特性，可将其运用到航空发动机、核反应堆的高温载流部件、能源系统高温结构部件等；利用碳化硅陶瓷的高刚度重量比特性，可以制备高级仪器的反射镜；利用结构陶瓷材料的低热膨胀系数特点，可制备精密机床导轨、主轴、模具以及测量器具。

如图 1-1 所示，图 1-1（a）为碳化硅反射镜，已应用到航天遥感、航空机载前视红外搜索与跟踪系统；图 1-1（b）为 SiC 陶瓷制作的密封环，已经应用于发动机的气缸密封，由于 SiC 的耐高温和耐磨损特性，能够保证气缸内燃料燃烧升温后不发生膨胀，起到很好的密封作用，同时由于其耐磨损，使用寿命较长，使整个发动机系统更加稳定。图 1-1（c）为国内某企业出售的碳化硅陶瓷轴承，其中内外圈和滚珠均为 SiC 制造，广泛应用于高温、密闭、狭小同时需保持精度的空间，如高端精密电主轴上的支撑轴承。碳化硅陶瓷也广泛应用于高性能防弹装甲，对比其他防弹材料，其优势在于高硬度、高弹性模量，可以抵抗运动的子弹的动能，且相比于其他防弹材料造价低廉。另外，与 Al_2O_3 陶瓷比较，碳化硅陶瓷防弹装甲更轻便，在行动时更加方便。

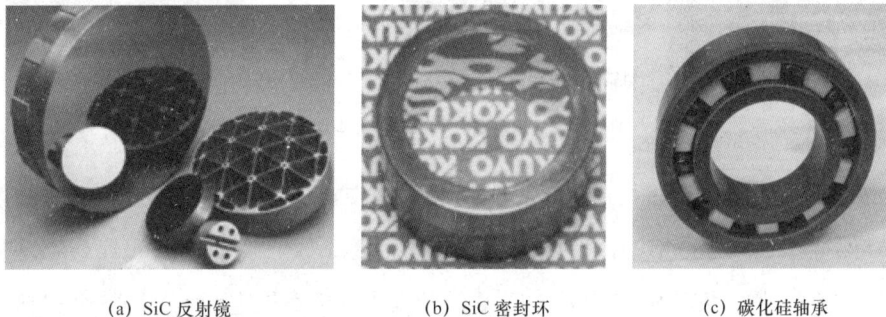

(a) SiC 反射镜　　　　(b) SiC 密封环　　　　(c) 碳化硅轴承

图 1-1　碳化硅陶瓷的应用

1.2.2　碳化硅陶瓷基复合材料的特性与应用

碳化硅陶瓷基复合材料（SiC ceramic matrix composite，SiC-CMC）是高温和高冲击下的理想轻型材料，已应用于航空发动机和大型发电装置涡轮叶片、热处理和晶体生长炉、核反应堆等。SiC-CMC 通过在陶瓷基体中植入第二相纤维材料，可大幅度改善传统陶瓷材料的断裂韧性和冲击强度，克服传统陶瓷材料固有的脆性，使其具有高韧性、抗蠕变、抗腐蚀、抗冲击和抗疲劳的能力。以 SiC_f/SiC 材料为例，通过在 SiC 陶瓷基体中加入直径为 $10\sim20\ \mu m$ 的 SiC 纤维（SiC_f）（SiC_f 表面涂敷有一层厚度 $<1\ \mu m$ 的氮化硼 BN、热解碳 PyC 或多层膜 PyC/BN 涂层作为纤维-基体涂层界面材料），导致裂纹绕开 SiC_f 进行扩展或直接被阻断，而 SiC_f 从基体脱落也可弥合裂纹，避免灾难性的破坏。此外，如图 1-2 所示，FRCMC（fiber reinforced ceramic matrix composites，纤维增强陶瓷基复合材料）相比于金属材料具有较低的密度和优越的高温强度，如 SiC_f/SiC 的密度约为金属材料的 1/3，在 1 500 ℃以上的高温环境下，仍然可以保持 12 km 的自我支撑长度，远高于钛合金、碳纤维增强塑料及镍基超级合金在此温度下的自我支撑强度（几乎为 0）。目前，美国通用电气公司（general electric company，GE）已经将 SiC_f/SiC 应用于航天发动机的高温区，如叶片、整流罩、喷嘴和燃烧室，其重量的降低和燃烧温度的升高使得发动机推力提高了 25%，油耗减少了 10%。因此，FRCMC 具有巨大的工业应用前景。

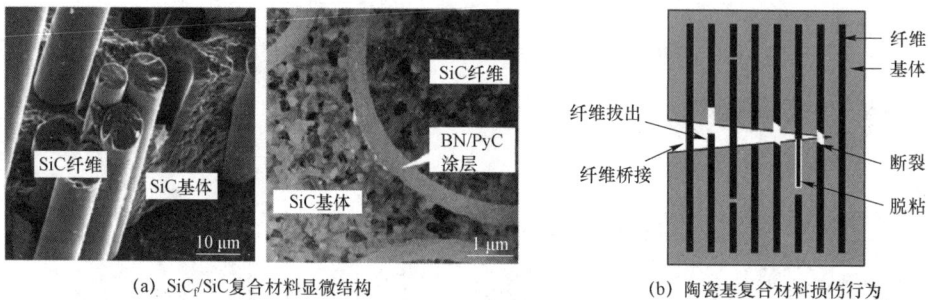

| (a) SiC_f/SiC 复合材料显微结构 | (b) 陶瓷基复合材料损伤行为 |

图 1-2　FRCMC 材料的结构组成

如图 1-3 所示，在将近 1 500 ℃的高温环境中，SiC_f/SiC 复合材料的比强度仍然可以保持在 $50\sim100\ MPa$，性能较为稳定。而镍、铁、钛等金属和聚合物基复合材料等材料的比强度在 0~1 000 ℃时变化较大，性能不稳定。陶瓷基复合材料因其优越的热稳定性、高硬度、耐腐蚀、低密度和良好的耐磨性而广泛应用于航空航天和核能领域，如航空发动机燃烧室、喷口导流叶片、涡轮叶片、涡轮壳环、尾喷管。

美国、德国和日本等西方国家在陶瓷基复合材料方面做了大量研究，开展了许多项目计划，如先进高温热机材料计划、先进涡轮技术应用计划、美国国家宇航计划、美国国防关键技术计划以及日本的月光计划等。

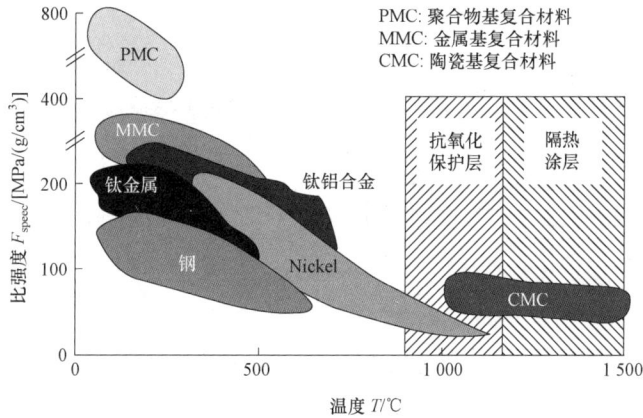

图 1-3 不同材料的比强度性能

在实际应用中，美国 GE 公司与 CFM 公司合作研制的 SiC_f/SiC 复合材料涡轮罩环已经成功应用于空客 A320 和波音 737MAX 飞机的 LEAP 发动机，这是 SiC_f/SiC 复合材料首次用于商用发动机高压涡轮部件。2015 年，GE 公司通过 F414 涡航发动机验证机首次验证了陶瓷基复合材料在低压涡轮叶片上的应用。与此同时，GE 公司还将其复合材料应用于燃烧室内外衬套、高压涡轮一级和二级导向器以及一级罩环上。如图 1-4 所示，在 2019 年生产的 GE9X 发动机中，有 5 个 SiC_f/SiC 部件：

图 1-4 航空发动机中的陶瓷基复合材料

2 个燃烧室衬套、2 个喷嘴、1 个护罩。国内对陶瓷基复合材料的器件的制备研究始于 20 世纪 80 年代，目前已经具备一定的制备能力和小批量生产能力，但相比于西方发达国家在工业化上的应用还远远不足。

1.2.3 碳化硅晶片材料的特性与应用

碳化硅晶片是一种微细的片状或扁平状的单晶体，晶片直径一般为 3～300 mm，厚度为 0.5～15 μm，呈六角形或三角形。碳化硅晶片因其强度高、弹性模量高、化学性能稳定且具有完整的结构、对人体健康和环境无污染等特点而得到广泛应用。

碳化硅作为最具代表性的第三代宽禁带半导体材料，它具有宽带隙（2.3～3.3 eV）、高临界击穿电场（0.8～3.0 MV/cm）、高热导率（3～4.9 W/cm·K）、高载流子饱和迁移速度（2.0×10^7 cm/s）、低相对介电常数（9.7～10）、耐高温（高达 1 000 ℃）和抗辐射能力强等特点。与第一代元素半导体材料（Si）和第二代化合物半导体材料（GaAs、InP 等）相比，SiC 器件的性能和稳定性要远远高于 Si 器件和 GaAs 器件，特别是在极端恶劣的环境下使用时，因而其在高性能电力半导技术领域更具有发展前景。同时，SiC 晶体因其与外延层材料 GaN 具有高匹配的晶格常数和热膨胀系数及良好的热导率，可以作为 GaN 基器件的理想衬底材料，如 LED（发光二极管）和 LD（激光二极管）等，利用其来制作大功率 GaN 基 LED 照明设备，在一定程度上可以改善 LED 器件的散热问题。因此，SiC 晶体材料已经成为半导体照明技术领域不可缺少的衬底材料。

1.3 碳化硅材料的国内外加工研究现状

1.3.1 碳化硅陶瓷材料的磨削机理的研究现状

碳化硅烧结后一般会收缩，无法保持原有的形状，所以无法保证烧结后的表面和尺寸的精度，通常需要二次加工。碳化硅陶瓷由于其硬度高、强度高、断裂韧性低、弯曲强度低以及易产生缺陷等特性，难以加工。为此，众多研究人员对碳化硅坯体的二次加工进行了大量的研究，以提高陶瓷的精度与完整性。目前主要的加工方法有激光刻蚀技术、高温化学腐蚀技术、磨粒水射流加工、磨削加工、能场辅助磨削。

碳化硅陶瓷材料的硬度仅低于金刚石和 CBN，导致加工难度巨大，目前主要采用金刚石或者 CBN 砂轮磨削工艺进行加工。同时由于碳化硅材料非常脆，加工过程中极易产生裂纹。而碳化硅材料磨削质量对其在各个领域的应用及产品使用寿命有着极大的影响，意义非凡。在一般情况下，我们通常以表面粗糙度、表面裂纹、亚表面损伤和表面延性域比例等指标来评估碳化硅陶瓷材料的损伤。同时，表面粗糙度和表面延性域比例极易受表面/亚表面裂纹影响。因此，碳化硅陶瓷材料磨削研究的重点是建立表面/亚表面裂纹对于碳化硅陶瓷材料表面粗糙度和表面延性域比例的影响机理。然而，工艺参数仅仅只是影响磨削质量的其中一个因素，其他的影响因素还包括砂轮的材质、几何形状、直径大小与机床的力热载荷、使用环境温度以及机床振动幅度等。陶瓷材料的去除方式主要包括脆性断裂及塑性成形，而其微观裂纹通常是由脆性断裂去除而产生的。因此，要控制磨削加工中的脆性去除比例以及脆性裂纹的大小，这对于减小微观损伤有着重要作用。脆性断裂通常情况下是由于加工中的磨削力过大导致材料的空位间隙以及裂纹的形成及拓展、延伸、剥落及破裂等形成的。而延性去除则比较接近于金属材料的成屑去除方式，经过传统的弹性滑擦、塑性耕犁、脆性切削等阶段去除材料。

对于碳化硅陶瓷的磨削去除机理研究，主要通过固体力学以及其分支弹塑性力学等方法进行研究。19 世纪末，Hertz 在脆性材料的压痕中发现微开裂这一现象。此后，Lawn 等[1]对压痕中的应力应变、应力强度因子、裂纹的萌生与扩展等展开了详细研究。Evans[2]、Anstis 等[3]学者从各个方面对微开裂现象进行了更加深入的研究，他们将目光锁定在接触损伤这一方面，所谓的接触损伤即磨粒或压头与脆性材料表面接触后形成损伤的行为。研究者们在实验研究方面，以加工工件时内部裂纹的萌生与扩展情况为主要方向。张玺等[4]以不同锥角的单颗金刚石磨粒对热压氧化铝材料进行了划擦试验，他们通过扫描电子显微镜（scanning electron microscope，SEM）观测热压氧化铝材料表面，发现随着划擦深度的不断加深，材料表现出不同的去除行为，分别为宏观塑性变形、出现微裂纹、裂纹的萌生与扩展直至最后材料破碎去除。为了深入探究划擦深度与材料去除机理之间的关系，Johansson[5]和 JrJCC[6]将工件加工表面进行了倾斜处理，使其表面与水平面形成了一个微小的夹角，以便划擦时可以滑擦出不同的深度，当滑擦深度不断增加时，他们可以观察到工件材料从塑性变形逐步向着破碎的过程前进。徐铭洲等[7]在磨床上对两个被胶粘剂粘在一起的陶瓷片进行了磨削加工，磨削完成后将胶粘剂进行了融化处理，发现磨削后微裂纹的变化与划擦实验中裂纹的变化接近。Matsuo 等[8]以钢和氧化铝为工件在往复式平面磨床上进行了划擦试验，发现当划痕截面面积增加时，磨削力也与之一起增加。Liu 等[9]通过构建 SiC 陶瓷的动态断裂韧性模型并将其融合到 JH-2 模型，仿真证明了 SiC 陶瓷的应变增韧效应以及由此引发的裂纹趋皮肤效应，发现随着砂轮速度的增加，SiC 陶瓷的加工裂纹逐渐由深而窄的亚表面裂纹转变成宽而浅的表面裂纹，最后开展实验证明了上述结论。Wu 等[10]研究了 SiC 陶瓷磨削过程中的应变率效应，发现高砂轮速度有利于 SiC 的延性去除。Pang 等[14,15]运用温度反演算法计算了磨削过程中磨削区的温度分布。刘瑶等[13]对 SiC 陶瓷的磨削过程开展了基于光滑粒子流体动力学（smoothed particle hydrodynamics，SPH）的仿真，提出了 SiC 陶瓷存在三种去除形式：纯延性去除、脆性辅助的延性去除和脆性去除。纯延性去除过程中不产生任何裂纹，切削深度较低；脆性辅助的延性去除在待去除的材料上会产生部分裂纹，从而导致部分待去除的材料先进行脆性去除，使剩余的待去除变少，从而实现延性去除，磨削表面表现为延性磨削的状态；脆性去除中裂纹已经扩展到磨削表面下方，磨削后的工件表面有明显的裂纹痕迹。Wu 等[12]提出了一种综合考虑 SiC 陶瓷磨削延性表面和脆性表面共存的形式下的表面粗糙度模型，并成功预测了 SiC 磨削表面粗糙度。Liu 等[11]提出了一种考虑砂轮表面磨粒形貌和分布的磨削表面粗糙度预测方法，成功实现了 SiC 磨削表面粗糙度的预测。

在关于陶瓷裂纹及断裂状况方面，国内外学者也进行了大量研究。于爱兵等[16]以压痕断裂力学模型为基础，研究了在陶瓷加工过程中，其磨削应力的状态，分析了陶瓷磨削过程中裂纹的萌生机理。唐修检等[17]研究了陶瓷材料磨削过程中出现的边缘破裂现象，分析了陶瓷材料边缘碎裂的行为与机理。Nittura 等[18]对陶瓷材料的碎裂行为进行了研究，发现陶瓷材料所表现出的显塑性与侧面膨胀有关。Chuang 等[19]研究了砂轮与陶瓷材料之间的磨削几何特征，分析了陶瓷磨削过程中应力场的特征与变化，研究了陶瓷材料表面裂纹萌生的临界条件。朱洪涛等[20]使用控制变量法来调节磨削参数，分析了磨削过程中材料去除方式的变化以及陶瓷材料的表面/亚表面损伤特征。万林林等[21]研究了磨削过程中砂轮表面的磨粒尺寸、砂轮转速及进给速度等对氮化硅陶瓷的亚表面损伤深度的影响，建立了陶瓷磨削的亚表面损伤深度模型。以上基本都是通过"压痕断裂力学"模型或"切削加工"模型来研究陶瓷材料的裂纹现象的。而两种模型均有其局限性，如压痕断裂力学模型是建立在绝对理想的环境下进行的，且材料变形是由静态压头产生的，需要排除磨削速度、磨削深度等因素的干扰；而切削加工模型只是通过对切削力及裂纹扩展规律进行测量等手段对磨削机理进行研究，未考虑裂纹的萌生。另外，上述研究也未在抑制裂纹萌生与扩展方面进行研究，裂纹抑制方法、抑制机理、加工工艺等对加工效率、加工质量的影响也被忽视了，没有讨论材料的特性与裂纹抑制与扩展之间的关联。

1.3.2 陶瓷基复合材料的磨削机理的研究现状

相比于传统的金属材料，陶瓷基复合材料因其本身具有各向异性和不均匀性的特殊性质，导致加工工艺复杂，加工费用高，限制了该材料的大批量使用。为此，研究人员对多种加工工艺进行了大量研究，以达到几何形状、装配公差和表面质量的需求。

陶瓷基复合材料磨削材料的磨削过程是结构与各种要素，如力学特性、砂轮结构、磨削工艺和应力应变场等相互作用的成型成性的工艺制造过程。由于这些要素的自身特点及耦合作用，使得陶瓷基复合材料磨削时的多磨粒的动态与材料损伤演变成了一个复杂的问题，同时砂轮在磨削过程中的极易受到磨损进一步增大了研究难度，无法满足效率高、损耗低的加工需求。因此，需要进行大量的磨削试验，研究不同磨削参数对磨削力和材料表面粗糙度所造成的影响的规律，以及 SiC 基体的破坏形式和 SiC 纤维的断裂方式，并总结出最优的磨削工艺参数指导加工。

磨削过程究其本质是砂轮表面大量排列的参差不齐、随机分布且形状各异的磨粒共同完成的弹性滑擦、塑性耕犁、脆性切削作用的综合效果，物理、力学现象产生极为复杂的去除机理，因此砂轮磨削理论模型对于研究材料磨削机理至关重要。在硬脆材料磨削去除机理的研究中，通过设定不同的磨削参数得到磨削力、磨削温度、材料去除率，且能够直接观察、分析工件磨削表面形貌。

大多数关于磨削力的研究从单颗磨粒磨削入手。近年来，国内外学者进行了大量的研究陶瓷基复合材料的各向异性和不均匀性的特点的试验，研究其加工工艺中所引发的各种问题。早期，Zhang 等[22]开展了单颗金刚石磨粒划擦 Al_2O_3 陶瓷实验，得出材料径向裂纹的扩展程度与划擦深度成正比。Toyoura 等[8]搭建了单颗金刚石磨粒磨削实验平台，研究了金刚石磨粒的塑性耕犁和尺寸效应。Ohbuchi 等[23]研究了 CBN 和金刚石磨粒在磨削试验中的磨削力与磨屑形成机理。Aurich 等[24]构建了实测的砂轮外貌模型，得出未变形的磨粒面积和单位磨削力与实时磨削力之间的动态关系。2010 年，黄辉等通过单颗磨粒磨削实验，分析了不同加工工艺参数对磨削力的影响，得出磨削力曲线呈非对称分布，且磨削方向对磨削力大小无影响，并得到了磨削力与磨削深度和磨削速度的关系[25]。同年，Durgumahanti 等[26]建立了一种考虑了摩擦力因素影响的法向磨削力和切向磨削力预测模型，并通过单颗磨粒试验验证了该模型的准确性。2011 年，Tawakoli 等[27]通过金刚石砂轮进行了非连续磨削陶瓷基复合材料实验，其设计的分段式金刚石砂轮可以有效地降低砂轮的磨削力。2012 年，言兰等[28]搭建了单颗磨粒磨削的力学模型和仿真模型，并通过仿真和试验分析了磨削速度、磨削深度等不同的磨削工艺参数对磨削力、最高磨削温度以及材料去除率的影响规律。2013 年，王建全等[29]为了研究脆性材料加工机理进行了单颗磨粒磨削试验，探讨了塑性隆起、材料去除率、切屑形态以及磨削用量对磨削力的影响。2014 年，贺勇等[20]进行了 SiC 陶瓷和单晶 SiC 的单颗金刚石磨粒磨削实验，研究了不同的磨削工艺参数对磨削力的影响，研究表明磨粒顶锥角越大，砂轮的磨削力越大。2015 年，Aslan 等[30]通过光学显微镜观察出磨粒形态，考虑温度的影响，建立了砂轮磨削力的预测模型。砂轮线速度和划擦深度对表面形貌有着显著影响，且其磨削力受纤维取向影响极大。2017 年，Dai 等[31-34]通过单金刚石晶粒磨削试验研究了脆性材料 SiC 陶瓷在磨削过程中切削半径和磨粒磨损对其去除机理的影响，并分析得到了临界切削半径和最大未变形切削厚度值，试验结果显示切削半径越大，法向磨削力越大，而切向磨削力在变化过程中有一个最值，此外侧面磨损是精密 SiC 磨削的主要磨损方式。而砂轮的磨削力是参与磨削的磨粒所产生的磨削力的总和。因此，以上这些模型适用于砂轮上的磨粒均匀分布时所产生的磨削力，而不考虑磨削过程中的随机性。为了解释磨粒的随机分布，随机理论和概率理论已广泛应用于有关磨削过程的研究[35]。这些研究大多采用随机描述，如平均值、标准差或功率谱密度（power spectral density, PSD）来表征砂轮和磨削面的形貌[35]。一些研究人员模拟了工件磨削面的表面形貌，并利用磨削面的碎屑的几何形状[35]统计分析了研磨力。Tang 等[36]指出变形力和滑动力组成了我们认识的磨削力。其中，考虑应变、应变率、温度变化的动静态变形能生成变形力，考虑工艺参数变化的变摩擦系数生成摩擦力。谢桂芝等在陶瓷材料高速磨削力经验公式计算过程中，将磨削的复杂加工运动方式纳入考察范围，将塑性去除与脆性去除分开计算，分析得出，当最大未变形切屑厚度低于延性去除临界深度时，采用塑性去除过程理论公式，此时显微硬度为主导因素；反之使用脆性去除过程理论公式，此时由显微硬度与断裂韧性共同为主导因素。Li 等[37]在理论模型中首次综合考虑了应变速率、磨粒半径分布和变形过渡对磨削力的影响，由此提高了模型的准确性。Liu 等[38,39]对 2.5D SiC$_f$/SiC 开展了单颗磨粒划擦实验并讨论了磨削力和复合材料的去除机理。

陶瓷基复合材料一般采用金刚石砂轮进行磨削加工，磨削成本占材料制造总成本的 60%～80%。与此同时，受高磨削力、砂轮磨损率及亚表面损伤等因素的影响，微裂纹和表面纤维剥离等问题极易在陶瓷基复合材料构件表面产生，进而严重影响陶瓷基复合材料产品的精度与使用寿命。Lamon 等[40]通过研究确定了陶瓷基复合材料在拉伸状态下的三种主要破坏模式，随着载荷在 SiC_f/SiC 复合材料上的增加，这些模式不断涌现，并研究预测了随机变量对拉伸应力-应变行为的影响。2013 年，Cao 等[41]提出了一种新的方法作为依据来对磨削表面质量进行评估，发现表面形貌可以通过纤维的取向来预测。Jones 等[42]通过建模制定出碳化硅陶瓷基复合材料裂纹扩展机理图，并通过实验进行了验证。2020 年，赵凡[43]发现材料表面的破坏形式以 SiC 纤维阶梯状脆性断裂为主，并且超声辅助磨削可以显著减少崩边、毛刺、纤维剥落等加工损伤。

磨削参数和纤维方向对陶瓷基复合材料的磨削质量有较大的影响。磨削参数是指加工中的磨削用量，一般包括磨削深度、砂轮转速和工件进给速度或进给量，而磨削的评估指标一般有磨削力、加工后的表面粗糙度和表面形貌、表面损伤。由于尚且没有陶瓷基复合材料本构模型的理论支撑，当前对陶瓷基复合材料磨削机理的研究主要集中于不同纤维方向和工艺参数对磨削力、表面粗糙度和表面形貌、表面损伤的影响[44]。对于不同的陶瓷基复合材料，早期研究者通过实验发现纤维取向对磨削力、砂轮磨损率、磨削表面粗糙度和表面损伤有较大影响[16]，且不同成分的复合材料在微观尺度上对陶瓷基复合材料的影响也不尽相同。Zhang 等[45]探讨了纤维取向对磨削单向 C_f/SiC 复合材料表面的影响，发现纤维取向确实影响了复合材料的磨削力和表面粗糙度。Tawakoli 等[27]利用分段金刚石砂轮对两种 $C_f/C\text{-}SiC$ 复合材料进行间歇性研磨，结果表明，含碳纤维较多、较长的 $C_f/C\text{-}SiC$ 复合材料的磨削力较低，但表面粗糙度较大，表面粗糙度 Ra 约为 0.75～1.13 μm。Liu 等利用树脂结合剂金刚石砂轮对 C_f/SiC 复合材料进行了高速磨削试验，分析该材料的磨削参数对磨削力和磨削力比的影响，结果表明碳纤维的主要去除机理是脆性断裂，由于制备的 C_f/SiC 复合材料表面孔隙较多，因此表面质量难以评估。Xu 等[46]分析了陶瓷基复合材料的超声辅助加工材料的去除机理和力学原理，他们通过对纤维-基体界面、刀具-纤维接触和刀具-工件接触的综合实验，构建了一个力学模型来预测加工过程中的磨削力。Gong 等[44]开展了 SiC 和 C_f/SiC 复合材料的磨削试验，发现 SiC 的主要去除方式是裂纹扩展，而基体开裂、纤维断裂和界面脱粘是 C_f/SiC 复合材料的主要去除方式。在磨削 2.5 维 C_f/SiC 材料时，纤维拔出、露出、裂纹、磨损、界面剥离和基体裂纹是主要的破坏形式。在加工过程中，随着磨削速度的降低，工件表面粗糙度也逐渐降低，而随着磨削深度和进给速度的降低，工件表面粗糙度逐渐升高。Liu 等[47]研究了单颗磨粒磨削增强钛基复合材料的材料去除机理，结果发现在磨削去除过程中，磨削力变化明显。Liu 等[48]针对 2D C_f/C-SiC 复合材料的磨削进给方向与纤维轴向的夹角对磨削力、表面形貌和表面粗糙度的影响进行磨削试验，结果表明随着进给方向与纤维轴向的夹角越大，磨削力和表面粗糙度越大，纤维束被剥离或剪切也深受影响。屈硕硕等[49]研究了不同磨削工艺参数对磨削力、表面形貌和表面粗糙度的影响，结果表明磨削深度、砂轮转速和进给速度均对 2.5D C_f/SiC 的磨削力、表面形貌和表面粗糙度产生影响，其中磨削深度对磨削力、表面形貌和表面粗糙度的影响最大，进给速度所造成的影响最小，另外还发现不同的加工参数和纤维方向对材料表面的去除形式各不相同。例如，C_f/SiC 横向磨削时所测量出的磨削力最大[50]，而纵向磨削时，检测到的表面粗糙度最大[50,51]；SiC_f/SiC 沿纵向和横向磨削后，构件存在大量的表面和纤维损伤[52]，究其原因是受纤维-基体-界面三者之间的微观材料性能差异以及自身的不均匀性和各向异性的影响，SiC_f/SiC 的纤维、基体和界面中微观损伤萌生的条件各不相同，损伤沿各个方向扩展的条件也存在差异[53]；同时，现有的复合材料模型大多是对于界面特性的研究[52][54]，而基体与纤维的细观力学特性及基体-界面-纤维三者之间的耦合关系往往被人们忽略。目前，在大应力-应变的磨削过程中，陶瓷基复合材料基体、界面和纤维的断裂行为演变也是构建材料本构模型的瓶颈问题。因此，如何准确地描述FRCMC 细观力学各向异性行为的本构模型就成为制约 FRCMC 磨削机理研究的一大难点[50,55]。Azarhoushang 等[56]对 C_f/C-SiC 复合材料采用了对比实验，以超声磨削和传统磨削相比较，超声磨削中，超声振动方向与磨削表面相平行，结果表明，超声磨削的磨削力和表面粗糙度相比于传统磨削的加工分别降低了 20%和 30%。Yuan 等[57]以超声旋转加工 C_f/SiC 复合材料实验为基础，建立了该材料的切削力理论模型。康仁科等[58]利用砂轮端面对 SiC_f/SiC 陶瓷基复合材料进行了超声辅助磨削和传统磨削的对比试验，研究发现，超声辅助下的磨削力比传统磨削所测得的更低，通过超声辅助磨削可以促使纤维断裂，减少拔出、露出、裂纹、磨损、界面剥离和基质裂纹，从而提高材料表面的加工质量。

陶瓷基复合材料磨削过程中的复杂的裂纹萌生与扩展和断裂成屑机制对多磨粒/砂轮磨削模型是一个很大的挑战。现有的磨削模型研究一般都以单颗磨粒金刚石划擦来建立模型[27]，一般不考虑砂轮磨粒分布与相互作用特性以及产生的切削叠加效果等因素。砂轮磨粒的位置、高度、形状的不规律及不连续切削过程是磨削模型的建立难于其他模型的主要原因。另外，FRCMC 材料复杂的微观结构也是构建磨削模型的一大难点。一般的复合材料建模过程常采用单胞模型（即单一纤维和界面增韧结构）[55,59]，而单胞模型的前提是纤维增韧复合材料必须呈现出周期性有序排列，对对称性有着严格要求。实际上，陶瓷基复合材料的纤维不但没有整齐有序的排列形式，而且随机性还很高。同时单胞模型也难以对裂纹的扩展和弥合等复杂过程进行仿真。

综合考虑材料力学和结构特性、砂轮及磨削工艺参数条件下高效低损的磨削参数优化的研究很少。Cao 等[41]和池宪等[60]利用正交试验法，并结合统计学理论，对陶瓷基复合材料磨削时的砂轮速度、磨粒大小和磨削深度进行了不断的实验，寻找较为优秀的工艺参数，获得了较好的加工表面质量。Saha 等[61]提出了一种人工神经网络模型，利用该模型预测了砂轮速度与表面粗糙度之间的关系。但是，这类方法都严重地受制于实验样本，尤其是当样本有缺失或不准确的情况时，会导致预测结果出现偏差。

目前对于 SiC$_f$/SiC 材料的磨削机理研究还处于早期的状态。Furumotoet 等[62]使用陶瓷结合金刚石砂轮对 SiC$_f$/SiC 进行磨削，发现纤维取向影响表面粗糙度，并且磨削能量高于 SiC 陶瓷的磨削。Li 等[63]和 Bertsche 等[64]研究了 SiC$_f$/SiC 通过超声波振动辅助金刚石钻孔和开槽，以减少力和车轮磨损。Diaz 等[65]研究了 SiC$_f$/SiC 钻孔表面的微观结构，发现在富含纤维的区域存在拉伸残余应力，而在富含基质的区域存在压缩残余应力，表面上有一些非晶硅。Diaz 等[65]还得出结论，在陶瓷基复合材料的加工中，SiC$_f$/SiC 中的不同 SiC 成分表现出不同的断裂机制，在富含纤维的区域以断裂行为为主，而在富含基体的区域则表现出更具延展性的机制。对比 C$_f$/SiC 复合材料的磨削研究，包括磨削力模型[66]、纤维取向效应[50]、界面特性[55]、磨削去除机制[67]、表面粗糙度[68,69]、最小量润滑[70,71]等，SiC$_f$/SiC 的磨削研究处于起步阶段，远远不足以支持高效、高质量的加工。目前迫切需要对 SiC$_f$/SiC 的磨削机理进行研究。

目前，已有的研究中对 SiC$_f$/SiC 陶瓷基复合材料的研究较少，而该材料在各行各业中发挥着重要作用，因此对于 SiC$_f$/SiC 陶瓷基复合材料的加工工艺还有待进一步研究，并且其表面质量的评估指标也有待进一步完善。

1.3.3 碳化硅晶片的磨削机理研究

由于 SiC 晶体具有高硬、高脆、耐磨性好、化学性质极其稳定的特点，这使得 SiC 晶片的加工变得非常困难。SiC 单晶片的超精密加工工艺按照其加工顺序分别是定向切割、研磨（包括粗研磨、精研磨）、粗抛和超精密抛光，如图 1-5 所示。整个过程均采用磨粒去除过程。

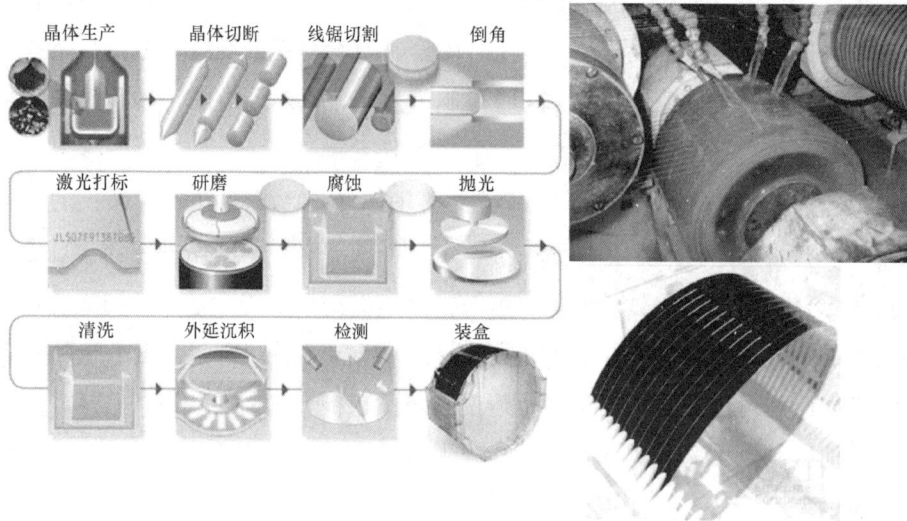

图 1-5 半导体晶片的加工过程

1.3.3.1 切割

切割是将 SiC 晶棒定向切割成翘曲度小、厚度均匀、损伤低的晶体薄片，这对于后续加工工艺的影响十分巨大。传统的锯切工具如内圆锯片、金刚石带锯，转弯半径受限，切缝较宽，出片率较低，不适用于 SiC 晶棒切割。目前在生产中应用的碳化硅切片加工技术主要有磨料切片、激光切割、冷分离和电火花切片，不同技术对应的性能指标见表 1-1，金刚石磨料线切割是最常应用于加工碳化硅晶片的方法。

表 1-1 不同切割工艺的性能对比

切割工艺	磨料切片	激光切割	冷分离切片	电火花切片
材料去除原理	磨料研磨	脉冲激光改性	激光改性	电火花放电蚀除
切缝宽度/μm	180~250	<10	<10	~100
总厚度变化/μm	<30	~25	<1	<25

1.3.3.2 研磨

在第一步的切割过程中，SiC 切片表面会磨损产生刀痕以及表面损伤层，为了去除这些损伤，需要对切割表面进一步研磨。由于 SiC 的硬度较高，必须使高硬度更高的磨料（如立方碳化硼或金刚石粉）才能研磨 SiC 切片的晶体表面。研磨过程分为粗磨和精磨。粗磨主要是去除切割造成的刀痕以及切割引起的变质层，因此使用粒度较小的磨粒，以提高加工效率。精磨主要是去除粗磨留下的表面损伤层，提高表面光泽，并可以得到良好的表面面形和准确控制晶片的厚度，为后续的抛光打下基础，因此使用粒度较大的磨粒精磨晶片。由于 SiC 的断裂韧性较低，晶片在研磨过程中容易开裂，这是 SiC 晶片的研磨工艺中的一大难点。高效的研磨需要选择合适的研磨加工工艺参数以提高材料去除率，提高研磨效率并控制表面完整性。

1.3.3.3 粗抛

粗抛通常采用机械抛光的方法，采用粒度较大的硬磨料，如 B_4C、金刚石等，对晶片表面进行粗抛，以去除研磨过程中的残留应力层和机械损伤层，提高表面平整度及质量，从而高效地完成粗抛这个过程，为后续的超精密抛光做准备。

1.3.3.4 超精密抛光

晶片表面经粒度较大的金刚石或 B_4C 抛光液机械抛光加工后，晶片表面的平整度得到大幅改善，但加工表面存在很多划痕，且有较深的残留应力层和机械损伤层。为进一步提高晶片的表面质量，改善表面平整度，使其表面质量符合后序加工中的精度要求，超精密抛光是 SiC 表面加工工序中非常关键的一个环节。其化学增效方法主要有电化学、磁流变、等离子体、光催化等，机械增效方法主要有超声辅助、混合磨粒和固结磨粒抛光等方法，具体见表 1-2。

表 1-2　SiC 精抛工艺对比

工艺技术	主要抛光条件	去除原理	加工效果
化学机械抛光（CMP）	传统胶体二氧化硅磨料＋氧化剂 H_2O_2	化学氧化＋磨料磨损	MRR0.1～0.2 μm/h
电化学机械抛光（ECMP）	对金刚石磨料抛光后的晶片进行 EC-MP，磨料为 CeO_2	阳极的表面氧化＋软磨料的机械抛光	MRR3.62 μm/h
化学磁流变复合抛光（CMRF）	磁流变液（主要成分为羟基铁粉）＋ H_2O_2 ＋ Fe_3O_4 ＋金刚石磨料	化学腐蚀＋磁流变抛光	MRR5.31 μm/h
常压等离子体辅助磨料抛光（PAP）	等离子体（He：H_2O＝98：2）＋氧化铈磨料	等离子体氧化＋磨料磨损	MRR0.185 μm/h
光催化辅助化学机械抛光（PCMP）	紫外线＋ SiO_2 磨料＋ TiO_2 ＋ $(NaPO_3)_6$ ＋ H_2O_2 氧化	紫外光催化腐蚀＋磨料磨损	MRR0.95 μm/h
超声辅助化学机械抛光（UCMP）	超声＋胶体二氧化硅磨料＋多孔聚氨酯抛光垫＋ H_2O_2	超声振动＋化学氧化＋磨料磨损	MRR1.057 μm/h

1.3.3.5　化学机械抛光

化学机械抛光结合化学和机械作用对工件表面进行抛光和光整。随着 IC 制造中特征尺寸的减小，化学机械抛光成为精准生产集成电路的关键工艺。目前，化学机械抛光是唯一可以对晶片表面的局部和全局进行光整的技术。

化学机械抛光过程中，晶圆表面被放置在固定于压盘的抛光盘上。该抛光盘承载抛光液，并提供对晶片表面的支撑和抛光作用。抛光液通过管道供给，随着压盘旋转，被输送到抛光盘和晶片之间。抛光液与晶片产生化学反应，形成容易去除的活性层，这是化学机械抛光中的化学反应。抛光液中混入的抛光磨料会引起晶片表面的机械损伤，导致化学侵蚀增强和工件材料疏松，或把表面压裂成小块混入抛光液中，然后被溶解或冲走。这种工艺专为增加工件表面较高点的材料去除率（相对较低点）而设计，从而可有效光整表面。注意，单靠化学方法无法实现表面光整，因为大多数化学反应都是各向同性的。理论上，单纯的机械抛光虽可获得理想的平坦表面，但由于会造成材料表面大量的相关损伤，如宏观划痕，所以实际加工效果并不理想。

评价化学机械抛光性能的指标很多，工业上常用的指标有晶圆内非均匀性（with-in wafer non-uniformity，WIWNU）、晶圆间非均匀性（wafer-to-wafer non-uniformity，WTWNU）、材料去除率和缺陷数等。

SiC 晶片表面加工的质量和精度的优劣直接影响外延薄膜的质量及其器件的性能。因此，在其应用中均要求晶片表面超光滑、无缺陷、无损伤，表面粗糙度值达纳米级以下。例如 GaN 基的蓝光发光二极管（LED）的衬底，SiC 晶片表面的任何缺陷都能够令外延薄膜 GaN 的生长层中产生缺陷，同时 SiC 晶片表面的加工缺陷会造成 MOS 电容氧化层击穿电压的下降[72]，因此 SiC 衬底材料外延层的质量受表面加工工艺的影响很大。此外，由于电子器件随着时代的发展高度集成化，尺寸逐渐缩小，因此晶体材料的表面质量与大规模集成电路的发展历程息息相关[73]。

陈秀芳等[74]开展了金刚石抛光液粗抛 6H-SiC 的实验，研究结果表明：机械抛光过程中，工件材料的去除主要是通过亚微观尺度上的微小的脆性断裂来完成的，且机械抛光后的表面存在大量的划痕，划痕深度为 2～8 nm，表面粗糙度 Ra 为 0.65～3.1 nm。Ye 等[75]使用了粒度为 12 500 目的金刚石磨料对 4H-SiC 进行粗抛，材料去除率为 2～2.25 μm/h，表面损伤小于 50 nm；此外使用了粒度为 12 500 目的

Cr_2O_3 磨料对 4H-SiC 的 Si 面和 C 面分别进行粗抛,发现 Si 面的材料去除率比 C 面的材料去除率低且表面划伤比 C 面更严重。Lee 等[76]使用了粒径为 1 μm、0.25 μm、0.1 μm 的金刚石依次对厚度为 350 μm 的 6H-SiC 研磨片进行机械抛光,抛光后的晶片厚度依次降为 338 μm、334 μm 和 330 μm,当使用 100 nm 的金刚石磨粒机械抛光后,粗抛片的表面划伤深度为 2 nm。Liu 等[77-80]采用分子动力学模拟的方法分别研究了单晶 SiC 和多晶 SiC 的划擦去除机理,最后将单晶和多晶 SiC 材料纳米去除过程中的主要区别进行了比较。

李娟等[81]使用碳化硼和金刚石混合磨料粗磨 6H-SiC 晶片,材料去除率达到 3～10 μm/min,表面粗糙度 Ra 为 200 nm;使用小粒径的混合磨料精磨 6H-SiC 晶片,材料去除率达到 0.2～1 μm/min,表面粗糙度 Ra 为 100 nm,精磨后的晶片表面不平整度为 3 μm。陈秀芳等[74]采用铸铁研磨盘,使用粒径为 20～100 μm 的碳化硼散粒作为磨料,研磨 6H-SiC 晶片,得到的材料去除率为 5～20 μm/h,实验结果表明,磨料的粒径、密度、研磨盘转速及研磨压力的增加会使材料去除率增加,研磨后的晶片表面不平整度为 6 μm,表面粗糙度 Ra 为 100 nm,此时的表面损伤相较于李娟的实验更为严重,存在大量的残留应力。此外,国内外学者对磨削方式做了大量的研究,使得脆性材料的加工效率和表面质量得以提高,如高速/超高速磨削、超声振动辅助磨削以及在线电解修整辅助磨削(electrolytic in-process dressing,ELID)[28]等。Churi 等[82]进行了碳化硅陶瓷的超声振动辅助磨削实验,研究结果表明超声辅助磨削不但可以使磨削力降低,还使得磨削表面质量显著提高。在碳化硅(SiC)、蓝宝石和氮化镓(GaN)的晶片加工中使用了 ELID 磨削和化学机械抛光工艺。通过使用 ELID 磨削而不是传统的机械抛光,可以使表面加工的时间大幅度缩短并且得到的表面质量较为优秀。这些超精密磨削可以在很大程度上取代传统加工过程中的研磨和粗抛工艺,然而磨削加工对晶片表面造成的机械损伤、残留应力层,以及较为粗糙的表面,还需要采用抛光工艺来进一步消除损伤层和残留应力层,并提高晶片的表面平整度和表面质量,否则会严重降低相关器件的性能和寿命[20]。

获得低亚表面损伤以及高表面光洁度对碳化硅晶片来说是至关重要的。Tomohiro 等[83]使用陶瓷结合剂纳米级金刚石砂轮磨削碳化硅晶片,得到了低亚表面损伤的碳化硅晶片。Yan 等[84]通过实验研究了碳化硅晶片被树脂结合剂金刚石砂轮磨削的材料的去除机理，得出碳化硅材料由脆性断裂到塑性去除的转变是晶片表面的粗糙度降低导致的。Feng 等[85]发现可以进行椭圆超声辅助磨削，从而有效提高金刚石砂轮的磨削性能，提高晶片的表面光洁度。Li 等[86]通过研究金刚石砂轮中添加的造孔剂含量对背面磨削性能的影响，得出硅片亚表面损伤厚度随着造孔剂的含量的增加而降低。

目前主流的碳化硅晶片磨削技术是基于硅晶圆自旋转的背面磨削减薄技术。在这个过程中，砂轮的表面与晶圆的表面进行相互作用，从而完成材料的去除。这一过程不可避免地会造成如损伤、裂纹、位错、相变等表面缺陷，从而降低晶片强度，影响加工成品率和封装产品的效率。Pei 等[87]采用三因素两水平全因子设计对晶片的精磨进行了实验研究，获得了砂轮速度、卡盘速度、进给速度对加工输出（磨削力、主轴电机电流、周期时间、表面粗糙度和磨削痕迹）的主要影响和双因素的交互作用。GAO 等[88]通过实验研究得出砂轮的粒度和进给速度以及晶片的厚度对边缘碎片尺寸有显著的影响。磨削力是造成表面缺陷的重要影响因素。我们需要对磨削力的形成以及其他影响因素进行系统性的研究，从而尽可能地理解损伤形成的机理。Werner[89]指出：磨削力是产生于工件和磨粒之间的摩擦力以及切屑形成时的切屑力。Tang 等[36]考虑了砂轮转速、工件进给速度以及磨削深度对磨削力的影响，建立了端面磨削的磨削力模型。Liu 等[90]通过实验测量了端面磨削的磨削力，通过回归分析方法建立了磨削力的经验模型。

未来碳化硅晶片磨削加工的主要发展方向在于优化研磨过程中的工艺参数以及开发新型的研磨砂轮。在延性域模式下，加工碳化硅晶片所造成的损伤深度较低，因此开发延性域研磨技术也是未来碳化硅晶片加工的研究方向之一。此外，单面研磨技术可以有效防止碎片的产生，是加工大尺寸晶片的主要发展趋势。

1.4　本章小结

在本章，我们详细介绍了碳化硅材料的特性及应用，并且就其不同的呈现形式分别从碳化硅陶瓷材料、碳化硅陶瓷基复合材料、碳化硅晶片材料三个方面叙述了其材料的制备工艺以及国内外加工研究现状。本章研究得到的主要结论有以下几点。

（1）碳化硅材料作为典型的脆性材料具有密度低、耐蚀、耐磨、耐高温、化学惰性好等优点，广泛应用于航空航天、自动化、刀具、光学仪器等领域。

（2）在获得致密的碳化硅结构陶瓷材料的过程中，由于碳化硅烧结后往往会产生较大的收缩，无法使烧结后的尺寸精度和表面质量得以保证，因此通常需要二次加工。

（3）纤维增韧复合材料是将有极高的温度耐性的碳或碳化硅纤维按照一定结构进行编织后，植入碳化硅陶瓷基体中，从而形成的一种高性能复合材料。其已应用于航空发动机和大型发电装置涡轮叶片、热处理和晶体生长炉、核反应堆等。

第2章

碳化硅材料磨削的基本理论

2.1 本章引言

 碳化硅材料磨削过程中涉及的众多理论和方法属于典型的机械、力学、材料和加工工艺综合的问题，主要涉及磨削理论、陶瓷断裂理论以及材料去除理论。磨削理论决定了碳化硅材料的运动形式以及与砂轮的接触运动和作用的过程，采用的磨削方式不同，砂轮和工件的运动形式不同，每个磨粒去除材料的体积和厚度则存在差异，进而影响整个材料移除的过程。磨削过程中，磨粒与碳化硅工件相互作用挤压，最终实现材料的去除。磨粒和工件材料的挤压必然使二者都受到力的作用，如果挤压力过大，易造成磨粒的磨损、破碎和脱落，影响砂轮的使用寿命。同时对碳化硅材料的挤压力过大易造成碳化硅材料的破损和断裂，类似压痕断裂过程。而碳化硅材料特有的硬脆特性将进一步加剧砂轮与工件之间的作用力以及碳化硅材料的破损。碳化硅材料特有的脆性和应变增韧效应使其在加工的过程中表现出延性和脆性两种去除特性。

2.2 平面磨削理论

 平面磨削是为了得到高尺寸精度、低表面粗糙度的平面或槽面。
 除了磨粒及其粘结特性，磨削条件在决定砂轮软硬方面也起着很重要的作用。图 2-1 为切入式磨削时，由单一磨粒切除的一层材料的近似形状。
 切屑的平均长度 l_c 可近似计算为：

$$l_c = \frac{D_s}{2}\theta \approx \frac{D_s}{2}\sin\theta \qquad (2\text{-}1)$$

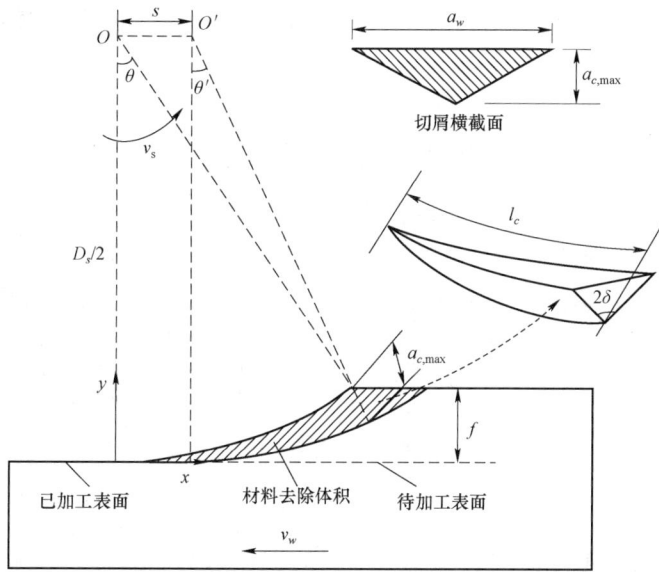

图 2-1　切入式磨削磨除切屑的几何形状

其中，D_s 为砂轮直径，则有：

$$\cos\theta = \frac{(D_s/2)-f}{D_s/2} = 1 - \frac{2f}{D_s} \qquad （2-2）$$

$$\sin\theta = \sqrt{1-\cos^2\theta} = \sqrt{\frac{4f}{D_s} - \frac{4f^2}{D_s^2}} \qquad （2-3）$$

将上式带入式（2-1）并略去二阶项，则有：

$$l_c = \sqrt{fD_s - f^2} \approx \sqrt{fD_s} \qquad （2-4）$$

由于磨粒的形状各异，切除的切屑形状具有随机性。假设切屑横截面为图 2-1 所示的三角形，则切屑的平均体积 V_{ave} 为：

$$V_{\text{ave}} = \frac{1}{4} a_w a_{c,\max} l_c \qquad （2-5）$$

其中，a_w 为切屑的平均宽度，$a_{c,\max}$ 为最大磨削深度（未变形切屑厚度），且二者的相关性可用磨屑的宽高比 r_g 表示。

$$r_g = \frac{a_w}{a_{c,\max}} \qquad （2-6）$$

单位时间内切除的切屑数量 N_c 为：

$$N_c = v_t a_p C_g \qquad （2-7）$$

21

其中，v_t 为砂轮的线速度，C_g 为砂轮表面单位面积上的有效磨粒的数量。估算 C_g 的一般方法是：

$$C_g = \frac{1}{10}\left(\frac{1}{\frac{\pi d_g^2}{4}}\right) \approx \frac{1}{10 d_g^2} \qquad (2\text{-}8)$$

其中，d_g 为磨粒的平均直径，通常认为是确定磨粒粒度的筛网线距的 60%。例如，120 目的磨粒能通过的筛网线距为 1/120 in，其平均粒径为 0.005 in。

因为 $Z_w = V_{ave} N_c$，所以由式（2-5）～式（2-8）可得

$$a_{c,\max}^2 = \frac{4 v_{trav}}{C_g r_g v_t}\sqrt{\frac{f}{D_s}} \qquad (2\text{-}9)$$

因为 $a_{c,\max}$ 标志着磨粒切入工件的深度，所以磨削时，$a_{c,\max}$ 越大，作用于每一磨粒上的力就越大。因此，任何磨削条件的改变若增大了 $a_{c,\max}$，也就增大了砂轮的自锐性，砂轮也就表现得越软。按照上述公式，以下磨削条件的变化都将使得砂轮表现得更软：增大工件的往复速度 v_{trav}；增大横向进给量 f；降低砂轮线速度 v_t。应注意式（2-9）是在切入式磨削下得到的，若为往复式磨削，则采用 a_p 代替横向进给量 f。

2.3 陶瓷材料的断裂理论

陶瓷材料主要由晶体构成，晶体结构间存在位错等晶体缺陷。但陶瓷材料与金属材料的不同之处就在于其原子之间的结合方式是以共价键为主的。陶瓷材料中很少产生位错，这导致有效滑移系非常少，致使其很难产生塑性变形。此外，陶瓷材料的标志性特征便是脆性，同时也是造成其显微塑性缺少的主要因素，所以陶瓷材料不能通过塑性变形削弱缺口处或组织缺陷处的应力集中。

因为陶瓷材料的脆性特征，使得裂纹萌生与扩展对陶瓷材料而言有着十分重要的影响。负载条件下的裂纹扩展可以用应力强度因子 K_I 来表示。应力强度因子是由载荷强度、裂纹长度和工件的几何形状决定的。通过开展维氏压痕实验可以实现断裂强度的定量分析，通过测量维氏压头在工件表面形成的裂纹长度，得到材料的断裂韧性。与其他的材料参数一样，温度对材料的断裂韧性影响显著。例如，陶瓷会有较多成分的玻璃相在烧结过程中产生，因此在 800～1 200 ℃ 范围内，其断裂韧性随温度的上升而上升，在达到环境温度 1 200 ℃ 后，玻璃相开始软化，断裂韧性

呈现出 R 曲线行为。

　　压痕微开裂指的是在一般的硬度测试过程中，脆性材料与压头的接触点附近由于局部应力高度集中而导致材料表面产生微开裂现象。这是典型的接触微开裂。同脆性材料与周围环境中的微颗粒随机接触或碰撞致使微开裂的情况相比较，压痕微开裂的可控性更强，即压痕微开裂所形成的表面裂纹形状尺寸相对一致，裂纹尺寸可以通过调整压痕压头的荷载来控制。这十分有利于定量的实验研究，因而压痕微开裂实验一直是研究陶瓷接触微开裂行为的一个重要手段。特别是近几十年来，压痕微裂纹本身所具有的诸多优势逐渐得到人们的认可，对陶瓷材料压痕微开裂问题的研究已经是陶瓷材料断裂力学研究的重要方向之一。

　　通常来说，对陶瓷材料压痕微开裂问题的研究主要可以分为两个方面：其一是断裂力学理论的研究，其二是压痕裂纹的应用研究。两者相辅相成，理论研究为应用研究奠定了坚实的基础，而应用研究反过来又为理论研究提供了一定的实验依据。自 20 世纪 70 年代中期以来，陶瓷材料压痕微开裂问题的理论研究取得了飞快的发展。在这期间，以 Lawn、Evans、Marshall 等为代表的一批学者纷纷把研究着眼于外部压头与脆性材料表面间接触这一问题方面，并在这一方面取得了许许多多的成果。

2.3.1　压痕裂纹的分析方法

2.3.1.1 Vickers 压痕裂纹

　　Vickers 压头端部呈正棱锥形，两对棱的夹角为 148°，两对面的夹角为 136°。由简单的几何分析可以得出，通常忽略压痕结束后材料发生的弹性恢复，由 Vickers 压头所引进的压痕的深度约为对角线长度的 1/7。Vickers 压痕裂纹如图 2-2 所示。

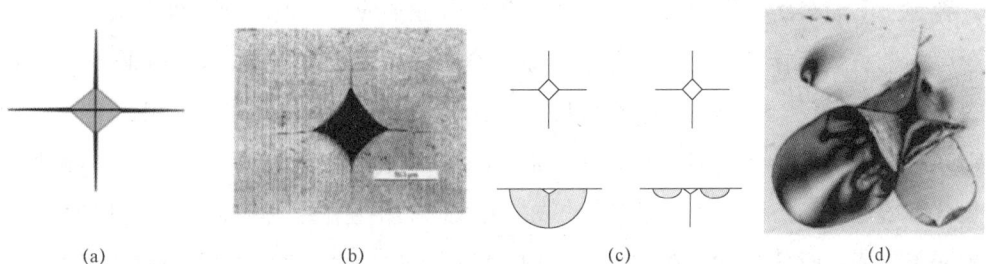

(a)　　　　　(b)　　　　　(c)　　　　　(d)

图 2-2　Vickers 压痕裂纹示意图

　　沿正方形塑性压痕两条对角线延长线方向，分别有两组尖锐的径向裂纹生成，如图 2-2（a）所示。从断面上看，这两组径向裂纹通常与中位裂纹交截而形成半饼状裂纹，如图 2-2（b）所示。在压痕断裂力学研究中，一般都假定由 Vickers 压头引进的这一中位/径向裂纹系统呈理想的半圆形，这样有助于定量分析。但实际观测到的 Vickers 压痕裂纹往往不能与理想情况一致，特别是在压痕压头负载较低的情况下，从断面上观察到的 Vickers 压痕裂纹还可能以径向裂纹的方式独立存在，如图 2-2（c）所示。

2.3.1.2　Knoop 压痕裂纹

　　Knoop 压头的端部呈菱锥形，其一对较长棱边的夹角为 173.5°，一对较短棱边的夹角为 130°。通过几何分析可以得知：这一菱锥形端部使得相应形成的 Knoop 压痕的长对角线长度约为短对角线长度的 7.11 倍，而压头压入深度则只有压痕长对角线长度的 1/30 左右。在压头卸载后，塑性压痕外部包围的材料弹性基质会造成一定的弹性恢复，这会使压痕的对角线缩小，因而实际压痕将与理论压痕有一定的差异。在硬度试验中一般假定 Knoop 压痕长对角线方向相比于短对角线方向的弹性恢复可以不去考虑。

　　Knoop 压痕在材料表面上呈菱形。由较高荷载压出的 Knoop 压痕对角线方向也会生成径向裂纹。但由于 Knoop 压头难以使用较高的荷载（国产 Knoop 压头允许使用的最高荷载在 50 N 左右），而对于同一种材料的 Knoop 压痕径向微开裂临界荷载远远超出 Vickers 压痕的径向微开裂临界荷载，因而在材料表面上的 Knoop 压痕的微开裂现象往往难以观测。从断面上看，Knoop 压痕裂纹通常表现为一个半椭圆形，这一半椭圆形的清晰度因材料而异。研究表明，在合适的压痕压制荷载范围内，Knoop 压痕裂纹的椭圆度（即裂纹深度与裂纹半长之比）近似为一个常数。

　　Vickers 压痕裂纹是一类典型的压痕裂纹，因其具有优秀的几何对称性和发育完善性，已经得到人们的大量研究和在各行各业的应用广泛。国内外一大批研究者在广大的材料范围内发表了大量的实验数据并获得了许多成果，以 Vickers 压痕断裂实验结果为基础才能使得压痕断裂力学的理论体系得以构筑。相比之下，对 Knoop 压痕裂纹的实验研究则远远不如 Vickers 压痕裂纹。但是，实际上 Vickers 压痕裂纹系统是由两条相互垂直的裂纹构成，裂纹间的相互作用使得对后续的断裂力学分析变得复杂，而且复杂的理论裂纹构型与实际材料中的固有裂纹之间存在着差异。因此，从应用角度上看，细长的 Knoop 压痕裂纹似乎更适合于对材料性能的评价。

2.3.2　压痕裂纹的分类

借助于常规硬度压痕试验在脆性陶瓷材料表面引进的压痕裂纹按几何特征大体上可分为如图 2-3 所示的五种类型。

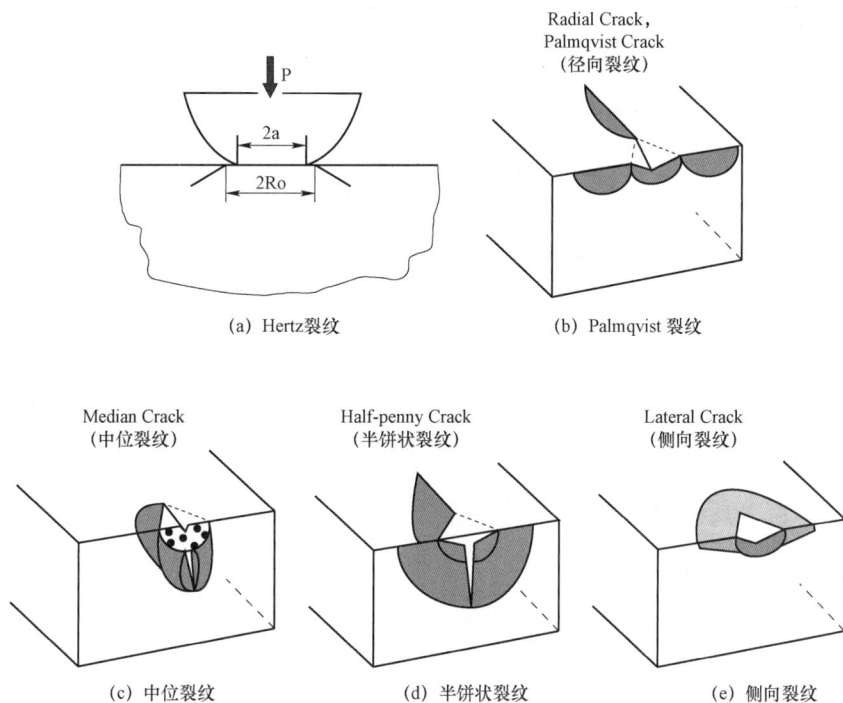

(a) Hertz 裂纹　　　　　　　　(b) Palmqvist 裂纹

(c) 中位裂纹　　　　　　(d) 半饼状裂纹　　　　　　(e) 侧向裂纹

图 2-3　压痕断裂裂纹类型

Hertz 在采用球形压头对玻璃进行硬度试验时发现：在工件表面压痕边缘区域的四周出现了环状裂纹，随着逐步加大施加在压头上的荷载，环状裂纹开始向材料内部扩展，最终形成一条锥形裂纹。在采用平面板状压头进行脆性材料的硬度测试时也出现了类似的裂纹。球形压头与平面板状压头虽然形状有所不同，但它们与工件的接触过程都是一个完全弹性的过程，并没有形成显著的局部塑性形变。图 2-3（a）即为 Hertz 发现的锥形裂纹，也称为 Hertz 裂纹。通过将一个球形压头引入玻璃表面可以引进环形裂纹。Hertz 裂纹主要是由工件与钝压头的接触引进的，它在试件表面处生成，并从工件表面开始，沿压头施加载荷的方向以一定角度向工件内部扩展。

压痕断裂力学研究中一般把这类与材料表面接触时没有生成显著局部塑性形变的压头称为"钝压头"。与之相对的，与材料表面接触时生成显著塑性形变的压头则称为"尖锐压头"。Palmqvist（1957）首先发现了尖锐压头与脆性材料表面接触时会有微开裂现象产生。将尖锐压头压入试件表面则会导致如图 2-3（b）所示的表面径向裂纹和如图 2-3（c）所示的截面中位裂纹的形成。其中，径向裂纹（radial crack）也被称为 Palmqvist 裂纹，往往在塑性压痕的边界处（一般在压痕的顶角）成核，并沿试件表面向外扩展，形状为一个细长的半椭圆形；圆形或圆缺形的中位裂纹一般则是在压头下方的材料内部的弹/塑性形变区边缘形成，并在平行于压头施加载荷的方向的平面内向四周扩展。

从压痕试件断口可以观察到呈半圆或半椭圆形的压痕裂纹，如图 2-3（d）所示，这类裂纹称为半饼状裂纹（half-penny crack）。对于不同的材料，往往会有不同的半饼状裂纹的形成机制，有时是因为中位裂纹扩展延伸至工件表面，有时是由径向裂纹向工件内部扩展，更多的则可能是在中位裂纹和径向裂纹扩展时相互连通的共同作用下而形成的，因而这类裂纹通常也称为中位/径向裂纹系统（median/radial crack system）。当卸去施加在压头上的荷载时，压痕形变区下方有时还会出现如图 2-3（e）所示的侧向裂纹（lateral crack）。侧向裂纹与工件表面扩展方向相（或近似）平行，形状一般为圆形或碟形；在压痕压制荷载较大的情况下，侧向裂纹有可能会扩展至工件表面，从而造成工件的表面剥落甚至崩裂。

2.3.3 基于压痕断裂理论的机加工损伤机理

磨削去除陶瓷工件表面材料的过程可近似为金刚石磨粒的压痕过程，会导致材料表面产生微裂纹，表面压应力随着离开表面的距离的增加而减小，在离开表面一段距离后，材料内部会由于机加工而产生显著的拉应力，可能导致微开裂。机加工在材料表面生成的裂纹一般可以分为径向裂纹和侧向裂纹两种。这些裂纹在材料表面和亚表面区域内形成了一个互相交错的裂纹群，从而影响材料的断裂强度以及其他力学性能。

机加工裂纹会对陶瓷的强度产生影响。在大多数情况下，塑性形变所造成的强度提高程度远远不如微开裂所形成的强度降低程度，也就是说，陶瓷材料的机加工过程是导致材料强度衰减的原因。与材料表面的其他类型的损伤相比，机加工裂纹是材料中最危险的裂纹。通过对热压的 Si_3N_4 材料进行强度实验，发现 14 根试样中有 8 根断裂起源于表面的机加工裂纹，还有 4 根可能起源于机加工裂纹。机加工裂纹的深度大概为 18～30 μm，这一厚度是一般的机加工后研磨或者抛光处理所无法去除的。

为了进一步认识硬脆材料的磨削去除和损伤机理，图 2-4 给出了单颗磨粒的压痕及磨削机理示意图。

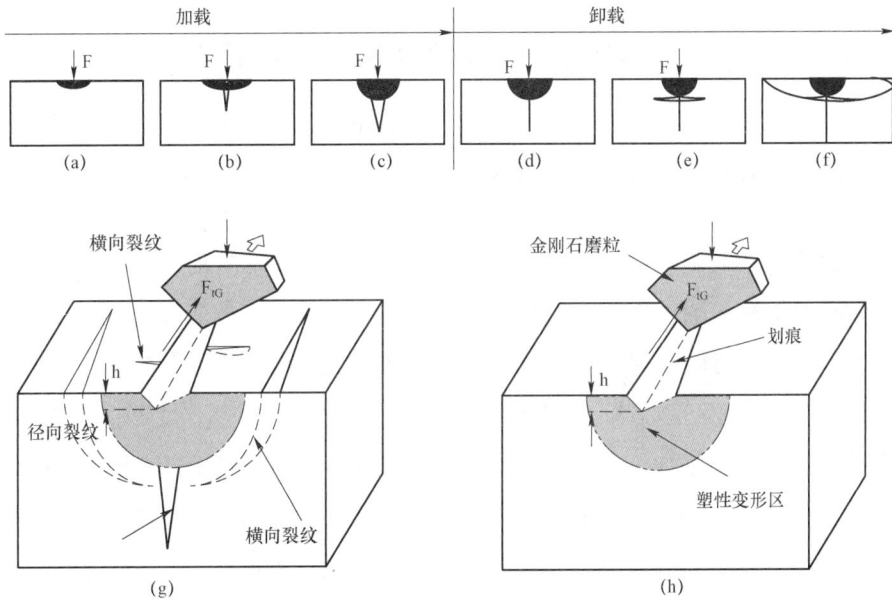

图 2-4　单颗磨粒的压痕及磨削机理示意图

从图 2-4（a）～图 2-4（f）可以看出，在压痕实验中，工件材料将经历由图 2-4（a）到图 2-4（c）的加载过程，随后经历由图 2-4（d）到图 2-4（f）的卸载过程。压痕与工件材料将首先发生如图 2-4（a）所示的弹塑性变形；随着载荷增大，其塑性变形增加，中位裂纹开始拓展，如图 2-4（b）所示；随着载荷的持续增大，其中位裂纹继续拓展至如图 2-4（c）所示；随后开始卸载，在压痕导致的局部区域塑性变形以及其裂纹应力场的作用下，其横向裂纹将如图 2-4（e）所示开始拓展，并直至如图 2-4（f）所示最终拓展至工件表面。通常情况下，在上述过程中存在一个临界载荷使得裂纹拓展。图 2-4（g）与图 2-4（h）所示为磨削加工中典型的材料去除机理，以单颗磨粒对工件材料划擦为例。从图 2-4（g）中可以看出，当单颗磨粒成屑厚度 h 大于材料延性域磨削临界值时，工件材料将以脆性裂纹的形式被去除，其横向裂纹向磨削表面拓展直至材料脆性断裂而形成显著的裂纹。同时，其亚表面还将产生中位裂纹，该裂纹存在于材料已加工表面下，对工件材料强度影响较大。而对于图 2-4（h），当单颗磨粒的最大未变形成屑厚度 h 小于材料延性域磨削临界值时，其磨削表面仅发生以塑性变形为主导的变形，磨削表面的裂纹将得到控制并将主要以塑性划痕呈现，此时即认为硬脆材料处于延性域磨削阶段。

2.4 碳化硅材料的磨削去除机理

2.4.1 碳化硅材料的磨削去除过程

以陶瓷为主的硬脆材料因其显著的硬脆特性，与金属材料的磨削去除机理明显不同。金属材料在去除过程中，因其具有较低的弹性模量，故而允许较大的弹性变形产生。而对于具有较高弹性模量和硬度的陶瓷材料，随着磨粒的接触，其弹性变形阶段极其短，几乎可以忽略。但在磨粒与材料接触中，容易产生较大的摩擦力。对于金属材料，其磨削加工中存在明显的弹性变形、塑性变形以及切屑成形阶段。而硬脆材料的弹性变形与塑性变形极其短暂，通常在较短的弹性摩擦与塑性挤压之后直接成屑或者发生脆性断裂而使得材料去除。因此，硬脆材料通常经历弹性摩擦挤压、微观塑性变形隆起以及裂纹拓展脆性断裂三个主要阶段。硬脆材料在静载压痕下经历短暂的弹性变形后达到临界载荷，就将发生断裂而产生破碎面。然而，在高速滑擦过程中，材料的塑性变形显著增强，流动性增强，进而更利于实现硬脆材料的延性域磨削。表 2-1 给出了硬脆材料的磨粒与材料接触的主要过程及其在高速滑擦过程中发生的主要变化。

表 2-1　硬脆材料的磨粒滑擦过程

阶段划分	主要过程	物理变化	主要特征	磨粒高速滑擦的影响
I	滑擦	弹性变形阶段	弹性摩擦挤压	弹性变形将保持相对稳定
II	耕犁	弹塑性变形阶段	塑性隆起	塑性变形将显著增强
III	成屑	切屑形成阶段	延性及脆性去除共存，裂纹的产生及塑性划痕	以裂纹为主的破碎面将减少，延性成屑增加

在磨削加工中，作为刀具的砂轮是由无数的磨粒粘结在砂轮基体外缘的，加工中无数的磨粒交替地进行连续的切削加工。同时，磨粒在加工中的接触状态因为磨粒的随机性而存在较大的随机特性且磨粒具有较大的负前角。因此，由于磨削砂轮的特殊性，磨削加工与传统加工存在明显不同的加工特点。以单颗磨粒与工件的接触状态为例，单颗磨粒通常以很高的线速度以及极小的角度侵入工件材料的表面，

且与工件材料形成类似于点状的入射接触。在磨粒对材料的去除过程中，通常将磨粒视为刚体，并且根据材料的变形及断裂行为，通常将材料与磨粒之间的接触作用状态分为三个阶段：滑擦、耕犁以及成屑。图 2-5 为磨削过程中磨粒与工件接触的过程。

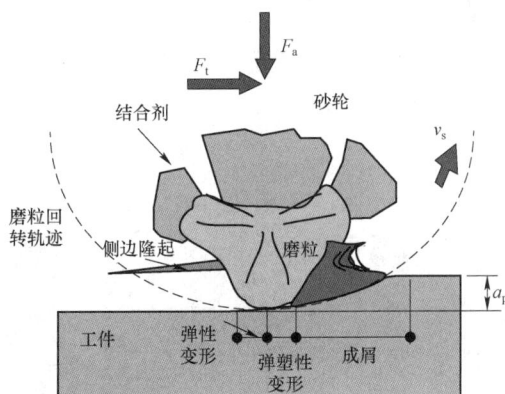

图 2-5　磨削过程中磨粒与工件接触的过程

第一阶段：弹性变形。该阶段是砂轮磨粒与工件材料的最初接触阶段。在该阶段内，磨粒与工件之间的接触主要是工件材料处于弹性变形阶段，且没有切屑的形成。在该阶段中，磨粒对工件材料挤压产生力及热。该阶段的变形主要为弹性变形，接触变形在磨粒退出后可以恢复。

第二阶段：弹塑性变形。该阶段是工件材料受到磨粒的挤压作用产生弹性和塑性变形的阶段。在该阶段内，磨粒顶端圆角处对工件材料进行挤压，磨粒刃口前端和侧面将发生塑性变形的累积而形成塑性隆起区域。因此，在该阶段中，工件材料与磨粒之间将产生较大的内摩擦。

第三阶段：切屑成形。该阶段是磨粒与工件接触的最后一个阶段。在该阶段内，随着磨粒与工件材料的进一步接触，磨削力将进一步增大。而当其磨削深度达到临界深度，载荷超过材料破坏的临界载荷时，材料将会被去除，进而形成切屑。

通过对上述磨粒与工件的接触过程的分析可知，磨削砂轮磨粒在切屑形成过程中将经历弹性变形、弹塑性变形和切屑成形三个阶段，然而只有最后的切屑成形阶段才能形成切屑，从而去除材料。因此，提高最后一个阶段在切削加工中的比例将有助于材料的去除。

FRCMC 由 SiC 纤维、界面涂层和 SiC 基体组成，如图 2-6（a）所示。图 2-6

（b）中显示了 FRCMC 材料在磨削加工中纤维的断裂方式，并且纤维可以阻止裂纹的扩展，避免进一步的损坏。FRCMC 材料具备的优点及特性也对其高效、低损伤的磨削加工技术提出了迫切需求。为满足特定的尺寸和几何公差、表面完整性及性能的要求，FRCMC 制件通常采用金刚石砂轮进行磨削，而磨削成本高达总制造成本的 60%～80%。与此同时，受高磨削力、砂轮磨损率及亚表面损伤等因素的影响，FRCMC 构件的表面易引发如微裂纹和表面纤维剥离等问题，如图 2-6 所示，进而严重影响了 FRCMC 构件的尺寸精度与使用性能。

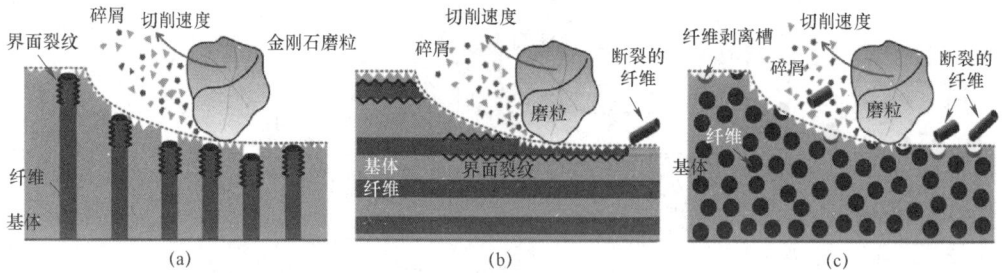

图 2-6　FRCMC 磨削去除机理

2.4.2　碳化硅材料的延性域加工技术

近年来，随着高精密加工技术的快速发展，人们开始逐渐关注具有优良机械性能的陶瓷等硬脆材料。硬脆材料的压痕实验表明：无论怎样的硬脆材料，在受到很小的施加载荷时，都会发生塑性变形。陶瓷材料的磨削过程通常是一个动态的高速压痕过程，当生成的切屑厚度足够小时，就有可能获得延性域去除磨削表面，如图 2-7 所示。因此，延性域磨削加工往往是指在一定的工艺以及机床装备条件下，

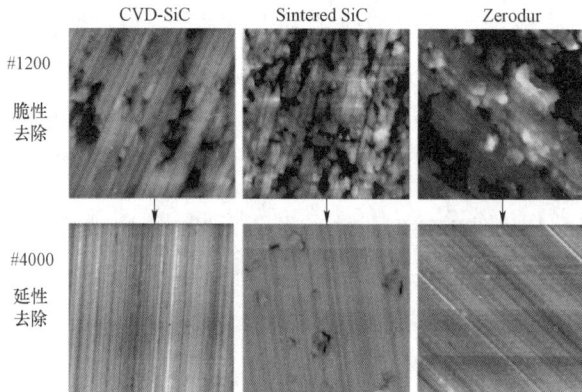

图 2-7　SiC 材料延性去除和脆性去除表面

以玻璃和陶瓷为代表的硬脆材料能被金刚石砂轮磨削，使材料发生以塑性变形为主的材料去除过程，进而产生低损伤、低裂纹的磨削表面。在延性域磨削加工中，其切屑的形成与金属等塑性材料相似，磨削后的表面/亚表面的裂纹较小，是一种低损伤磨削加工方式，使得其在复杂且精密的高精度光学元器件以及陶瓷等材料的加工中得以应用。

当前，为了获得精准的表面精度与尺寸并降低磨削损伤，金刚石砂轮通常被作为以陶瓷材料为主的硬脆材料精密磨削的主要刀具。然而，在硬脆材料的加工中，磨削加工过程中的微观裂纹及亚表面损伤无法消除，而这些裂纹严重影响磨削质量。因此，延性域磨削通常被作为主要的加工技术以减少磨削损伤。Lawn 等[1]通过压痕力学提出了考虑材料断裂韧度与硬度的临界载荷与裂纹长度之间的经验关系模型。之后，Bifano 等[91]以材料去除能进行脆延性转变的分析为基础，建立了基于延性域磨削的临界成屑厚度模型，该模型与工艺条件的关联不大，而仅仅依赖于加工工件的力学性能等。之后，其进行了一系列的硬脆材料磨削实验，对硬脆材料延性域磨削进行了参数界定，同时对磨削系统包括砂轮和机床等提出了相关的一系列要求。Muhammad 等[92-95]提出了以切削能模型来预测脆性材料的超精密磨削加工的延脆性转变点。进一步地，其为延性以及脆性加工中所消耗的能量建立了一个考虑材料固有性质、刀具几何参数以及工艺参数的模型，同时开展了一系列仿真实验来分析脆性材料的延性域磨削理论。Liu 等[9]基于材料的本构模型建立了动态断裂韧度模型并通过仿真与实验验证了碳化硅陶瓷的高速、高应变率效应。因此，材料的基本力学参数和加工工艺以及机床等条件都对碳化硅的延性域磨削有着显著影响。因此，高速磨削技术作为减少硬脆材料表面/亚表面裂纹的主要加工方式被用于材料的延性域磨削加工中。

延性域磨削（材料无损伤）的临界条件为单颗磨粒划擦深度 a_p 小于脆延性转变的临界切削深度（最大未变形切屑厚度）a_{gmax}。其中，a_{gmax} 为磨粒最大未变形切屑厚度，即单颗磨粒最大切削厚度，该值直接影响砂轮磨损情况、磨削过程产生的磨削力以及加工后的表面质量。

对陶瓷磨削过程中裂纹的产生和扩展的研究相对较丰富。Agarwal 和 Rao[96-105]分析了碳化硅陶瓷磨削过程中的损伤机理。Bifano 等[91]根据 Lawn 的脆性材料压痕断裂实验[1]和 Griffith 的裂纹扩展准则建立了脆性-韧性转变等式，其中阈值与材料静态断裂韧度成正比。Chen 等[106]通过对单砂磨削过程和单砂压痕试验的比较，利用压痕断裂和显微硬度测量等式，提出了另一种脆性-韧性转变等式。该等式定义了动态断裂韧度，即加工过程中的断裂韧度，用一个常数 K_{ID} 来表示。

2.5　本章小结

在本章，我们介绍了碳化硅材料磨削的基本理论，根据磨削过程中砂轮和工件的运动形式分别讲述了平面、圆柱面和特种磨削工艺，讨论了硬脆材料的断裂理论以及 SiC 材料的磨削去除机理。硬脆材料的断裂过程可能产生各种各样的裂纹形式，最终造成材料的不同形式的损坏，根据材料的变形及断裂行为以及通过对磨粒与工件的接触过程的分析可知：磨削砂轮磨粒在切屑形成的过程中将经历弹性变形、弹塑性变形和切屑成形三个阶段，通过调整单颗磨粒的磨削深度到纳米级，可以实现硬脆材料的延性去除，最终获得较好的表面质量。

第3章

碳化硅陶瓷磨削力与磨削表面质量研究

3.1 本章引言

碳化硅是最常用的陶瓷之一，由于其密度低、化学稳定性好、硬度高等优点，在汽车、航空航天、激光机和核能等工业中得到广泛应用。然而，SiC 陶瓷硬度极高，仅次于天然的金刚石和 CBN 磨粒，因此造成 SiC 的加工困难，通常加工 SiC 晶片的机床要比常规硅片减薄机床具备更高的主轴功率和刚性。同时 SiC 的高硬度也造成加工过程中砂轮磨损严重，需要经常修整，导致砂轮的使用寿命较低。磨削过程是许多形状各异的磨粒同时参与的材料去除过程，由于其砂轮磨粒形状的不确定性和负前角等特性，通常在加工中会造成极大的磨削力，影响材料的加工质量。因而，了解磨削过程的几何特性对于磨削加工的预测、仿真及工艺规划等具有重要意义。磨削硬脆材料时，磨削力与材料性质密切相关。在显微塑性变形控制的磨削过程中，显微硬度高的材料磨削力大，而在以脆性断裂控制的磨削过程中，磨削力则取决于最大未变形厚度值的大小。因此，有必要对磨削过程中的磨削力进行研究，并明确其与工艺参数的关系。

由于 SiC 的天然脆性，导致 SiC 工件磨削表面通常会被裂纹破坏。表面/亚表面的裂纹可能导致 SiC 陶瓷零件在工作过程中的强度退化和失效。因此，了解 SiC 无裂纹材料的去除机理对于实现高-优质的磨削表面和拓宽 SiC 陶瓷的应用范围具有重要意义。

3.2　实验设置

碳化硅陶瓷磨削实验在东华大学与上海机床厂联合开发的 MGKS1332/H 高速外圆磨床上进行，实验装置如图 3-1 所示。

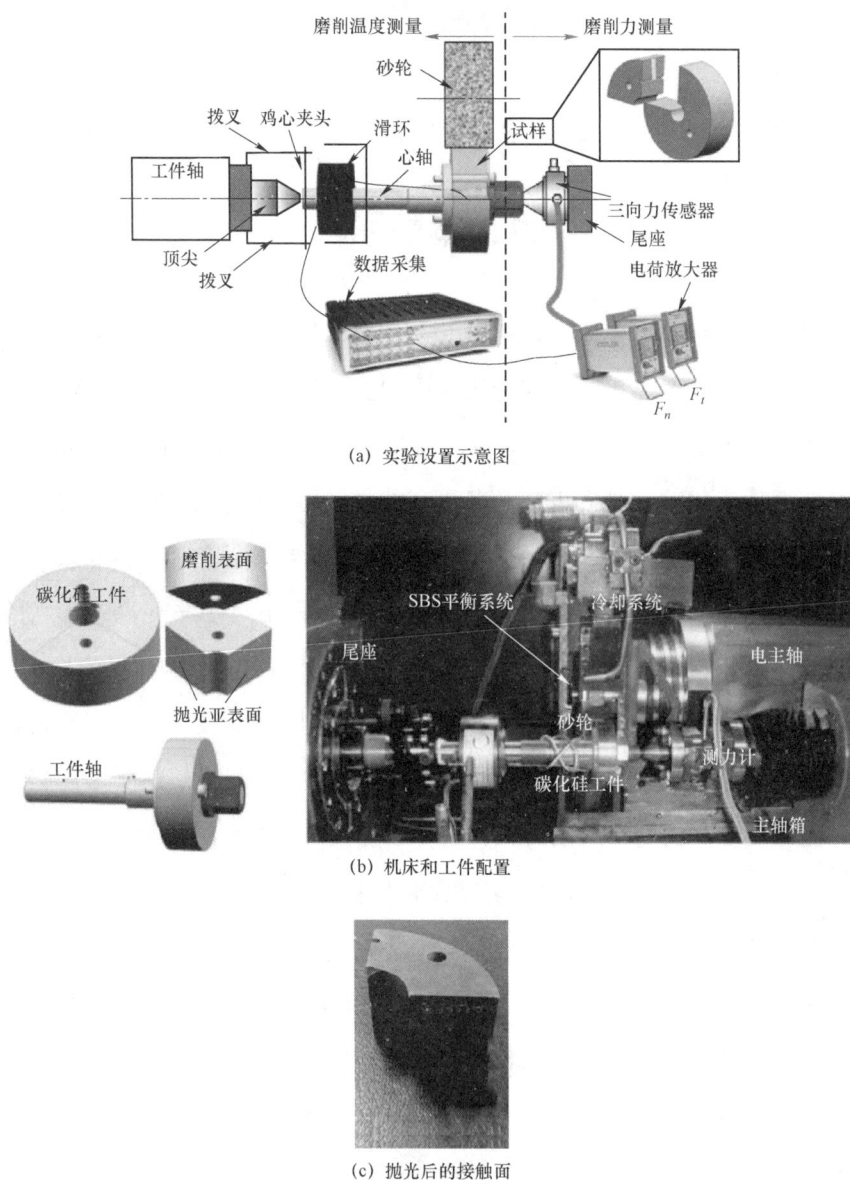

(a) 实验设置示意图

(b) 机床和工件配置

(c) 抛光后的接触面

图 3-1　SiC 磨削实验设置

在 SiC 磨削实验设置中，工件为反应烧结圆柱形 SiC 陶瓷，其弹性模量为 350 GPa，硬度为 23 GPa，静态断裂韧度为 3.5 MPa.m$^{1/2}$，泊松比为 0.16。SiC 工件直径为 60 mm，宽度为 20 mm。碳化硅陶瓷工件被预先分割成由 A 和 B 两部分，A 和 B 的接触面经游离磨粒抛光，依次采用粒度为 40 μm、10 μm、2 μm 和 0.5 μm 的研磨膏进行表面研磨，获得镜面，以便于接触面良好地重合和传递力热。碳化硅陶瓷工件 A 和 B 各有一个安装孔，以便于与心轴固定并在 A 和 B 的接触表面上施加适当的压应力，使二者贴合。工件轴通过机床工件轴和尾座上的顶尖夹紧，工件夹紧后需将尾座锁死在机床的床身导轨上，防止工件轴在加工过程中移动。工件轴上安装有拨叉，通过螺纹安装在工件轴末端的鸡心夹头带动心轴一起旋转，实现工件的旋转运动。心轴同时安装有滑环，实现从随心轴一起转动的传感器上获取的信息输出。尾座的顶尖上安装有四分量压电测力仪（Kistler9123C，瑞士），用于采集外圆磨削过程中的磨削力。砂轮固定在机床主轴上，采用瑞士 Winter 公司的 D91J1SC-23V 型陶瓷基金刚石砂轮（尺寸为 ϕ400 mm × 15 mm）。机床最高转速达到 8 000 r/min，可实现线速度为 167 m/s 的磨削实验。为减少砂轮高速旋转过程中的微量动不平衡量造成的砂轮主轴振动及其对磨削实验结果的影响，在机床电主轴末端安装了一套自动动平衡仪（SB-4500），可实现旋转过程中的砂轮自动平衡，减小砂轮由于不平衡造成的振动。

3.3　磨削力测量原理

在上述的外圆磨削设置中，砂轮与工件间的磨削力可分解为切向力 F_t 和法向力 F_n 两分量，磨削力测量原理如图 3-2 所示。

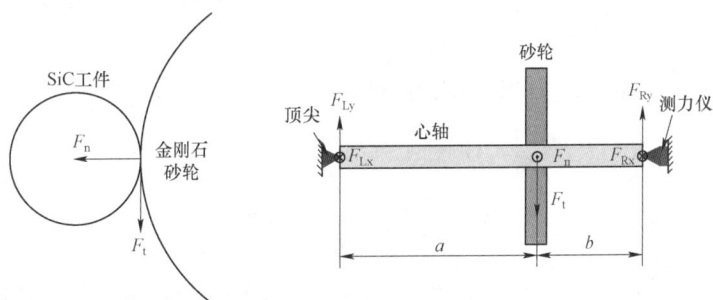

图 3-2　磨削力测量原理

法向力和切向力由心轴传递到前后顶尖，同时心轴在整个磨削过程中匀速转动，因此根据力的平衡条件可得：

$$F_n = F_{Lx} + F_{Rx} \tag{3-1}$$

$$F_t = F_{Ly} + F_{Ry} \tag{3-2}$$

其中，F_{Lx}、F_{Ly}、F_{Rx} 和 F_{Ry} 为别是左右顶尖受到的沿 X 轴和 Y 轴方向的力。根据力矩的平衡条件可得：

$$F_{Rx} \cdot (a+b) = F_n \cdot a \tag{3-3}$$

$$F_{Ry} \cdot (a+b) = F_t \cdot a \tag{3-4}$$

其中，a 和 b 分别为磨削到左右顶尖的距离。

联合式（3-1）、式（3-2）和式（3-3）、式（3-4）可得实际磨削力分别为：

$$F_n = F_{Lx} + F_{Rx} = (1 + b/a)F_{Rx} \tag{3-5}$$

$$F_t = F_{Ly} + F_{Ry} = (1 + b/a)F_{Ry} \tag{3-6}$$

3.4　表面粗糙度测量原理

磨削工件的表面粗糙度采用纳米表面白光干涉仪（NPFLEX）进行测量。工件的平均轮廓度 Ra 是最常用的粗糙度评价指标，其可以表述为：

$$Ra = \frac{1}{l} \int_0^1 |y(x)| \, \mathrm{d}x \tag{3-7}$$

其中，l 为样本长度，$y(x)$ 为工件表面测量的轮廓沿着 X 轴方向偏离粗糙度中线的偏差值。传统的表面粗糙度基于表面的某一轮廓获得，存在明显的各项异性的特征，如对于刨削后的工件表面，沿着刨削进给的方向和垂直于刨削进给的方向测量得到的表面粗糙度存在较大的差异，因此以单一轮廓的表面粗糙度来衡量整个表面的粗糙度存在一定的不合理性。而用白光干涉仪测量表面粗糙度可以克服上述缺点。由于白光干涉仪每次测量的区域为一个表面，而非传统接触式表面粗糙度仪测量得到的一条轮廓线，因此获得的粗糙度为三维粗糙度值，是对整个磨削表面的积分，可以表述为：

$$Sa = \frac{1}{A} \int_A |z(x,y)| \, \mathrm{d}x\mathrm{d}y \tag{3-8}$$

其中，A 为采样区域。通常情况下，本文中的 Sa 与 Ra 极其接近，因为本文中的粗糙度都采用通用的 Ra 来表述。

3.5　基于 SEM 图像的磨削表面延性域表征方法

SiC 陶瓷表面经过磨削后会出现很多裂纹损伤和剥离表面，导致其磨削面产生破碎，对磨削表面的裂纹面积进行定量分析可以表征磨削表面的损伤程度和表面质量。扫描电子显微镜是最直接的用于磨削表面观测的仪器，有助于对磨削表面的形成及其完整形貌进行精确描述。实验设备采用美国 FEI 公司生产的环境扫描电子显微镜（environmental scanning electron microscope，ESEM）Quanta250。该设备是一款多功能、高性能仪器，适用于各种样品的高真空、低真空和 ESEM 模式。该扫描电子显微镜具有以下主要特点：① 最小化样品制备的数量，低真空和 ESEM 功能可实现绝缘及/或含水样品的无荷电成像和分析；② 通过 Quanta 的经由透镜专利压差真空技术，可在高真空和低真空条件下对导电和绝缘样品进行能谱仪（energy dispersive spectroscopy，EDS）和背向散射电子衍射技术（electron back scatter diffraction，EBSD）分析，提高分析能力，稳定的高射束电流（高达 2 μA）可实现快速、准确的分析；③ 使用原位样品台在 −165～1 500 ℃ 的环境温度条件下执行各种自然状态样品的动态原位分析；④ 使用可选的射束减速模式完成表面成像，以获取导电样品的表面和成分信息。

目前还没有比较公认的方法和设备对磨削表面的延性和脆性去除的比例进行定量表征，因此本章采用磨削表面上的延性去除面积来定义延性域表面比例（ductile surface rate，DSR），相应的剩余部分则为脆性表面比例（brittle surface rate，BSR）。为了方便准确计算延性域的面积，本文参照油膜面积的测量，采用网格法将整个观察到的磨削表面用网格分割成若干等分，如图 3-3 所示。

通过手动选取的方式确定延性域去除所在的网格，进而获得整个表面上的延性域去除的面积。在延性区域选取的过程中出现的边界区（即网格内同时存在延性域和脆性域去除），通过肉眼直观判断，若延性域区域大于单个网格面积的 1/2，则将其计入延性域去除区域，否则计入脆性域去除区域。同时网格的个数也会影响计算的精度和效率，通过对网格个数进行独立性实验研究，发现在网格个数大于 20 以后，相同图片的延性域区域的比例结果的误差小于 2%，因此本章的网格分析采用 20×20 的网格划分。为提高图片分析的效率，本章将整个延性域区域提取和计算的过程编写成程序，图 3-3 中的凹陷区域为脆性去除表面。最后，通过计算比例将获取相应的网格个数比例，图 3-3 中脆性域表面比例为 30.5%，那么其对应的延性域表面比例为 69.5%。

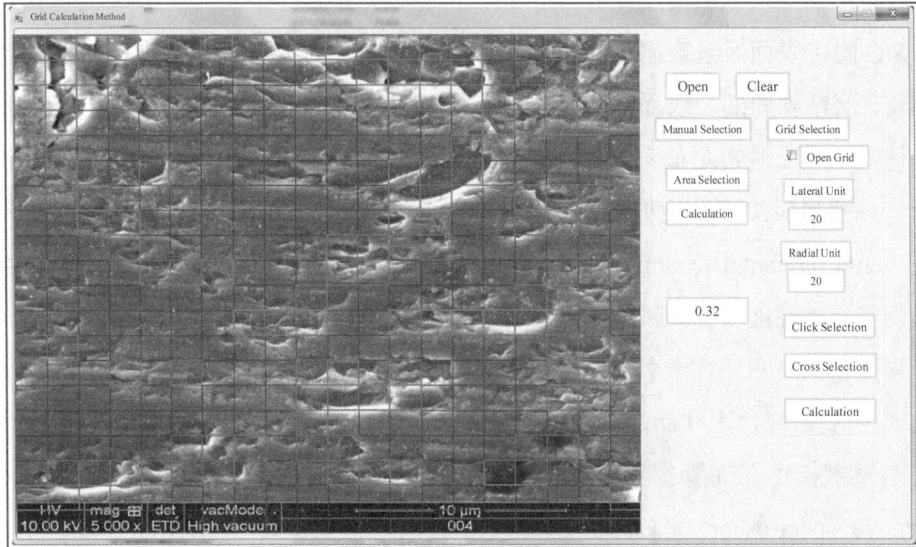

图 3-3　栅格法计算磨削表面延、脆性比例的方法

3.6　实验参数

表 3-1 给出了本章磨削力和表面质量研究采用的实验参数，实验参数分别对最大未变形切屑厚度和砂轮速度对磨削力和磨削表面质量的影响进行了讨论。

表 3-1　磨削力与表面质量实验参数与结果

	Exp.	v_s /（m/s）	a_p /μm	v_w /（m/s）	a_{gmax} /μm	v_s/v_w	Ra /μm	F_n /N	F_t /N	DSR /%
Test #1	1	140	3	0.016	0.17	8 750	0.172	2.6	1.5	98
	2	140	1	0.1	0.32	1 400	0.156	6.9	3.1	91
	3	140	3	0.175	0.56	800	0.268	39.68	10.58	13
Test #2	4	20	3	0.025	0.56	800	0.26	35.44	11.26	38
	5	80	3	0.1	0.56	800	0.247	39.08	10.31	22
	3	140	3	0.175	0.56	800	0.268	39.68	10.58	13
Test #3	6	20	0.2	0.1	0.56	200	0.3	12.32	4.9	65
	5	80	3	0.1	0.56	800	0.247	39.08	10.31	22
	7	140	0.2	0.1	0.56	1 400	0.187	54.37	12.76	15

为了最大限度地提高实验效率，我们共设计了 7 组实验参数，记为 Exp.1～7。上述 7 个实验被分为 3 个测试组。Test #1 包括 Exp.1、2 和 3，砂轮线速度均为 140 m/s，最大未变形切屑厚度依次为 0.17 μm、0.32 μm 和 0.56 μm，探讨最大未变形厚度对磨削力和磨削表面质量的影响。Test #2（Exp.4、5 和 3）和 Test #3（Exp.6、5 和 7）中，最大未变形厚度不变，砂轮速度从 20 m/s 增加到 140 m/s，研究砂轮速度对磨削力和磨削表面质量的影响。由于最大未变形厚度不变的情况无法单独实现砂轮速度变化，必然需要对磨削深度或者进给速度进行设计，因此设计了 Test #2（Exp. 4、5 和 3）最大未变形厚度不变和磨削深度不变的情况和 Test #3（Exp.6、5 和 7）最大未变形厚度不变和进给速度不变的情况两个实验组。

实验前采用砂轮速度 $v_s = 100$ m/s、工件进给速度 $v_w = 0.1$ m/s、磨削深度 $a_p = 0.1$ μm 对工件预磨 10 次，随后进行 3 min 的无火花磨削，每次磨削在确保不平衡量保持在 0.02 μm 以下后进行，从而去除工件表面的损伤层，保证工件的初始状态一致，得到了一致的磨削表面状态。在磨削过程中，由于 SiC 磨屑易堵塞砂轮表面空隙，同时由于碳化硅硬度较大易造成金刚石磨损，因此每开展 5 次磨削实验后需要对金刚石砂轮进行修整，以消除磨粒磨损和碳化硅磨屑堵塞对实验结果的影响。实验过程中采用的砂轮修整参数如下：冷却液流速为 10 L/min，砂轮速度为 80 m/s，切削深度为 2 μm，横向进给量为 400 mm/min，砂轮的整形比为 0.8，修整时间为 30 s。

实验过程中实时采集磨削力的数据，磨削力的测量频率为 100 Hz。实验结束后将 SiC 工件取下，并将 A 部分（1/4 块）投入丙酮中超声清洗 20 min，去除表面黏附的磨屑。然后采用 Bruker 纳米表面白光干涉仪（NPFLEX）测量磨削表面的粗糙度，采用环境扫描电子显微镜（ESEM Quanta 250）对磨削表面及亚表面损伤进行观察。对试件磨削表面与被抛光的侧面进行 SEM 观察，以分析磨削工艺参数对表面以及亚表面造成的损伤情况。本实验中，将对工件材料已加工表面及其亚表面通过 SEM 进行观察，以获得具有不同的磨削特征的图像，进而定量分析磨削表面及其亚表面的损伤变化机制。为了便于获得好的观察效果，先将磨削实验后的试件放在腐蚀液中腐蚀 2～3 h。本实验中采用的是配比为 3∶1 的浓硝酸和氢氟酸，以便于清除不必要的杂质和单质硅等。然后，将试件放置于超声清洗剂中清洗 15 min 以清除灰尘及杂质等。最后，将试件喷金后放置于 SEM 测试设备中进行测试，并分别观察其表面以及亚表面形貌。本实验中，为了更好地观察磨削质量，采用的放大倍数大于 500 倍。

3.7　实验结果

3.7.1　磨面形貌与 DSR

图 3-4 给出了 Test #1、Test #2 和 Test #3 中磨面的 SEM 图像。

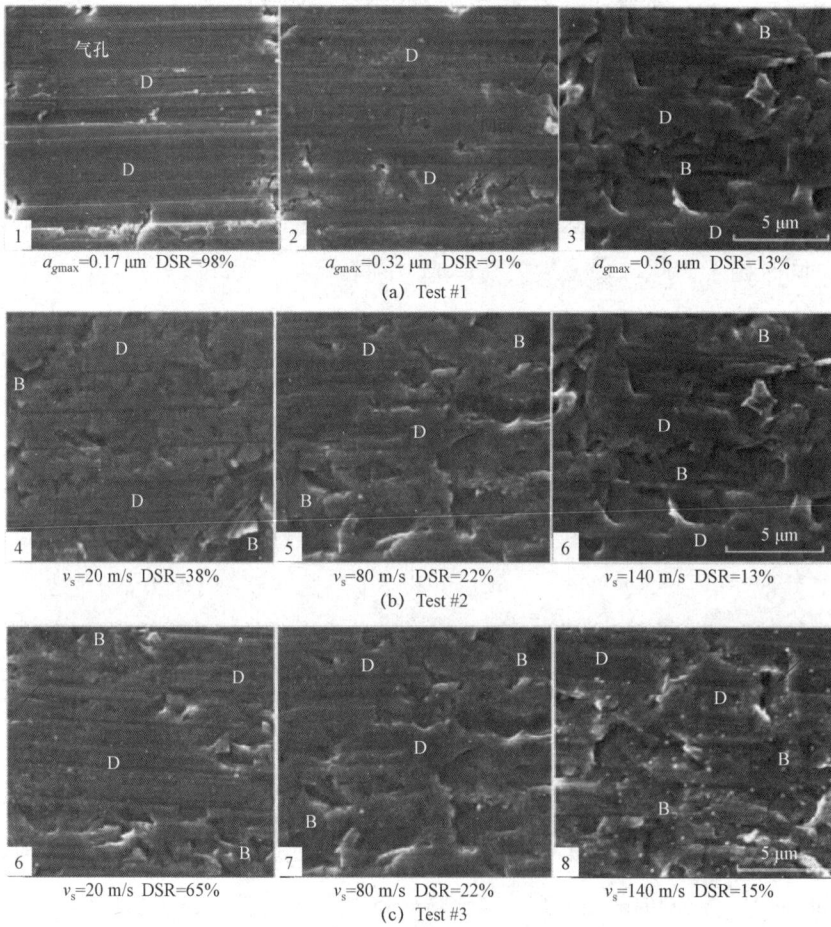

(a) Test #1

$a_{g\max}$=0.17 μm DSR=98%　　$a_{g\max}$=0.32 μm DSR=91%　　$a_{g\max}$=0.56 μm DSR=13%

(b) Test #2

v_s=20 m/s DSR=38%　　v_s=80 m/s DSR=22%　　v_s=140 m/s DSR=13%

(c) Test #3

v_s=20 m/s DSR=65%　　v_s=80 m/s DSR=22%　　v_s=140 m/s DSR=15%

图 3-4　3 个测试组中磨面的 SEM 图像

图 3-4（a）显示了 Test #1 中磨削表面的显微图片和计算得到的 DSR，此时砂轮速度为 140 m/s 保持不变，$a_{g\max}$ 依次增加。图 3-4（a-1）为 $a_{g\max}$ = 0.17 μm 的磨

削表面，可以看出表面平整，只有少量的气孔，主要由材料的原始制备缺陷或者粘结剂被酸腐蚀导致，表面存在大量的塑性划擦的痕迹，且方向与砂轮进给方向一致，整个表面上几乎观察不到裂纹或者由裂纹扩展引起的表面不平整。通过计算 DSR 发现延性磨削区域高达 98%，表现出明显的无裂纹的延性磨削模式。当 a_{gmax} 增加至 0.32 μm 时，如图 3-4（a-2）所示，表面依然以塑性划痕为主，存在少量的气泡，同时出现了部分横向表面裂纹和由裂纹导致的表面材料剥离后形成的凹坑，计算 DSR 为 91%，相比于图 3-4（a-1）略微下降，整个材料去除过程仍然以延性去除为主。当 a_{gmax} 增加到 0.56 μm 时，如图 3-4（a-3）所示，表面无塑性划痕存在，出现大量的表面材料剥离后形成的凹坑，剥离面与磨削表面上留存有大量的裂纹痕迹，DSR 下降到 13%，表现出明显的脆性去除模式。从磨削表面显微图像和 DSR 值来看，延性-脆性转变的临界切削深度约为 0.32 μm。

图 3-4（b）和图 3-4（c）分别显示了 Test #2 和 Test #3 中的磨削表面显微形貌，可以看出所有的磨削表面都被裂纹覆盖，由于 a_{gmax} 远大于临界未变形切屑厚度 0.32 μm，材料以脆性模式被去除。当砂轮速度由 20 m/s 增加到 140 m/s 时，Test #2 和 Test #3 的表面 DSR 分别由 38% 和 65% 下降到 13% 和 15%，这是由于较高的轮速导致陶瓷工件断裂韧性的增加，裂纹向亚表面或工件内部扩展受阻，因而都聚集于工件的表层，形成较多的表面裂纹，该点将在后续的实验和仿真中进一步验证和说明。在相同的砂轮转速下比较图 3-4（b）和图 3-4（c）上的磨削表面可知，较低的磨削深度和较高的进给量可以获得较高的 DSR。

3.7.2　磨削表面粗糙度和磨削力结果

图 3-5 给出了用干涉仪扫描面积为 1.3 mm × 0.95 mm 的磨削表面测量得到的表面粗糙度结果。

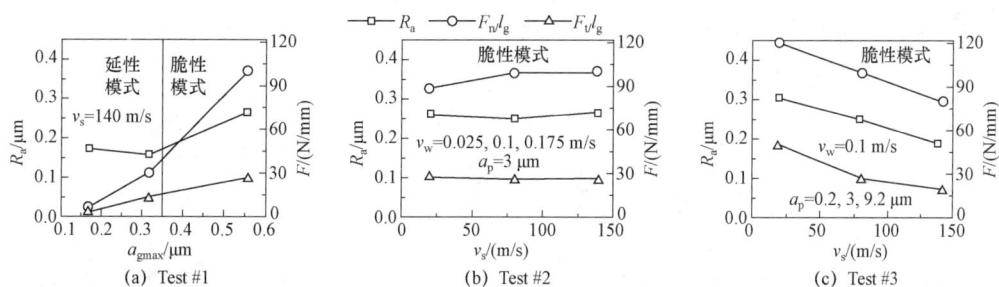

图 3-5　表面粗糙度和单位接触长度磨削力结果

图 3-5（a）、图 3-5（b）和图 3-5（c）分别表示按照 Test #1、Test #2 和 Test #3 的工艺参数加工后的磨削表面粗糙度结果，每组工艺参数下测量 10 个点，然后取平均值，进而消除测量过程中的随机误差造成的影响。如图 3-5（a）所示，当砂轮线速度为 140 m/s 时，随着 $a_{g\max}$ 从 0.17 μm 增加到 0.32 μm，表面粗糙度几乎保持不变，从 0.17 μm 变化至 0.16 μm。当 $a_{g\max}$ 进一步增加到 0.56 μm 时，表面粗糙度增加到 0.27 μm，增长约 69%。由图 3-4（a）的磨削表面形貌和 DSR 分析可知，在 $a_{g\max}$ 为 0.17 μm 和 0.32 μm 时，DSR 都超过 90%，磨削表面以延性去除为主，只存在少量的原材料气孔、塑性去除划痕和极少量的裂纹表面，整个材料去除过程以塑性去除为主，表面平整，出现类似金属切削后的表面，故表面粗糙度几乎无变化。随着 $a_{g\max}$ 增加到 0.56 μm，表面粗糙度急剧上升，由图 3-4（a）的磨削表面形貌和 DSR 分析可知，此时的磨削表面分布有大量的裂纹扩展形成的凹坑，DSR 只有 13%，呈现明显的脆性去除特性。由图 3-5（a）的实验结果可知，在 SiC 材料延性去除时，加工表面光滑，表面粗糙度较高且不受最大未变形切削厚度变化的影响。随着最大未变形切削厚度的持续增加，磨削表面出现脆延性转变，出现大量的裂纹，导致表面质量恶化，表面粗糙度急剧上升。类似的表面粗糙度结果同样出现在 Test #2 中，如图 3-5（b）所示，说明高速提高表面粗糙度的能力有限。在 Test #3 中，速比和磨削深度均增大，表面粗糙度减小，如图 3-5（c）所示，较高的轮速增加了延性去除弧长，增大了接触长度，有利于脆性切屑的形成。

单位接触长度处的磨削力如图 3-5 所示。如图 3-5（a）所示，在 Test #1 中，法向力和切向力随着 $a_{g\max}$ 的增加而增加。$a_{g\max}$ 越大，磨粒浸入工件的深度越大，材料的去除和接触面积越大，磨粒与工件之间的挤压力和摩擦力越大，磨削力越大。如图 3-5（b）所示，Test #2 中的法向力和切向力是稳定的，表明较高的砂轮速度不会提高对磨粒的作用力。图 3-5（c）给出了 Test #3 中的磨削力结果，随着接触长度的增加，磨削过程中有更多的磨粒参与，因此单位接触长度的磨削力减小。

3.8　本章小结

在本章，我们介绍了 SiC 磨削实验的设置，包含工件的准备和预处理、磨削力的测量方法、表面粗糙度的测量方法、表面延性域的表征方法，最后开展磨削实验研究了砂轮线速度和最大未变形厚度对磨削力、磨削表面粗糙度和磨削表面形貌的影响。实验结果表明，在延性去除过程中，磨削表面主要以塑性划痕为主，表面粗糙度不随着磨削工艺参数的变化而变化。当最大未变形切削厚度超过 SiC 的脆延性转变临界切深时，磨削表面出现大量的裂纹和凹坑，导致表面质量急剧恶化，表面粗糙度显著上升。同时磨削力也随着最大未变形厚度的逐渐增加而显著上升。而在最大未变形厚度和磨削深度不变的情况下，提高砂轮速度对表面粗糙度和磨削力的影响较小，说明砂轮速度对磨削力和表面粗糙度的影响有限。在最大未变形厚度和工件进给速度不变的情况下，磨削力和表面粗糙度均随着砂轮速度的增加而增加。

第 4 章

SiC 陶瓷磨削表面粗糙度建模

4.1　本章引言

　　磨削表面粗糙度是反应磨削质量的关键指标，影响零件的诸多性能，如配合精度、疲劳寿命等。由于磨削中砂轮的磨粒的随机性比较强，同时实际参与磨削过程的磨粒数量巨大，导致定量地描述砂轮磨削去除材料的过程十分复杂，从而无法有效地预测磨削表面粗糙度。

　　磨削表面粗糙度建模预测一直是国内外学者研究的重点和热点。早期针对表面粗糙度模型研究可分为经验模型和解析模型两大类。经验模型常常基于运动学条件构建，如将表面粗糙度与实验测得的磨粒的有效切削刃数量联系起来，建立了两者之间的指数关系模型。由于经验模型没有经过严密的数学和逻辑推理，所以只能运用于某些特定的条件，运用范围有限。为克服经验模型的局限性，研究者尝试构建解析模型去预测表面粗糙度，或者仅仅基于成屑厚度模型构建表面粗糙度模型，未考虑砂轮的特性。上述解析模型研究均未考虑砂轮表面磨粒的实际特性，因此有必要进一步开展基于砂轮表面磨粒特性的表面粗糙度预测研究。受砂轮磨粒大小、形状和突出高度分布随机性的影响，无法采用确定性的方法去预测磨削表面粗糙度。而针对随机问题常采用的概率统计方法却未见在预测表面粗糙度中应用。因此，本文将采用概率统计的方法描述砂轮特性，配合磨削工艺参数和运动学仿真手段，实现对磨削表面粗糙度的预测，并开展 SiC 陶瓷磨削实验进行验证。

　　与金属材料相比，碳化硅陶瓷等脆性材料在磨削过程中脆性去除和延性去除并存，其表面粗糙度建模要复杂得多。由于材料的脆性，材料通常以断裂裂纹的形式被去除，磨削表面有大量的坑洞。而相比于延性去除，材料更倾向于通过塑性变形去除，并在磨削表面留下塑性去除的划痕。此外，脆性材料的硬脆特性也使得其难以加工，降低表面裂纹尺寸和表面裂纹区域比例可以大幅度降低表面粗糙度。如何获得较高的材料去除率和良好的表面光洁度是高质量磨削 SiC 的关键问题。因此，如何准确预测脆性材料的表面粗糙度成为需要深入研究的问题。

由于需要对影响表面形貌的所有因素进行综合考虑，因此对表面粗糙度的准确预测非常复杂。早期已经对磨削加工中的表面形貌的预测进行了大量的研究。经验方法和解析方法是建立表面粗糙度模型的两种最常用的方法。在经验方法中，表面粗糙度是通过与最小切屑厚度、加工运动学、切削刃半径、砂轮修整、振动等因素的关系来建模的。虽然这些经验模型一般都具有获取最优加工参数的优点，但它们不能直接用于加工。因此，这些经验模型的应用范围非常有限。在解析方法中，通过假定切屑厚度服从概率分布，建立了基于切屑厚度概率分布的脆性材料磨削表面粗糙度模型。然而，这些研究都没有考虑到磨削过程中脆性和延性并存的情况。对于同时考虑脆性和延性的脆性材料表面粗糙度的理论建模，目前还没有详细的研究。

综上所述，研究人员需要更加全面地考虑脆性材料的延性和脆性过程，进而对磨削表面粗糙度进行预测。

在本章，我们研究了基于砂轮表面磨粒形貌和分布的 SiC 陶瓷磨削表面粗糙度预测模型，同时提出了一个考虑脆性和延性并存的情况的新的脆性材料表面粗糙度模型，最后通过碳化硅陶瓷金刚石磨削实验验证了所提出的表面粗糙度模型。

4.2　基于砂轮表面特性的 SiC 磨削表面粗糙度建模

磨削过程是一个比较复杂的加工过程，在加工过程中常伴有一些不确定因素，这些因素也会影响加工结果。为简化表面粗糙度建模过程，将整个磨削过程做如下的假设和简化：① 忽略砂轮在磨削过程中的振动；② 所有与砂轮磨粒接触的工件材料都被完全地去除，不存在 SiC 材料的弹性变形；③ 没有划擦过程和砂轮堵塞的情况产生。

在本节，我们将通过对砂轮表面磨粒特征的测量，获得磨粒的尺寸、形状、突出高度等参数，然后应用统计学的方法获得磨粒特性的数学模型，实现虚拟砂轮模型的构建。

4.2.1　磨粒尺寸和形状建模

本文的砂轮磨粒特性测量和后期实验过程采用金刚石砂轮（D91J1SC-23V，

Winter，Swiss），砂轮尺寸为 φ400 mm×15 mm，磨粒平均大小为 91 μm。砂轮测量前要先经过修整，以获得较好的磨粒高度一致性。实验采用 Hirox3D 显微镜对砂轮表面进行测量，采用的放大倍数为 ×700，可测量区域范围为 886.06 μm×664.55 μm。为消除砂轮表面弧度的影响，测量后的图片采用显微镜自带的软件进行平整化处理，结果如图 4-1（a）所示。采用截面法对砂轮表面的磨粒进行测量，以获得磨粒的高度 h、尺寸 D 和形状参数，如图 4-1（b）所示。测量过程中，磨粒的高度定义为磨粒顶点与平整化后的基体表面的距离。实验对砂轮圆周每隔 30° 进行一次测量，记录测量区域内所有磨粒的参数，一共测量 12 个区域，包含 245 颗磨粒，其中磨粒最少的一张图片有 15 颗磨粒，磨粒最多的一张图片有 27 颗磨粒。通过测量得到的磨粒平均大小为 90.7 μm，与砂轮厂家给出的 91 μm 的磨粒直径相似，侧面验证了测量结果的正确性。

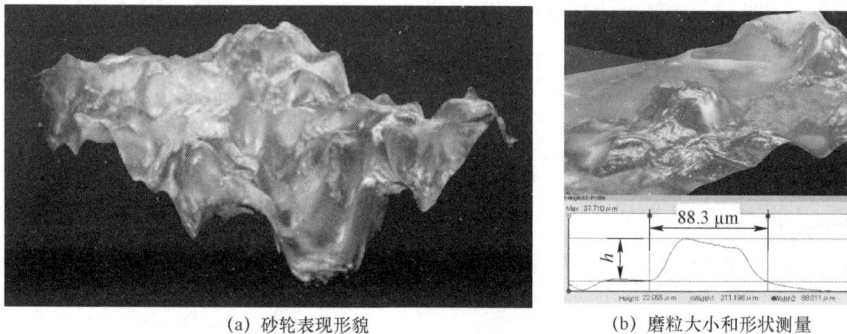

(a) 砂轮表现形貌　　　　　　　(b) 磨粒大小和形状测量

图 4-1　砂轮形貌测量

对于磨粒的形状模型，目前一般将磨粒看成球形和圆锥体，经过修整后的磨粒形状大部分为圆锥体，如图 4-1（b）所示，测量得到锥顶角的均值约为 106°，98% 以上的磨粒锥顶角分布范围为 106°±45°，且满足标准的正态分布，即 $2\theta \sim N(106, 15)$，其中 θ 为锥顶角的一半。

4.2.2　砂轮高度分布建模

如图 4-2 所示，由于每张图片的基准存在差异，导致不同图片间的磨粒高度的数值不具备可比性，而磨粒高度的数值直接决定了磨粒是否参与磨削以及磨粒侵入工件的深度。

为获得所有图片上的磨粒高度关系，需要统一各个图片的基准。假设修整后的砂轮各个区域的高度一致性良好，不存在统计学上的差异，则每张图片中磨粒的平

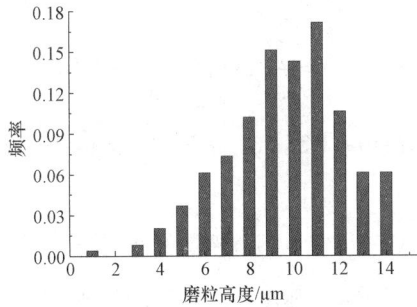

图 4-2　磨粒高度分布直方图

均高度的统计学量 $\overline{x}$ 是一致的，因此可以采用式（4-1）将所有图片中磨粒高度的基准统一。

$$x'_{ij} = x_{ij} - \overline{x}_i + \overline{x} \qquad (4-1)$$

其中，$\overline{x}_i$ 为第 i 张图片上所有磨粒的平均高度，x_{ij} 为测得的 i 张图片上第 j 颗磨粒的高度。$\overline{x}$ 的大小对磨粒的高度分布规律没有影响，只是将磨粒分布曲线整体地上下平移，为了便于计算，取 $\overline{x} = \sum x_{ij} / 245$。经过基准统一后得到的磨粒高度频数分布直方图如图 4-2 所示，可以看出磨粒的突出高度并不是标准正态分布，而更倾向于一个经过处理的瑞利分布（Rayleigh distribution）。究其原因是砂轮在制造完成后，磨粒的分布是完全随机的，理论上也应该为正态分布，但经过磨削或修整等过程后，砂轮表面的部分高点被磨损或被修平整，造成部分高点缺失，使原本的正态分布曲线在磨粒高点方向被挤压，近似为经过变化的瑞利分布。

为了沿用现有的标准瑞利分布理论，我们将磨粒高度的分布图变换为标准的瑞利分布，设测得的磨粒高度的最大值为 X_{max}，令新的变量 $Y = X_{max} - X'_{ij}$，Y 的物理意义即为磨粒浸入工件表面的深度，此时 Y 的频率分布直方图如图 4-3 所示。

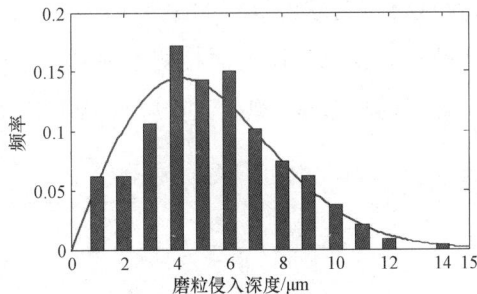

图 4-3　Y 的概率密度分布图

标准的瑞利分布可描述为：

$$f(y) = \frac{y}{\sigma^2} \exp\left(-\frac{y^2}{2\sigma^2}\right) \quad y \geqslant 0 \qquad (4\text{-}2)$$

瑞利分布的平均值为 $E(y) = 1.253\,\sigma$，方差为 $\mathrm{var}(y) = 0.429\,\sigma^2$，因此整个瑞利分布仅由参数 σ 决定。

统计学上常常采用 $\mathrm{var}(y)$ 在实际测量过程中的极大无偏似然估计来估算 $\mathrm{var}(y)$ 的真实值。若 Y 的分布符合标准的瑞利分布，则由统计数据可得的 $0.429\,\sigma^2$ 极大无偏似然估计，从而得到 σ^2 的极大无偏似然估计 $\hat{\sigma}^2 = 17.58$，则 Y 所服从的分布为：

$$f(y) = \frac{y}{17.58} \exp\left(-\frac{y^2}{35.16}\right) \qquad (4\text{-}3)$$

图 4-3 中的曲线给出了 Y 的概率密度分布，可以看出概率密度曲线与直方图吻合得较好，也进一步验证了 Y 服从瑞利分布。

由此可见，磨粒高度 h 分布可由式（4-4）表示。

$$f(h_{\max} - h) = \frac{h_{\max} - h}{\sigma^2} \exp\left[-\frac{(h_{\max} - h)^2}{2\sigma^2}\right] \qquad (4\text{-}4)$$

其中，$h_{\max}$ 为参与磨削过程的磨粒的最大高度，实际磨削过程即为磨削深度 a_p。

对于磨粒的位置和方向分布，本文不做过多的讨论，采用常用的随机分布的方式。由此根据磨粒的高度分布、尺寸、形状、顶角、位置和方向，则可构建整个虚拟砂轮。

4.2.3 磨削表面创成过程

在磨削过程中，磨粒对材料去除的过程如图 4-4 所示。

假定初始时刻 A 磨粒刚好与已磨削表面相切，则对于穿过 Q′点向里的表面轮廓可以通过如下方法获得：根据运动学规律计算可得 A 磨粒在 Q′正上方的实际最

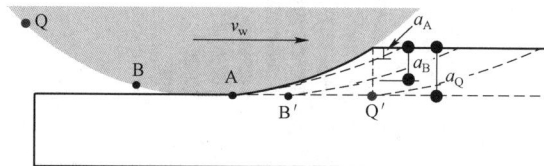

图 4-4 磨粒去除材料过程

大未变形成屑厚度为 a_A，假定 A 磨粒的突出高度为 h_A，则可得到磨粒高度在 $h_A - a_A \sim h_A$ 的磨粒将与工件作用并去除材料，以 A 磨粒为例，当 A 磨粒扫过 Q' 点所在平面后，磨粒扫过的区域上的材料会被去除。类似地，当 B 磨粒扫过 Q' 点所在平面后，B 磨粒的理论最大未变形成屑厚度为 $a_B - a_A$，则磨粒高度在 $h_A - (a_B - a_A) \sim h_A$ 的磨粒将会参与材料移除。但如图 4-5（b）中的淡灰色区域所示，在实际过程中，A 磨粒扫过的高度区域上的材料可能并未被全部移除，因此磨粒 B 可能还要去除部分前面磨粒未去除的材料，因此磨粒 B 所在位置的磨粒群中的高度为 $h_A - a_B \sim h_A$ 的磨粒都可能参与材料去除。类似地，可以得到 Q 磨粒所在位置的磨粒高度在 $h_A - a_p \sim h_A$ 范围内的磨粒都可能参与材料的去除。因此，为简化计算过程，可以认为 Q' 所在的平面的表面轮廓为砂轮 $\overset{\frown}{AQ}$ 圆弧上所有的磨粒高度在 $h_A - a_p \sim h_A$ 的磨粒按照砂轮运动规律依次去除扫过区域后的轮廓。

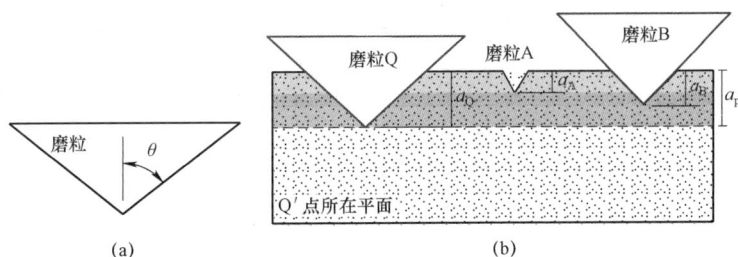

图 4-5　磨粒模型和表面创成过程

假设整个磨削过程中参与 Q' 所在平面创成过程的磨粒数为 N，则 N 可以采用公式（4-5）来计算。

$$N = blC_g \tag{4-5}$$

其中，b 为实际磨削宽度；l 为参与 Q' 所在平面创成过程的砂轮弧长，为 $v_s\sqrt{R^2 - (R-ap)^2} / v_w$；$C_g$ 为砂轮单位面积内的有效磨粒数（即实际参与磨削的磨粒），常采用公式（4-6）进行估算。

$$C_g = 1 / (10d_g^2) \tag{4-6}$$

其中，d_g 为磨粒的平均直径，常取磨粒粒度尺寸的 60%。

4.2.4　表面粗糙度计算

表面粗糙度是通过计算采样长度 l 内的轮廓波动的算术平均值得到的，其计算公式为：

$$R_a = \frac{1}{l}\int_0^l |y(x)|\,\mathrm{d}x \qquad (4\text{-}7)$$

图 4-6 给出了磨削表面粗糙度计算的流程。

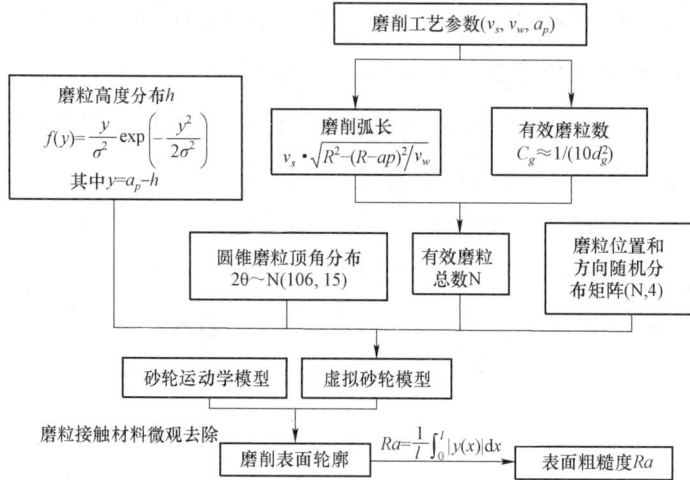

磨削工艺参数(v_s, v_w, a_p)

磨粒高度分布h
$f(y) = \dfrac{y}{\sigma^2}\exp\left(-\dfrac{y^2}{2\sigma^2}\right)$
其中$y = a_p - h$

磨削弧长
$v_s \cdot \sqrt{R^2 - (R-ap)^2}/v_w$

有效磨粒数
$C_g \approx 1/(10 d_g^2)$

圆锥磨粒顶角分布
$2\theta \sim N(106, 15)$

有效磨粒
总数N

磨粒位置和
方向随机分
布矩阵$(N,4)$

砂轮运动学模型　虚拟砂轮模型

磨粒接触材料微观去除

磨削表面轮廓　$Ra = \dfrac{1}{l}\int_0^l |y(x)|\,\mathrm{d}x$　表面粗糙度Ra

图 4-6　磨削表面粗糙度计算流程图

首先通过给定的磨削工艺参数计算实际参与特定截面轮廓生产的磨粒数 N；然后根据磨粒的高度、顶角、位置和方向分布，获得砂轮模型；最后配合砂轮运动学规律实现对工件材料的去除，获得磨削后的工件表面轮廓，进而计算得到表面粗糙度。

在截面轮廓成型阶段，为了便于计算和上述计算流程的实现，将截面分割成有限个数的点阵，对磨粒划过区域的点进行删除以实现材料去除。图 4-7 给出了依据图 4-6 所示的方法获得某一截面经过 140 个磨粒逐渐去除过程中轮廓的变化过程。

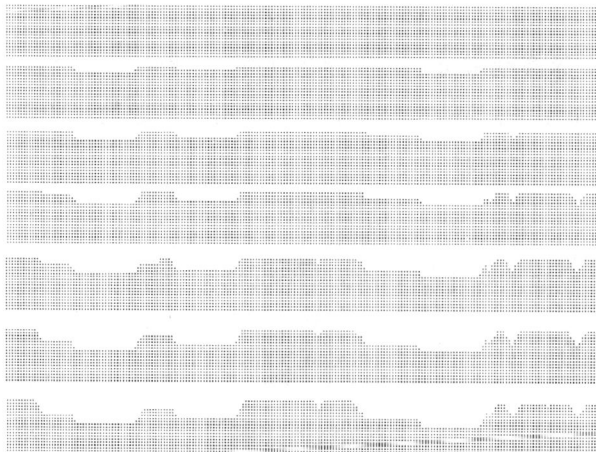

图 4-7　磨削表面轮廓创成过程

从图 4-7 中可以看出，随着磨粒逐渐对材料进行去除，截面的轮廓逐渐发生变化，最终形成磨削后的表面轮廓。通过对轮廓进行算术平均值计算即可获得粗糙度结果。

砂轮的线速度 v_s 设置为 36.7 m/s，工作台进给速度 v_w 依次取 5 m/min、10 m/min 和 15 m/min，磨削深度 a_p 依次取 5 μm、10 μm 和 15 μm，分别对表 4-1 给出的 9 组参数下的表面粗糙度进行预测，结果如图 4-8 所示。

表 4-1 实验结果与模型预测结果对比

序号	v_w/ (m/min)	a_p/ μm	Pre-Ra/ μm	Exp-Ra/ μm	Error/ %
1	5	5	0.179	0.196	8.67
2	10	5	0.253	0.279	9.32
3	15	5	0.313	0.337	7.12
4	5	10	0.213	0.219	2.74
5	10	10	0.301	0.301	0.00
6	15	10	0.369	0.378	2.38
7	5	15	0.236	0.231	2.16
8	10	15	0.333	0.336	0.89
9	15	15	0.406	0.402	1.00

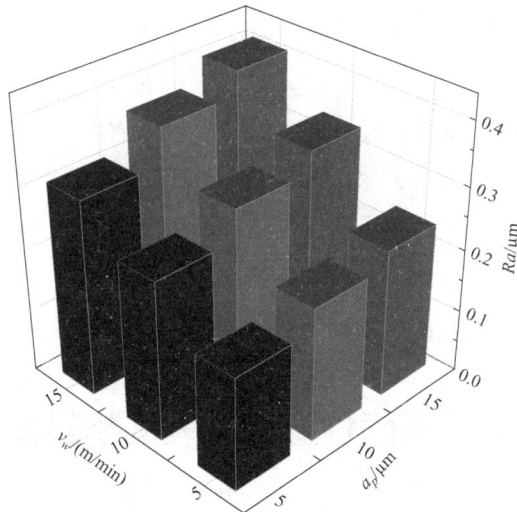

图 4-8 模型预测粗糙度

随着 v_w 和 a_p 的增加，Ra 均增加。在 a_p 依次为 5 μm、10 μm 和 15 μm 时，随着 v_w 从 5 m/min 增加到 15 m/min，Ra 依次由 0.179 μm、0.213 μm 和 0.236 μm 增加

至 0.313 μm、0.369 μm 和 0.406 μm，平均增长 73%左右。在 v_w 依次为 5 m/min、10 m/min 和 15 m/min 时，随着 a_p 从 5 μm 增加到 15 μm，Ra 依次由 0.179 μm、0.253 μm 和 0.313 μm 增加至 0.236 μm、0.333 μm 和 0.406 μm，平均增长 31%左右。由此可见，相比于 a_p 的变化，v_w 的变化对 Ra 的值影响更大。

基于上述采用虚拟砂轮去除材料创成磨削表面形貌过程的研究和分析，可以得到在 v_s 和 a_p 相同的情况下，增加 v_w，砂轮经过单一工件横截面的时间变短，实际参与材料去除的磨粒减少，表面残留较多未去除材料，导致表面粗糙度增大；在相同的 v_s 和 v_w 下，砂轮扫过某一横截面的时间相同，随着 a_p 的增加，磨粒的切深增加，磨削表面轮廓的高低差增加，导致表面粗糙度增大，同时 a_p 的增加导致参与材料去除的磨粒数也增加，更多的材料被去除，因此相比增加 v_w，增加 a_p 对粗糙度的影响更小。

4.2.5　实验验证

实验设置与图 3-1（a）一致。实验采用的磨床为上海机床和东华大学联合开发的 MGKS1332/H 高速外圆磨床。工件为反应烧结的 SiC 陶瓷，被预制成外径为 60 mm、内径为 30 mm、厚度为 20 mm 的圆环。整个工件被放置在工件轴上，使用螺栓固定。每组实验开始时，主轴前端的动平衡仪显示的不平衡量需小于 0.02 μm。为了消除砂轮磨损对实验结果的影响，实验过程中每磨完一组参数后就对砂轮进行简单的修整，以保持磨粒的锋利。为消除工件原有样品表面差异对实验结果的影响，实验前所有的样品采用 $v_s = 100$ m/s、$v_w = 0.1$ m/s、$a_p = 0.1$ μm 的参数磨削表面 10 次，然后再进行 3 min 的光磨，以获得一致性较好的表面。

实验结束后，采用白光干涉仪（NPFlex，Bruker）测量磨削表面，获得表面粗糙度。对比实验和模型预测的结果发现，所有模型预测的误差均小于 10%，误差主要来源于磨削过程中磨粒的磨损和 SiC 陶瓷的脆性断裂去除，但较小的误差也证明了本文提出的磨削表面粗糙度模型的可行性和准确性。

4.3　基于延脆性磨削的表面粗糙度建模

4.3.1　瑞利切屑厚度模型

磨削加工作为一种精密的加工方法，其中磨粒的随机性导致切屑厚度也具有随机性。砂轮表面的瑞利分布最早由 Younis 等人提出。在随后的研究中，Hecker 等

人进一步建立并验证了瑞利切屑厚度模型。因此,本文假定切屑厚度符合瑞利分布。其厚度公式可以表示为:

$$f(h) = \begin{cases} (h/\sigma^2)e^{-h^2/2\sigma^2} & h \geqslant 0 \\ 0 & h < 0 \end{cases} \qquad (4\text{-}8)$$

其中,σ 为完全定义瑞利概率函数的参数,h 为切屑厚度或磨粒浸入工件材料的深度。在该模型中,只有当 $\int f(h)\,\mathrm{d}h = 1$ 时,切屑厚度模型才有效。因此,期望 $E(h)$ 和标准差 $SD(h)$ 可表示为:

$$E(h) = \sqrt{\frac{\pi}{2}}\sigma \qquad (4\text{-}9)$$

$$SD(h) = \sqrt{0.429}\sigma \qquad (4\text{-}10)$$

通过对式(4-8)进行积分计算,可得延性磨削比例系数 δ 为:

$$\delta = \int_0^{h_{cr}} f(h)\,\mathrm{d}h = 1 - e^{-\frac{h_{cr}^2}{2\sigma^2}} \qquad (4\text{-}11)$$

其中,h_{cr} 为临界切屑厚度。吴重军等人在 Bifano 建立的能量模型的基础上,进一步研究了工艺参数引起的动态效应,建立起一种新的 SiC 延性磨削的临界切屑厚度模型为:

$$h_{cr} = \beta\left[a + b\ln\left(\frac{v_s}{h_{cu}}\right)\right]^2 \left(\frac{E}{H}\right) \cdot \left(\frac{K_{1C}}{H}\right)^2 \qquad (4\text{-}12)$$

其中,h_{cr} 为临界切削厚度,β、a、b 均为一种材料常数,在此模型中,$\beta = 0.15$(小于 10% 的脆性断裂面),a 和 b 是由工艺参数所引起的动态应变率增韧效应而产生的,对于 SiC 而言,$a = -1.64$,$b = 0.675$;E 为材料的弹性模量;K_{IC} 为准静态断裂韧性;H 为材料硬度;v_s 为砂轮速度。最大未变形切屑厚度 h_{cu} 是磨削过程中的表征,可用式(4-13)表达。

$$h_{cu} = \left(\frac{3}{C_d \cdot \tan\theta} \cdot \frac{v_w}{v_s}\sqrt{\frac{a_e}{d_e}}\right)^{\frac{1}{2}} \qquad (4\text{-}13)$$

其中,C_d 为单位面积内的有效磨粒数;θ 为有效磨粒的半顶角;a_e 为切削深度;v_w 为工件速度;d_e 为砂轮直径当量,$d_e = d_s \cdot d_w/(d_s + d_w)$,$d_w$ 是工件直径,d_s 是砂轮直径。本文将采用圆锥体进行简化。假设磨粒的半夹角为 60°,则式中 C_d 的值可表示为:

$$C_d = 4x / [d_g^2(4\pi/3\omega)^{2/3}] \qquad (4\text{-}14)$$

其中，x 是金刚石磨粒在磨削过程中的有效分数，d_g 是磨粒的等效球形直径，ω 是金刚石在砂轮中的体积分数。若约三分之一的金刚石磨粒参与磨削，则 $x = 1/3$。此模型中砂轮的密度为 150，则体积分数 $\omega = 0.375$。

参数 σ 充分定义了分布函数式（4-8）中的概率密度函数，可以通过计算材料的去除量得到。它可以表示为工艺参数和砂轮结构的函数。该参数可以计算为：

$$\sigma = \sqrt{\frac{a_e \cdot v_w}{2v_s \cdot C_d}\frac{1}{l_c \cdot \tan\theta}} \tag{4-15}$$

其中，l_c 为接触弧长，$l_c = \sqrt{a_e \times d_e}$。

4.3.2 磨削加工中的损伤形成过程

在脆性材料的磨削加工中，磨粒与工件的相互作用过程可以看作一个划擦过程。从压痕断裂力学的角度看，当磨粒划过工件时，会产生两种不同的裂纹形式：侧向裂纹和中位裂纹。由侧向裂纹引起的表面损伤是磨削加工过程中影响表面粗糙度的主要原因。横向裂纹长度 C_l 和深度 L_d 的理论方程可以表示为与材料性能和载荷有关的函数。

$$C_l = \{(\zeta_l / A^{1/2})(\cot\theta)^{5/6}[(E/H)^{3/4}/(K_{1C}H^{1/4})]\}^{1/2}P^{5/8} \tag{4-16}$$

$$L_d = 0.43(\sin\theta)^{1/2}(\cot\theta)^{1/3}(E/H)^{1/2}(P/H)^{1/2} \tag{4-17}$$

其中，ζ_l 和 A 为与工件/磨粒系统无关的常数，ζ_l 和 A 的典型值分别为 0.025 和 0.75；θ 为磨粒的半顶角；P 为 Jahanmir 等人所做的实验中模拟的单磨粒负荷。

$$P = k\left(\frac{K_{1C}^{1/2}H}{E^{2/5}}\right)(V_W / V_S)^{3/4}a_e^{1/4} \tag{4-18}$$

其中，K 为与砂轮结构有关的常数，碳化硅和氮化硅的 K 值为 0.85。

4.3.3 脆性材料表面粗糙度模型

在脆性材料的磨削加工中，材料的去除过程表现为脆性与延性并存。因此，对其表面粗糙度的建模可分为两部分。当材料以脆性模式被去除时，材料将以断裂裂纹的形式被去除，此时表面粗糙度应在压痕力学的基础上考虑磨削表面的侧向断裂裂纹长度和深度的影响。然而，当材料以延性模式去除时，磨削表面将以延性划痕为主，表面粗糙度可以根据磨削几何形状和切屑厚度的概率分布来进行建模。表面粗糙度可假定为：

$$R_a = \delta R_{ad} + (1-\delta)R_{ab} \tag{4-19}$$

其中，δ 为延性去除的比例系数（延性模式下的概率），如式（4-11）所示；R_a 表示磨削表面粗糙度；R_{ad} 和 R_{ab} 分别为脆性和延性模式下的表面粗糙度值。因此，系数 δ 和脆性去除或延性磨削的确定对此建模至关重要。

图 4-9 给出了脆性材料表面粗糙度建模的详细过程。

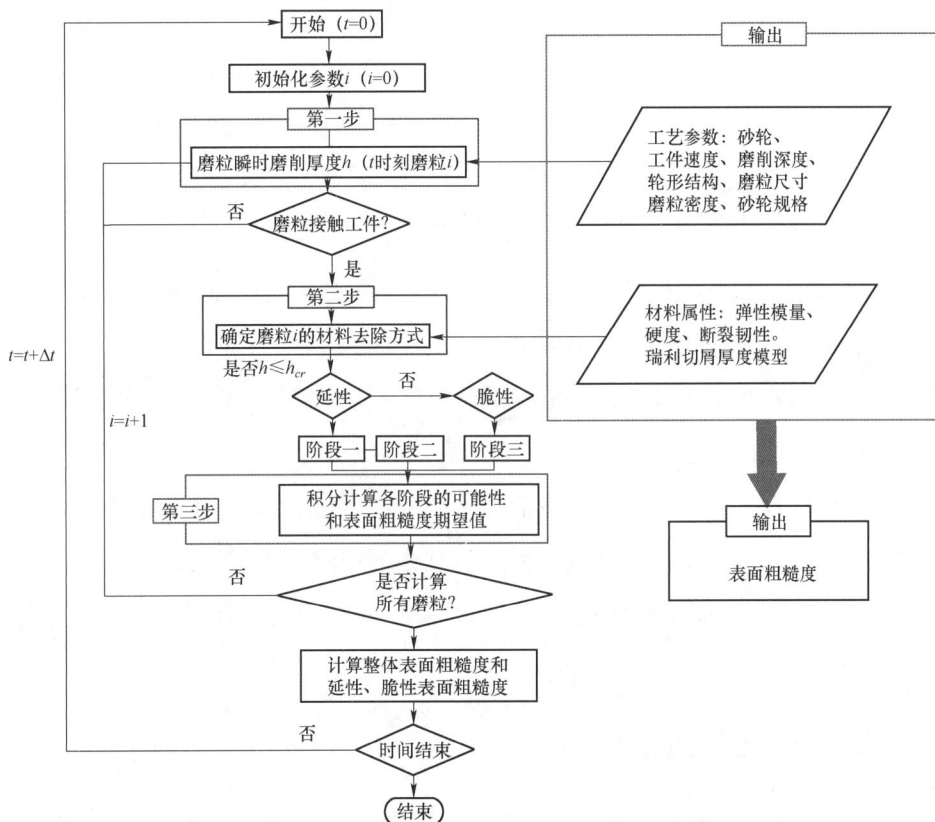

图 4-9　脆性材料表面粗糙度建模流程图

如图 4-9 所示，将脆性材料磨削表面粗糙度的建模分为延性模式和脆性模式两部分。在延性模式下，单颗磨粒的相互作用深度 h 应小于式（4-12）中的临界切屑厚度 h_{cr}，否则脆性模式将占主导地位，将出现表面裂纹。每一个与工件相互作用的磨粒都将被计算出来。基于图 4-10 的描述和式（4-8）中的切屑厚度模型，对脆性和延性表面粗糙度进行积分计算。图 4-9 中的一、二、三阶段对应于图 4-10 中的1、2、3部分。

55

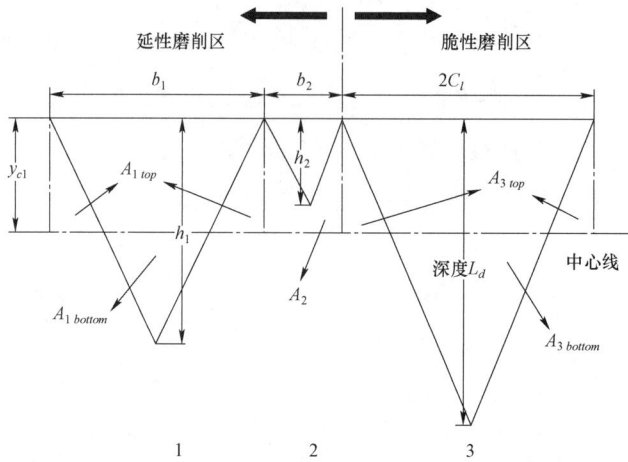

图 4-10　脆性和延性并存模式下的表面粗糙度模型

本文将讨论二维表面粗糙度模型。对垂直于磨削方向的表面粗糙度建模，在延性和脆性模式下产生的表面形貌如图 4-10 所示。第 1 部分和第 2 部分处于延性模式，这意味着相互作用深度 h 低于临界切屑厚度 h_{cr}。然而，第 3 部分是脆性模式，它将导致损伤裂纹深度 L_d 和 $2C_l$。

为了简化计算，本文给出了一些假设：① 在延性模式下产生的划痕与切屑厚度一致，而在脆性模式下产生的划痕则用前文中的裂纹系统描述来表征；② 无划痕重叠；③ 估算的表面粗糙度垂直于磨削方向。模型中的所有划痕都假设为由三角形形状的有效磨粒产生。

4.3.4　表面粗糙度模型计算

表面粗糙度值 R_a 是算术平均值，其定义如下：

$$R_a = \frac{1}{l}\int_0^l |y - y_{cl}| \, \mathrm{d}l \tag{4-20}$$

其中，y_{cl} 为中心线位置。由表面粗糙度的定义可知，中心线位置可以通过中心线上下两部分面积相等的公式求得。由表面粗糙度算术平均偏差的定义，可知：

$$p_1 E(A_{1\,\text{top}}) + p_2 E(A_2) + p_3 E(A_{3\,\text{top}}) = p_1 E(A_{1\,\text{bottom}}) + p_3 E(A_{3\,\text{bottom}}) \tag{4-21}$$

其中，p_1 和 p_2 为单颗磨粒的作用深度分别处于中心线位置 y_{cl} 以下和中心线位置与临界切屑厚度之间的概率，因此式（4-11）中的延性模式概率等于 p_1 与 p_2 之和；p_3 为作用深度超过临界切屑厚度的概率，也称为脆性磨削概率。通过式（4-8）

的积分计算，概率可表示为：

$$p_1 = \int_{y_{cl}}^{h_{cr}} f(h)\mathrm{d}h \tag{4-22}$$

$$p_2 = \int_0^{y_{cl}} f(h)\,\mathrm{d}h \tag{4-23}$$

$$p_3 = \int_{h_{cr}}^{+\infty} f(h)\,\mathrm{d}h \tag{4-24}$$

通过计算，可以得到中心线以上或以下区域面积的期望。

$$E(A_{1\,top}) = \tan\theta\, y_{cl}^2 \tag{4-25}$$

$$E(A_2) = \tan\theta[2y_{cl}E(h_2) - E(h_2^2)] \tag{4-26}$$

$$E(A_{3\,top}) = y_{cl}^2 E\left(\frac{C_l}{L_d}\right) \tag{4-27}$$

$$E(A_{1\,botom}) = \tan\theta[E(h_1^2) - 2y_{cl}E(h_1) + y_{cl}^2] \tag{4-28}$$

$$E(A_{3\,bottom}) = E(C_l L_d) - 2E(C_l)y_{cl} - y_{cl}^2 E\left(\frac{C_l}{L_d}\right) \tag{4-29}$$

其中，h_1 和 h_2 分别为低于 y_{cl} 和介于 y_{cl} 和 h_{cr} 之间的单颗磨粒的作用深度（如图 4-10 所示）。将式（4-22）～式（4-29）和式（4-8）代入式（4-21），可得中心线 y_{cl} 的位置。

然后通过式（4-20）中表面粗糙度计算的定义，得到延性模式和脆性模式下的表面粗糙度模型。因此，延性模式下的表面粗糙度可用式（4-30）表示。

$$R_{ad} = \frac{p_1 E\left(\dfrac{A_{1\,top} + A_{1\,bottom}}{2h_1\tan\theta}\right) + p_2 E\left(\dfrac{A_2}{2h_2\tan\theta}\right)}{\delta} \tag{4-30}$$

脆性去除模式下的表面粗糙度可计算为：

$$R_{ab} = E\left(\frac{A_{3\,top} + A_{3\,bottom}}{2C_l}\right) \tag{4-31}$$

在式（4-30）和式（4-31）中的所有计算完成之后，表面粗糙度模型可以在式（4-19）中得出最终结果。

$$R_a = p_1 E\left(\frac{A_{1\,top} + A_{1\,bottom}}{2h_1\tan\theta}\right) + p_2 E\left(\frac{A_2}{2h_2\tan\theta}\right) + p_3 E\left(\frac{A_{3\,top} + A_{3\,bottom}}{2C_l}\right) \tag{4-32}$$

在上述方程中，由瑞利分布函数的定义可知，p_1、p_2 和 p_3 之和等于 1。在式（4-32）

中的表面粗糙度模型中，脆性材料的建模不仅考虑了加工运动学、磨粒结构和工艺参数，还考虑了磨削引起的表面损伤。

4.3.5 实验设置

4.3.6 磨削实验装置

本章将采用金刚石磨削碳化硅，为了保证合适的材料去除率，陶瓷基金刚石砂轮的平均磨料粒径为 91 μm，浓度为 150%，宽度为 22 mm，直径为 400 mm。

4.3.7 模型验证

为了验证本节构建的表面粗糙度模型和切屑厚度模型，我们进行了 6 组磨削试验。然而 SiC 陶瓷在磨削过程中会产生大量的微裂纹，导致切屑厚度难以测量，因此可以使用延性磨削概率以代替验证切屑厚度模型。在式（4-8）的瑞利切屑厚度模型中，切屑厚度 h 是影响瑞利分布函数的唯一变量，故使用延性概率验证是有效的。在计算磨削表面延性去除表面占比时，采用网格计数法。基于上述方法，实验数据见表 4-2。

表 4-2　切屑厚度和表面粗糙度模型验证

序号	v_s/ (m/s)	v_w/ (m/s)	a_e/ μm	计算延性概率 δ/%	试验延性概率 δ/%	延性概率的误差/%	R_a/ 预测 μm	R_a/ 实验 μm
1	140	0.3	15.9	30.3	37	7.3	0.633	0.596
2	20	0.075	5	52.5	48	4.5	0.438	0.426
3	20	0.025	3	58.6	62	3.4	0.367	0.344
4	140	0.175	3	76.4	74	2.4	0.204	0.212
5	140	0.1	1	92.5	91	1.5	0.160	0.156
6	140	0.05	1	95.0	96	1	0.157	0.164
AVG						3.35		

表 4-2 给出了表面粗糙度和延性磨削区域的概率，以揭示切屑厚度模型和表面粗糙度模型的有效性。结果表明，实验中的延性概率与瑞利分布计算的延性概率吻合较好。延性概率的绝对误差最高为 7.3%，最低为 1%，平均为 3.35%，表明瑞利切屑厚度模型与实际情况相吻合，表 4-2 中的表面粗糙度值也与预测值一致。

表 4-3 给出了更多的数据来揭示预测精度及其误差。在表 4-3 中，对工艺参数进行了设计以考察其对表面粗糙度的敏感性。从表 4-3 中可以看出，绝对值误差最高为 7.8%，这意味着模型预测结果与实验结果显示出较好的一致性。同时，由于脆性磨削区可能产生断裂裂纹，延性表面粗糙度 R_{ad} 明显低于脆性表面粗糙度 R_{ab}。也就是说，应该合理控制由于脆性去除而导致的脆性材料表面质量变差。

表 4-3　不同工艺参数下的预测表面粗糙度误差

序号	v_s/ (m/s)	v_w/ (m/s)	a_e/ μm	R_{ad}/ μm	延性 概率 δ	R_{ab}/ μm	R_a/ μm 模型	R_a/ μm 实验	绝对 误差/ %	绝对 偏差/ %
1	60	0.1	8	0.188	32.4	0.680	0.520	0.533	2.4	0.013
2	100	0.1	8	0.160	71.4	0.548	0.270	0.256	5.3	0.014
3	140	0.1	8	0.155	89.8	0.474	0.187	0.185	1.1	0.002
4	60	0.1	5	0.174	42.5	0.638	0.441	0.443	0.4	0.005
5	100	0.1	5	0.155	81.4	0.513	0.221	0.216	2.2	0.006
6	140	0.1	5	0.151	93.3	0.444	0.170	0.164	3.7	0.017
7	100	0.16	5	0.175	60.0	0.621	0.353	0.335	5.0	0.042
8	100	0.24	5	0.200	40.6	0.731	0.515	0.475	7.8	0.002
9	100	0.1	12	0.166	61.6	0.579	0.324	0.322	0.6	0.021
10	100	0.15	8	0.179	51.5	0.645	0.405	0.426	5.3	0.007
11	140	0.1	9.1	0.157	88.4	0.482	0.194	0.187	3.5	0.007
12	140	0.158	3	0.164	97.3	0.214	0.165	0.172	4.1	0.011
AVG									3.45	

4.3.8　结果讨论

4.3.9　工艺参数影响分析

为了分析工艺参数对表面粗糙度的影响，表 4-2 中的磨削试验结果如图 4-11 所示。

图 4-11（a）给出了砂轮速度与磨削表面粗糙度的关系，可以发现砂轮速度的增加使表面粗糙度值下降，分别从 60 m/s 时的 0.533 μm 和 100 m/s 时的 0.256 μm 下降到 140 m/s 时的 0.185 μm；而且脆性表面粗糙度也呈同样的下降趋势。而在图 4-11（b）中，延性表面粗糙度随工艺参数的变化保持相对稳定。

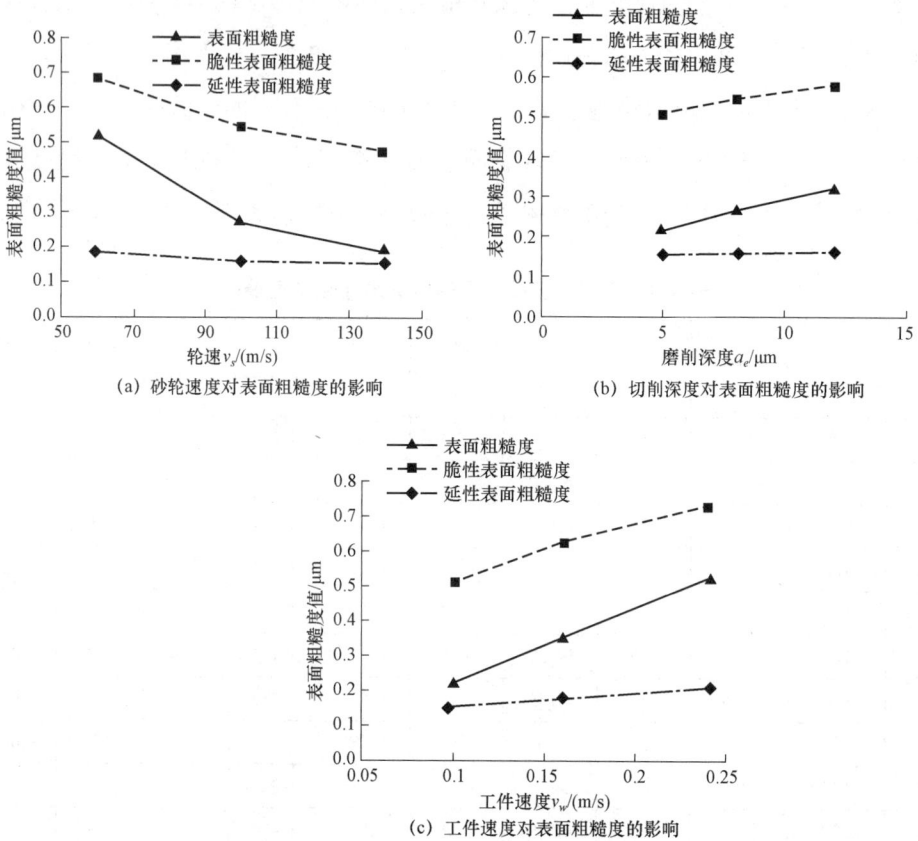

（a）砂轮速度对表面粗糙度的影响

（b）切削深度对表面粗糙度的影响

（c）工件速度对表面粗糙度的影响

图 4-11　工艺参数对表面粗糙度的影响

从图 4-11（b）和图 4-11（c）中可以看出，表面粗糙度值随着切削深度变大和工件速度的提高而增大。从切削深度来看，表面粗糙度值从 5 μm 时的 0.216 μm 和 8 μm 时的 0.256 μm 增加到 12 μm 时的 0.322 μm。从工件速度来看，表面粗糙度值从 0.1 m/s 时的 0.216 μm 和 0.16 m/s 时的 0.335 μm 增加到 0.24 m/s 时的 0.475 μm。在图 4-11（b）和图 4-11（c）中，材料去除率随工件速度和切削深度的增加从 0.5 mm³/mm·s 增加到 1.2 mm³/mm·s。由此可以得出，在有着较高材料去除率的条件下，增加切削深度相比提高工件速度来说，可以更好地保持表面质量。

4.3.10　不同延性概率下的表面粗糙度

在图 4-12 中，表面粗糙度值随着延性概率系数 δ 的增大而增大。

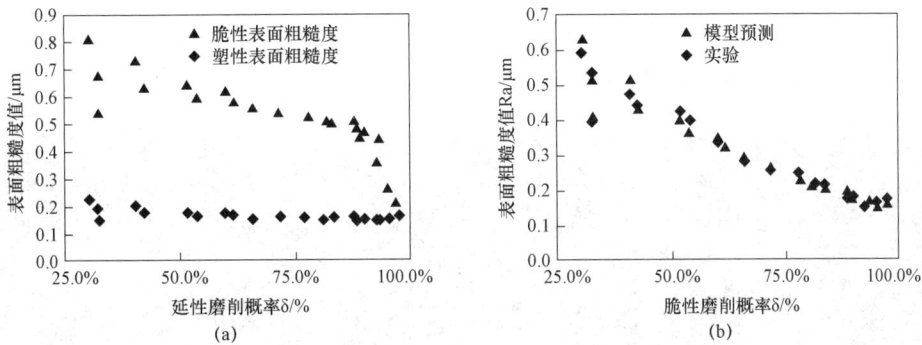

图 4-12　延性磨削概率系数与表面粗糙度值

在图 4-12（a）中，由于磨削过程中出现的断裂裂纹较少，延性表面粗糙度始终保持在 0.15～0.2 μm 的较低稳定范围内。但脆性表面粗糙度随延性磨削概率的增加而变化，直到延性磨削概率接近 100%，且脆性表面粗糙度始终远远高于延性表面粗糙度。当延性磨削概率较低时，脆性表面粗糙度在 0.5～0.8 μm 波动，由于表面断裂裂纹较多而产生不稳定性。当延性磨削概率从 50% 左右增加到 90% 时，脆性表面粗糙度逐渐下降。此阶段以延性磨削去除为主，可以期待更稳定、规则的划痕和裂纹。提高延性磨削概率有助于减小切屑尺寸，从而降低表面粗糙度。随着延性磨削概率的不断提高直到 90% 以上，脆性磨削占主导地位的表面粗糙度值迅速下降，从而抑制了表面裂纹的产生。

图 4-12（b）给出了在提高延性磨削概率条件下的表面粗糙度预测值和实验值。结果表明模型预测结果与实验结果吻合较好。以上分析表明，脆性表面粗糙度对脆性材料的磨削质量有重要作用；延性磨削概率越高，表面粗糙度越好。

4.3.11　磨削表面形貌

为了进一步验证上述结论，图 4-13 和图 4-14 给出了表面白光干涉仪（NPFLEX）和 SEM 观察到的表面微观结构。

在图 4-13 中，当延性磨削概率较低时［图 4-13（a）为 30.3% 和图 4-13（b）为 52.5%］，磨削表面主要以不规则坑槽为主，表面粗糙度值很高。当延性磨削概率增加时，表面坑槽消失，在图 4-13（e）和图 4-13（f）上可见大量延性划痕，表面粗糙度值从预测的 30.3% 延性概率下的 0.541 μm 大幅度下降到 95% 延性概率下的 0.155 μm。图 4-14 是与图 4-13 对应的 SEM 结构。从图 4-14 的 SEM 图片上可以看出，表面质量随着延性概率的增加而提高。在图 4-14（a）中，表面主要由断屑和凹坑组成，极少出现延性划痕，但随着表面延性概率的增加，磨削表面以延性划痕为主，很少存在小碎屑。

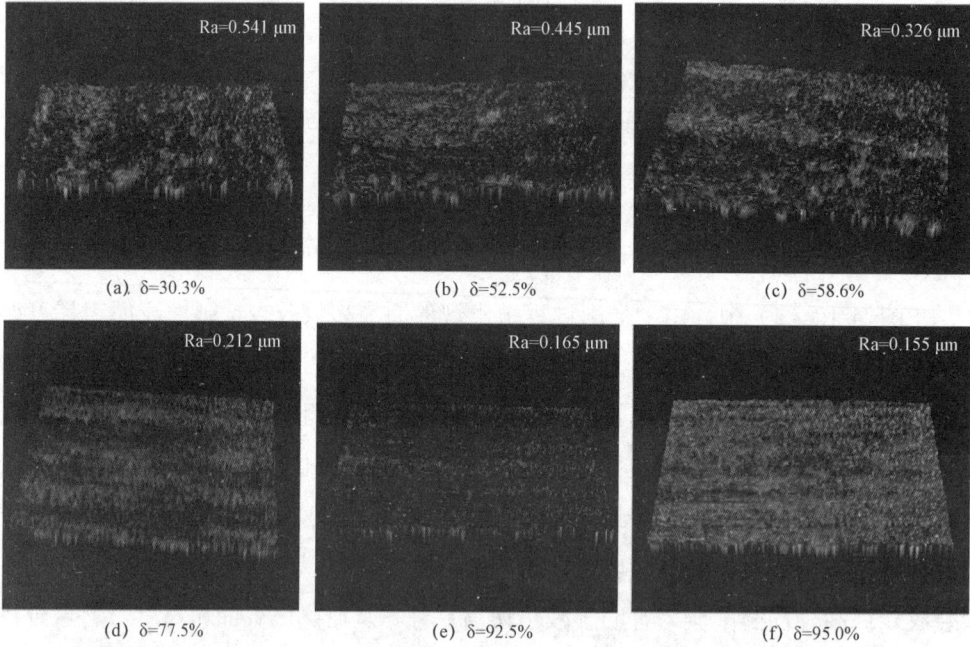

图 4-13　不同预测延性概率 δ 下的表面粗糙度值

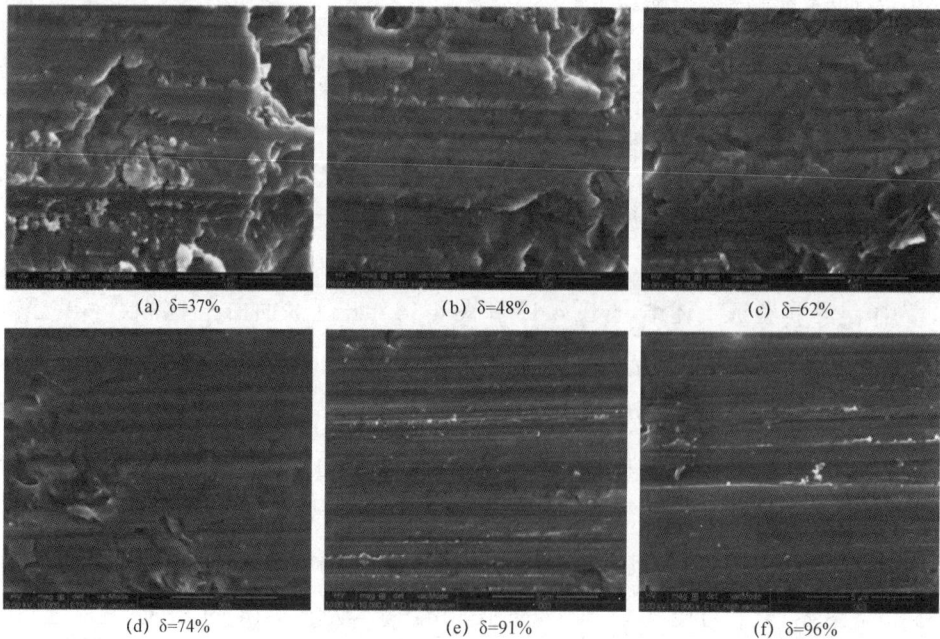

图 4-14　实验延性概率 δ 下的磨削表面显微照片

与图 4-12 中 0.2 μm 以下的相对较低的延性表面粗糙度相比可知，脆性表面粗糙度是影响脆性材料表面质量的主要因素，因此控制脆性材料的表面损伤对提高碳化硅陶瓷等脆性材料的磨削质量具有重要意义。

4.4　本章小结

在本章，我们通过对修整后的砂轮表面的磨粒特性进行测量并进行概率统计理论分析，构建了砂轮模型，然后采用砂轮模型配合工艺参数开展材料去除过程的数值模拟研究，获得了磨削后的表面轮廓，进而获得表面粗糙度。研究发现修整后的砂轮磨粒成圆锥形，顶角服从正态分布，磨粒高度经过数学转化后服从瑞利分布；磨削表面粗糙度随着进给速度和磨削深度的增加而增加，并且进给速度比磨削深度的影响更大；本章构建的模型可以实现对磨削表面粗糙度的预测，误差小于 10%。

同时，我们还给出了脆性和延性并存条件下的表面粗糙度预测模型。假设单颗磨粒的切屑厚度符合瑞利分布，用瑞利分布函数来模拟磨粒的随机性。同时，综合考虑材料性能和工艺参数，采用临界切屑厚度模型对单颗磨粒的韧脆磨削进行了划分。因此，通过对瑞利分布函数的积分计算，可以得到延性磨削的概率。采用压痕断裂力学中的磨削损伤模型对脆性表面粗糙度进行了建模。通过一系列碳化硅磨削实验，对表面粗糙度和切屑厚度模型进行了校准和验证。结果表明，模型预测结果与实验结果吻合较好，延性表面粗糙度远低于脆性表面粗糙度。因此，脆性材料的表面粗糙度建模应考虑脆性和延性的共存，并考虑磨削引起的表面损伤以及加工运动学、磨料结构和工艺参数对脆性和延性的影响。在较高的砂轮转速或较低的切屑厚度下，以延性为主导的磨削方式可以在较低的损伤程度下提高表面粗糙度。

第 5 章

碳化硅陶瓷磨削热分析

5.1 本章引言

磨削一直是公认的机械加工过程中获得高精度零件的精加工工艺。然而，这种加工方法也有较高的能量消耗，可能导致较高的磨削温度，从而导致工件的热损伤。在较高的瞬态温升下，可能会产生各种热损伤。由于工件的热膨胀和热变形，工件的尺寸精度一直难以保证。此外，高温不可避免地在加工表面/亚表面产生残余应力。

在本章，我们研究了圆柱外圆磨削过程中接触区的热通量分布，预测了工件表面的温度分布，利用监测到的磨削温度和磨削力建立了热通量模型；对瑞利热通量分布进行了验证，并建立了工件表面温度的预测模型。

5.2 外圆磨削的热流分布模型

5.2.1 瑞利热流密度分布模型

外圆磨削过程中的热传递可以转化为二维的热传导，因为砂轮宽度 b_s 远大于磨削深度 a_p，所以工件速度远低于磨削速度。为了估计热通量 q_w 沿磨削接触区域的分布，假设热通量分布与外圆切入横向磨削中未变形的切屑厚度分布一致。如图 5-1 所示，定义 q_w（W/mm²）为在实际磨削接触长度 l_r 中传递到工件的热通量。热源沿半无限工件表面移动。

瑞利曲线分布热通量也被认为是热通量密度 $q(\xi)$ 随位置 ξ 变化的无限大热通量。一旦确定了对工件的总热通量，则在 ξ 位置的热通量 $q(\xi)$ 由瑞利曲线给出，即为：

$$q(\xi) = \frac{2mq_w}{l_r^2} \xi \exp\left(-\frac{m\xi^2}{l_r^2}\right) \qquad (5\text{-}1)$$

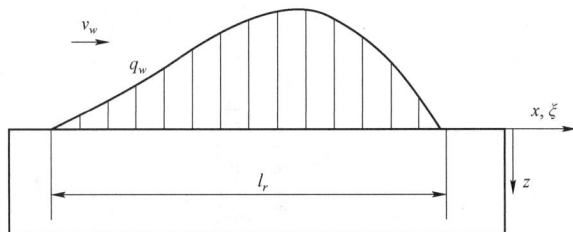

图 5-1　热通量分布模型

其中，m 为瑞利曲线的形状系数，它影响瑞利曲线的形状，并影响工件的总热通量；l_r 为由磨削接触区域中的实际接触长度决定的热源长度。工件的总热通量定义为：

$$q_w = q(\xi)\mathrm{d}\xi = \frac{2mq_w}{l_r^2}\xi \exp\left(-\frac{m\xi^2}{l_r^2}\right)\mathrm{d}\xi \qquad (5\text{-}2)$$

工件的温度分布用式（5-3）中的 Jaeger 移动热源模型描述。

$$T = \int_a^b \frac{q(\xi)}{\pi\lambda}\exp\left[-\frac{(x-\xi)v_w}{2\alpha}\right]K_0\left[\frac{v_w}{2\alpha}\sqrt{(x-\xi)^2+z_i^2}\right]\mathrm{d}\xi \qquad (5\text{-}3)$$

其中，$K_0(x)$ 为零级第二类修正贝塞尔方程，λ 为工件材料的热导率，α 为其热扩散率，v_w 为热流的运动速度（等于工件速度），Z_i 为向下深度。

温度分布 Ofrayleigh 曲线热模型可用式（5-4）表示。

$$T = \frac{2mq_w}{\pi n\lambda l_r^2}\int_0^{l_r}\xi\exp\left[-\frac{m\xi^2}{l_r^2}-\frac{(x-\xi)v}{2\alpha}\right]K_0\left[\frac{v}{2\alpha}\sqrt{(x-\xi)^2+z_i^2}\right]\mathrm{d}\xi \qquad (5\text{-}4)$$

当 m 为 3、3.5 或 4 时，接触区总热流密度 n 的百分比分别为 95.02%、96.98% 和 98.17%。如果 $u=x-\zeta$，$\mathrm{d}u=-\mathrm{d}\zeta$，则式（5-4）可以转换为式（5-5）。

$$T = \frac{-2mq_w}{\pi n\lambda l_r^2}\int_{-l_r}^0 (x-u)\exp\left[-\frac{m(x-u)^2}{l_r^2}-\frac{uv}{2\alpha}\right]K_0\left(\frac{v}{2\alpha}\sqrt{u^2+z_i^2}\right)\mathrm{d}u \qquad (5\text{-}5)$$

如果 $Z_i=0$，则工件表面温度分布可推导为：

$$T = \frac{-2mq_w}{\pi n\lambda l_r^2}\int_{-l_r}^0 (x-u)\exp\left[-\frac{m(x-u)^2}{l_r^2}-\frac{uv}{2\alpha}\right]K_0\left(\frac{-uv}{2\alpha}\right)\mathrm{d}u \qquad (5\text{-}6)$$

在工件的热通量、工件速度和接触长度相同的情况下，外圆横向磨削时，两种热源模型的热通量分别为瑞利曲线（$m = 3.5$）和二次曲线，如图 5-2（a）所示。模型估算的相应温度如图 5-2（b）所示。

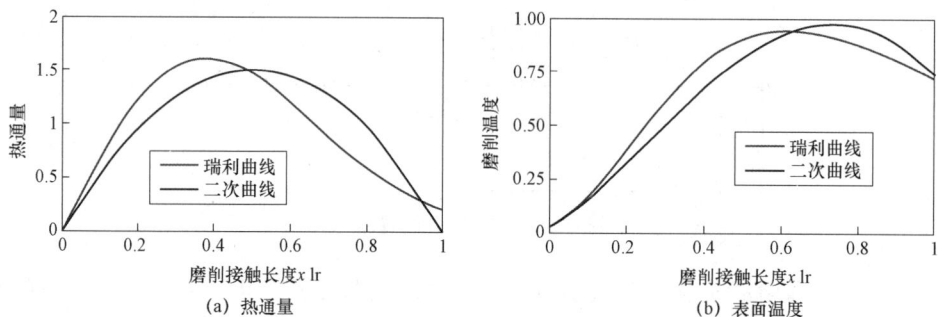

(a) 热通量　　　(b) 表面温度

图 5-2　外圆切入磨削的热源模型

对于磨削接触区的二维传热模型，工件的热特性、热通量速度和热源长度对工件表面和亚表面的温度分布有重要影响。同时，工件表面及其相应位置的最高温度也发生了相应的变化。根据 Jaeger 的研究，随着 Peclet 数 L 的增加，最高温度逐渐向热源出口移动。

对于瑞利热通量分布，随着工件速度的增加，最高温度位置的变化见表 5-1。随着接触长度的增加，最高温度位置的变化见表 5-2。根据外圆磨削中常用的磨削参数，可以得出最大温度通常位于离接触区入口 60%左右的接触长度处。

表 5-1　热源移动速度对最高温度位置的影响

$v_w/$（m/s）	0.01	0.05	0.1	0.2	0.5	1	1.5
距离（%×l_r）入口位置	57.02	59.92	60.74	60.74	60.74	60.74	60.74

表 5-2　热源长度对最高温度位置的影响

l_r/mm	0.5	1.0	1.5	2.0	3.0	4.0	5.0
距离（%×l_r）入口位置	53.57	61.31	60.74	61.68	61.68	61.68	61.68

5.2.2　Weibull 热流密度分布

由于砂轮宽度 b_s 远大于磨削深度 a_p，而工件速度远低于磨削速度，磨削过程中的传热可以转化为二维热传导。假定沿磨削区的热流密度 q_w 为 Weibull 分布，即：

$$f(x) = \begin{cases} \dfrac{k}{\psi}\left(\dfrac{x}{\psi}\right)^{k-1} \cdot \mathrm{e}^{-\left(\frac{x}{\psi}\right)^{k}} & ,x \geq 0 \\ 0 & ,x < 0 \end{cases} \tag{5-7}$$

其中，k 为形状参数，如果 $k=2$，则 Weibull 分布与瑞利分布相同；Ψ 是尺度参数，它确保在［0，1］区域内的概率大于 98%。

一旦确定了对工件的总热流密度，则 x 位置的热流密度由 Weibull 曲线给出。

$$q(x) = \frac{k}{\psi}\left(\frac{x}{\psi \cdot l}\right)^{k-1} \cdot \mathrm{e}^{-\left(\frac{x}{\psi \cdot l}\right)^{k}}, \quad 0 \leq x \leq l \tag{5-8}$$

其中，l 为热源长度，等于磨削接触区的实际接触弧长；形状参数 k 影响的不是工件的总热量，而是工件内热流密度 q_w 的分布，从而影响工件上磨削接触弧区的最终温度分布。

在磨削区，接触弧方向热流密度的积分为进入工件的总热流密度。

$$\int_0^l \left[\frac{k}{\psi}\left(\frac{x}{\psi \cdot l}\right)^{k-1} \cdot \mathrm{e}^{-\left(\frac{x}{\psi \cdot l}\right)^{k}} \right] \mathrm{d}x = q_w \cdot l \tag{5-9}$$

不同热流模型在单位接触长度内的总热流是相等的，因此 Weibull 曲线的热流方程可定义为：

$$q_w(\xi) = \frac{k}{\psi^k \cdot l^{k-1}} \cdot \xi^{k-1} \cdot \mathrm{e}^{-\left(\frac{\xi}{\psi \cdot l}\right)^{k}} \cdot q_w \tag{5-10}$$

如图 5-3 所示，$k=2$ 代表干磨，$k>2$ 代表不同冷却状态下的磨削。当冷却液进入磨削接触区时，砂轮转速、流体转速等诸多参数都会影响磨削区内磨削液的冷却效果，同时会引起热流总量的不同和热源形状的改变。不同的形状参数 k 和不同的 q_w 量会影响最终工件表面和亚表面的温度分布。

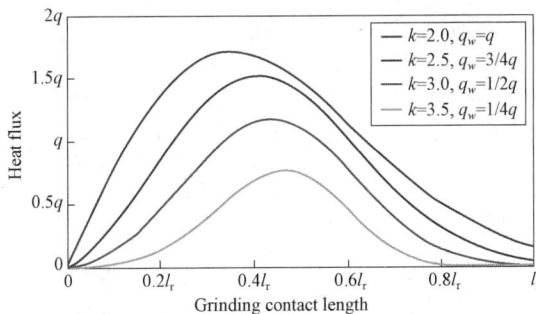

图 5-3 Weibull 热流分布模型

5.2.3 反演传热法

反演传热法可用于确定热通量。工件表面的热通量 q_w 可以用测得的磨削温度通过逆算法计算得到。对工件的热通量 q_w 可以通过对接触长度的积分获得。将热通量区域（a，b）划分为 n 个离散的等间距单元，并将该区域内的 $q(\xi)$ 视为常数 q_i。由热通量 q_w 表示的工件温度在式（5-11）中表示为：

$$T = \sum_{i=1}^{n} q_i \cdot \int_{\xi_i}^{\xi_{i+1}} \frac{1}{\pi\lambda} \exp\left[-\frac{(x-\xi)v}{2\alpha}\right] K_0\left[\frac{v}{2\alpha}\sqrt{(x-\xi)^2+z_i^2}\right]d\xi \quad (5\text{-}11)$$

其中，ξ_i 和 ξ_{i+1} 分别为 i^{th} 积分区间的上下界。

$$\xi_i = b + \frac{(i-1)}{n}(a-b) \quad (5\text{-}12)$$

$$\xi_{i+1} = b + \frac{i}{n}(a-b) \quad (5\text{-}13)$$

工件表面被分为 n 个相等的距离，$x_j(j=1,2,\cdots,n)$。如果 $z=0$ mm，则 n 个温度方程推导为：

$$T(x_j) = \sum_{i=1}^{n} q_i \cdot \int_{\xi_i}^{\xi_{i+1}} \frac{1}{\pi\lambda} \exp\left[-\frac{(x_j-\xi)v}{2\alpha}\right] K_0\left[\frac{v\cdot abs(x_j-\xi)}{2\alpha}\right]d\xi \quad (5\text{-}14)$$

实验工件表面温度可以被测量且在$(x_j,0)$上的温度 T_j 可以用 n 个联立式（5-15）来描述。

$$\begin{aligned}
T_1 &= c_{11}q_1 + c_{12}q_2 + \cdots + c_{1i}q_i + \cdots + c_{1n}q_n \\
T_2 &= c_{21}q_1 + c_{22}q_2 + \cdots + c_{2i}q_i + \cdots + c_{2n}q_n \\
&\vdots \\
T_n &= c_{n1}q_1 + c_{n2}q_2 + \cdots + c_{ni}q_i + \cdots + c_{nn}q_n
\end{aligned} \quad (5\text{-}15)$$

式（5-15）可以转化为式（5-16）。

$$\begin{bmatrix} c_{11} & c_{12} & \cdots & c_{1i} & \cdots & c_{1n} \\ c_{21} & c_{22} & \cdots & c_{2i} & \cdots & c_{2n} \\ \vdots & \vdots & & \vdots & & \vdots \\ c_{j1} & c_{j2} & \cdots & c_{ji} & \cdots & c_{jn} \\ \vdots & \vdots & & \vdots & & \vdots \\ c_{n1} & c_{n2} & \cdots & c_{ni} & \cdots & c_{nn} \end{bmatrix} \cdot \begin{bmatrix} q_1 \\ q_2 \\ \vdots \\ q_i \\ \vdots \\ q_n \end{bmatrix} = \begin{bmatrix} T_1 \\ T_2 \\ \vdots \\ T_i \\ \vdots \\ T_n \end{bmatrix} \quad (5\text{-}16)$$

系数 c_{ji} 定义为式（5-17）。

$$c_{ji} = \frac{1}{\pi k} \int_{\xi_i}^{\xi_{i+1}} e^{-v(x_j-\xi)/2\alpha} K_0 \left[\frac{v \cdot abs(x_j - \zeta)}{2\alpha} \right] d\xi i, \quad j=1,2,\cdots,n \qquad (5\text{-}17)$$

在一个很小的区间(ζ_i, ζ_{i+1})内，积分可以近似为常数，所以式（5-17）可以写成：

$$\begin{aligned}
c_{ji} &= \frac{1}{\pi k} \cdot e^{-v(x_j-\xi)/2\alpha} K_0 \left[\frac{v \cdot abs(x_j - \xi)}{2\alpha} \right] \cdot (\xi_{i+1} - \xi_i) \\
&= \frac{1}{\pi k} \cdot e^{-v(x_j-\xi)/2\alpha} K_0 \left[\frac{v \cdot abs(x_j - \xi)}{2\alpha} \right] \cdot \frac{a-b}{n}
\end{aligned} \qquad (5\text{-}18)$$

将等式简化为 $Y = BX + G$ 的形式后，采用 Gaussseidel 迭代算法求解式（5-19），$\|q^{(k)} - q^{(k-1)}\| \leqslant \varepsilon$ 作为迭代的结束。

$$\begin{cases}
x_1^{(k+1)} = b_{12}x_2^{(k)} & +b_{13}x_3^{(k)} + & \cdots & +b_{1n}x_n^{(k)} + g_1 \\
x_2^{(k+1)} = b_{21}x_1^{(k+1)} & +b_{23}x_3^{(k)} + & \cdots & +b_{2n}x_n^{(k)} + g_2 \\
& \cdots & & \\
x_n^{(k+1)} = b_{n1}x_1^{(k+1)} & b_{n2}x_2^{(k+1)} + & \cdots & +b_{n,n-1}x_n^{(k+1)} & +g_n
\end{cases} \qquad (5\text{-}19)$$

5.2.4　磨削温度预测

图 5-4 给出了基于瑞利/Weibull 热流密度分布的温度预测建模概念的框图。

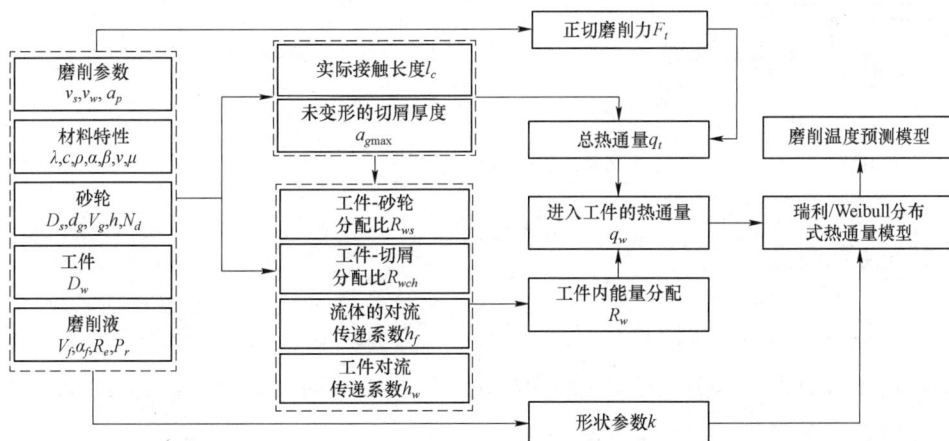

图 5-4　外圆切入磨削温度预测模型

在图 5-4 的预测模型中，从工艺参数、材料参数、砂轮参数和流体参数出发，计算了工件的能量分配 R_w 和热源形状 k；应用传热学理论预测了磨削温度。如果进

入工件的热流密度 q_w 一定，则热源的形状 k 将是最终工件温度分布的一个关键因素。

5.3　砂轮与工件的热分配

5.3.1　砂轮形貌

以（99VG3A1-400-22-5 76 D91 V + 2046 J1SC-23 C150 E）金刚石砂轮为基础，建立了砂轮形貌模型。砂轮直径为 400 mm，宽度为 22 mm，平均磨粒尺寸为 0.000 08 mm。通过显微镜观察可以发现砂轮表面磨粒的大小、形状和分布都是不规则的。将底径为 80 μm 的圆锥体定义为原始磨粒，每一个磨粒随机地加入不同的变形量，磨粒大小也不同。理论密度可以用磨粒间的距离 S_1 和 S_2 来定义。对于磨粒位置，基于平均距离 S_1 和 S_2 完成磨粒的交叉阵列排列，如图 5-5 所示，用 MATLAB 软件编制了车轮表面形貌的仿真程序，生成了相应的表面磨粒分布矩阵。

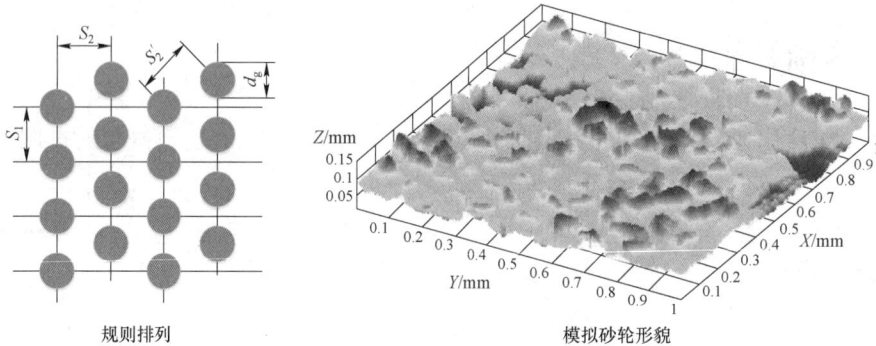

图 5-5　表面形貌模型的原始磨粒大小、形状和分布

5.3.2　总热通量

磨削接触弧长内产生的总热流 q_t 可表示为式（5-20），可由切向磨削力、砂轮转速和磨削接触面积求解。磨削接触面积是砂轮与工件的实际接触长度乘以接触宽度。实际接触弧长远大于几何接触弧长。

$$q_t = \frac{P}{l_c \cdot b_s} = \frac{F_t \cdot v_s}{l_c \cdot b_s} \qquad （5-20）$$

其中，b_s 为砂轮宽度，v_s 为砂轮速度，l_c 为实际接触弧长，F_t 为切线磨削力。

进入工件的热流密度可以表示为式（5-21）。

$$q_w = q_t \cdot R_w \qquad (5\text{-}21)$$

其中，R_w 为进入工件的能量分配率。

5.3.3　工件的能量分配

基于 Jin 模型，工件 R_w 中的能量分配可由式（5-22）计算。

$$R_w = \cfrac{1}{\cfrac{1}{R_{ws}} + \cfrac{1}{R_{wch}} - \left(1 - \cfrac{h_f}{h_w}\right)} \qquad (5\text{-}22)$$

其中，R_{ws} 为工件-砂轮分配率，R_{wch} 为工件-切屑分配率，h_f 为流体的对流换热系数，h_w 为工件的对流换热系数。

5.3.3.1　工件–砂轮分配比

基于 Hahn 和 Black 模型引入的瞬态函数，将工件-砂轮分配比 R_{ws} 定义为：

$$R_{ws} = \cfrac{1}{\cfrac{1}{R_{ws}} + \cfrac{1}{R_{wch}} - \left(1 - \cfrac{h_f}{h_w}\right)} \qquad (5\text{-}23)$$

其中，r_0 表示磨粒的有效接触半径（mm），一般取值为 0.005～0.01 mm；λ_g 为磨粒的导热系数；v_s 为砂轮转速；$\beta_w = \sqrt{\lambda_w \cdot \rho_w \cdot c_w}$ 为工件的热性能参数；ρ_w 为工件的密度；λ_w 为工件的导热系数；c_w 为工件的比热容；α_g 为热扩散系数，并按 $\alpha_g = \sqrt{\lambda_g / (\rho_g \cdot c_g)}$ 计算。砂轮的热特性是磨削中能量分配的必要条件。表 5-3[23] 列出了金刚石磨粒和工件的详细物理性能。

表 5-3　砂轮和工件材料的物理性能

材料	密度 ρ/（kg/m³）	比热容 c/[J/（kg·K）]	导热系数 λ/[W/（m·K）]
磨粒-金刚石	3 560	502	146.5
工件-SiC	3 215	669.9	180

磨削参数、实际接触弧长和磨料有效接触半径将影响磨削加工的最终效果。如图 5-6（a）所示，如果 v_s 和 a_p 固定，则 R_{ws} 将随着 l_r 和 r_0 而变化。在磨削过程中，实际接触弧长可能比几何接触弧长长 1.5～2 mm，从而使 R_{ws} 增大。当 v_s、a_p 和 r_0

分别为 80 m/s、0.008 mm 和 0.01 mm 时，$l_r = l_g$ 时，R_{ws} 为 0.48；$l_r = 2l_g$ 时，R_{ws} 为 0.56。当 v_s、a_p 和 l_r 分别为 80 m/s、0.008 mm 和 $2l_g$ 时，$r_0 = 0.005$ mm 时，R_{ws} 为 0.57；$r_0 = 0.01$ mm 时，R_{ws} 为 0.59。如图 5-6（b）所示，如果 r_0 和 l_r 固定，则 R_{ws} 将随着 v_s 和 a_p 而变化。若 r_0、l_r 和 a_p 分别为 0.005 mm、l_g 和 0.008 mm，则 $v_s = 40$ m/s 时，R_{ws} 为 0.49；$v_s = 120$ m/s 时，R_{ws} 为 0.58。若 r_0、l_r 和 a_p 分别为 0.005 mm、l_g 和 0.02 mm，则 $a_p = 40$ m/s 时，R_{ws} 为 0.48；$a_p = 120$ m/s 时，R_{ws} 为 0.60。R_{ws} 随着砂轮速度 v_s 和磨削深度 a_p 的增加而增加。

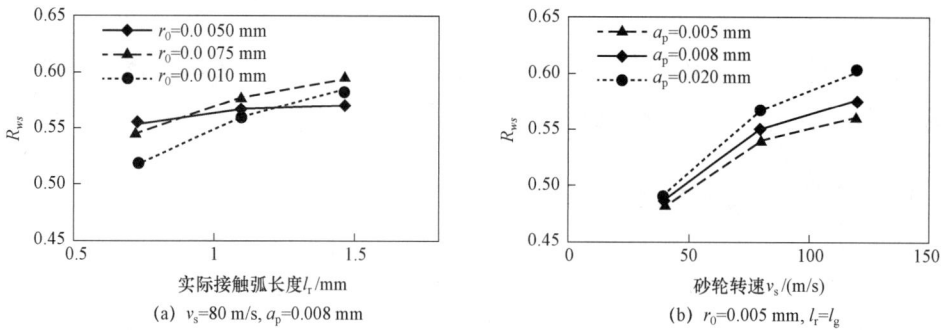

(a) v_s=80 m/s, a_p=0.008 mm   (b) r_0=0.005 mm, l_r=l_g

图 5-6　计算工件-砂轮分配比

5.3.3.2　工件–切屑分配比

工件-切屑分配率 R_{wch} 表示为：

$$R_{wch} = \left(1 + 0.753\sqrt{\frac{v_s \cdot a_{g\max}}{\alpha_w \cdot \gamma}}\right)^{-1} \tag{5-24}$$

其中，α_w 为工件的热扩散系数，γ 为剪切应变，$a_{g\max}$ 为最大未变形切屑厚度（mm）。γ 可以用 $\gamma = \dfrac{\cos\theta}{\sin\varphi\cos(\varphi+\theta)}$ 来计算，θ 为磨粒尖角的二分之一，φ 为剪切角，$\varphi = (90° - \theta)/2$。

最大未变形切屑厚度定义为：

$$a_{g\max} = \left\{\frac{3 \cdot v_w}{N_d \cdot \tan\theta \cdot v_s}\left[\frac{a_p(d_s + d_w)}{d_s \cdot d_w}\right]^{\frac{1}{2}}\right\}^{\frac{1}{2}} \tag{5-25}$$

其中，N_d 为单位面积的有效磨粒数，d_s 为砂轮直径，d_w 为工件直径，v_w 为工件速度，a_p 为磨削深度，v_s 为砂轮速度。磨粒的有效接触半径 r_0 可表示为 $r_0 = a_{g\max} \cdot \tan\theta$。

磨削参数和有效磨粒数将影响 R_{wch} 的最终结果。如图 5-7（a）所示，R_{wch} 随着 v_s 和 v_w 的增大而减小，随着 a_p 的增大而增大。当 v_w 和 a_p 分别为 0.1 m/s 和 0.008 mm 时，$v_s = 40$ m/s 时，R_{wch} 为 0.70；$v_s = 120$ m/s 时，R_{wch} 为 0.63。如图 5-7（b）所示，当 v_s 和 v_w 分别为 60 m/s 和 0.1 m/s 时，R_{wch} 随着 N_d 的增加而增大，这与磨削参数有关。

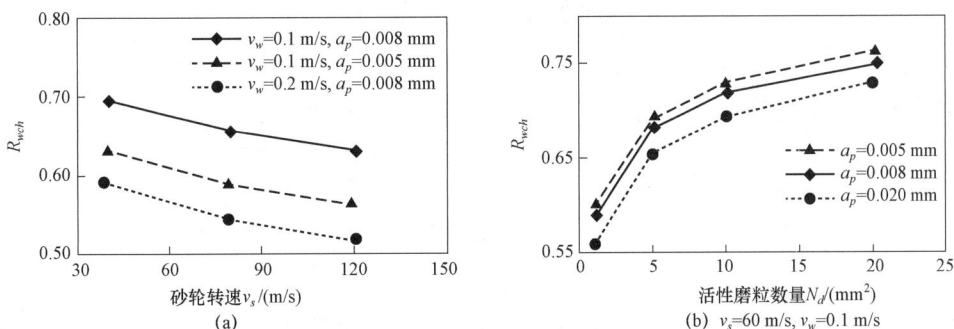

图 5-7　计算工件-切屑分配比

5.3.3.3　工件传热系数

W. Brian Rowe 提出了工件的对流换热系数。

$$h_w = \frac{3}{2} \cdot \frac{\beta_w}{C_1} \cdot \sqrt{\frac{v_w}{l_c}} \tag{5-26}$$

其中，C_1 是表 5-4 中的温度因子，随着 Peclet 数 P_e 的变化而变化。

$$P_e = \frac{v_w \cdot l_c}{4\alpha_w} \tag{5-27}$$

表 5-4　温度因子

P_e	<0.2	0.2～10	>10
C_1	0.76	$0.95\left(\dfrac{Pe}{2}+2\pi\right)\dfrac{\pi}{2}$	1.06

如图 5-8（a）所示，工件换热系数 h_w 不是一个固定值，它随着 v_w 的增大而增大，随着实际接触弧长 l_r 的增大而减小。

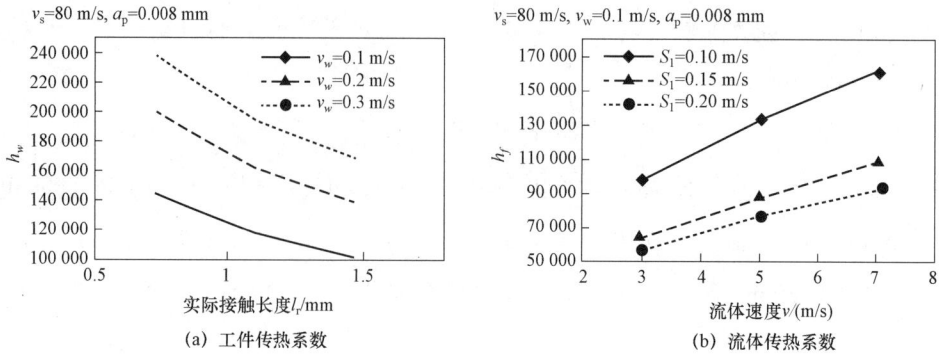

图 5-8 传热系数计算结果

5.3.3.4 流体传热系数

流体的对流换热系数由式（5-28）计算。

$$h_f = \frac{Nu_f \cdot k_f}{d_g}$$（5-28）

其中，d_g 是平均粒度；k_f 表示流体的热导率；Nu_f 为 Nusselt 数，按 Zhukauskas 方程 $Nu_f = 1.04 \cdot Re_f^{0.4} \cdot Pr_f^{0.36} \cdot (Pr_f/Pr_w)^{0.25} \cdot \varepsilon_n$ 计算。Re_f 为流体的雷诺数，即 $Re_f = \frac{v_{max} \cdot L}{v_f}$；而 Pr_f 为流体的普朗特数，即 $Pr_f = \frac{v_f}{\alpha_f} = \frac{\mu_f}{\rho_f \cdot \alpha_f} = \frac{\mu_f \cdot c_f}{k_f}$；$Pr_w$ 是工件的普朗特数。当流体进入砂轮表面时，温度变化很大，因此用 $(Pr_f/Pr_w)^{0.25}$ 作为物理修正系数。

图 5-5 中，静态磨粒数为 $90/mm^2$，$S = S_1 = S_2 = 0.105\ mm$，$d_g = 0.08\ mm$，$S_2' = \frac{\sqrt{5}}{2} S_1 = 117.4\ \mu m$ $S_2' - d_g = 117.4 - 80 = 37.4\ \mu m > \frac{S_1 - d_g}{2} = 12.5\ \mu m$。根据管束传热，流体的最大速度 v_{max} 由式（5-29）计算。

$$v_{max} = v_s \frac{S_1}{S_1 - d_g}$$（5-29）

如图 5-8（b）所示，流体 h_f 的热传递系数不是一个固定值，而是随着 v_f 的增加而增大，随着磨粒 S 之间的距离的增加而减小。

对于使用的研磨参数，相应的 R_w 可由式（5-22）计算。磨削参数和冷却液改变对 R_w 的影响如图 5-9 所示。v_f 和 a_p 对 R_w 有显著影响，而 v_s 对 R_w 的影响则不明显。R_w 随着 v_f 的增加而减少，随着 a_p 的增加而增加。

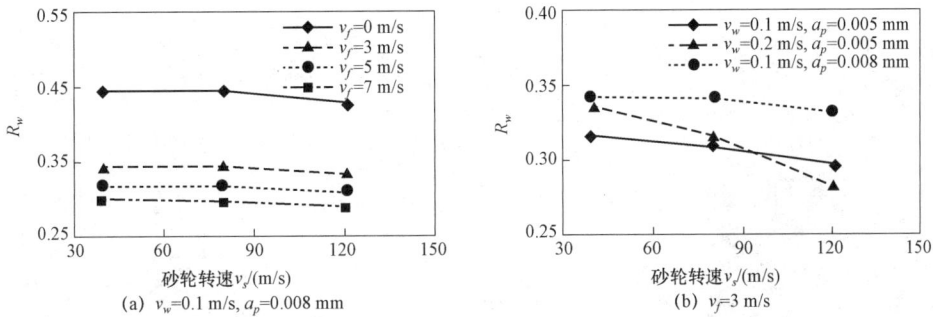

图 5-9　计算分配到工件中的能量

5.4　形状参数 k 的确定

5.4.1　砂轮与工件之间的平均间隙

由于砂轮的高速旋转，周围空气的相对运动会发生变化，形成空气屏障，防止磨液进入接触区域。有效流速定义为有用的有效磨削流体和喷嘴流量之间的比例，受轮速、冷却剂注入速度以及砂轮与工件之间的平均间隙的影响[30]。根据图 5-5 中的模拟砂轮表面形貌，平均间隙 h 可定义为式（5-30）。

$$h = \frac{\sum_{i=1}^{n}(z_{max} - z_i)}{n} \qquad (5\text{-}30)$$

5.4.2　高速磨削中的空气屏障

将 Gambit 输出的 msh 文件导入 Fluent 中。在磨削区出口处设置一条直线的收集槽，如图 5-10 所示。我们计算了不同参数下磨削区的有用流体流量，经过 1 000 次迭代计算，得到了流体流场的分布，如图 5-10 所示。

根据 Fluent 中的流量报告，可以计算出液体流出边界的百分比。在该模型中，喷嘴为速度输出边界，集流槽为速度流出边界，通过计算它们之间的比值可以得到理论上的有用流体流量。第一次模拟时，砂轮转速为 40 m/s，磨削流体速度为 5 m/s，经计算，有效流体流量为 42.7%。这个数据只是理论上的有用流量，实际加工过程中肯定有更多的磨削液不能进入磨削区。此外，在 Fluent 模拟中，回到磨削区的磨削液也被认为是有用的流量，但这部分磨削液往往不太适合冷却和润滑。因此，仿真结果只是理论结果，还需要进一步的实验验证。

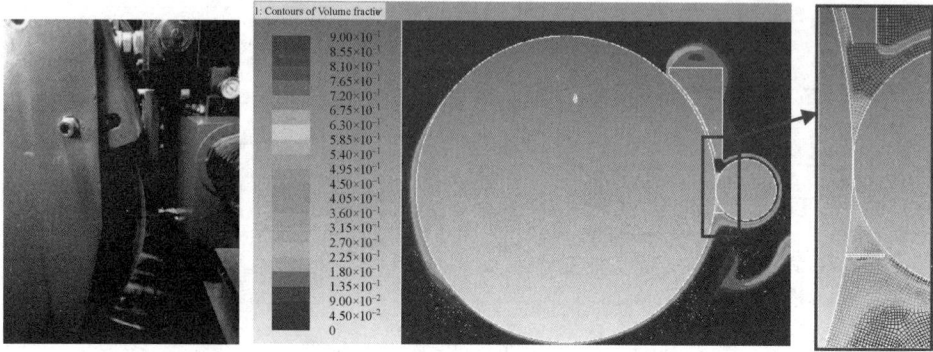

图 5-10   磨削区液体分布轮廓

基于前面的分析，发现有用流量与砂轮转速和流体流量有很大关系，用 Fluent 模拟求解了不同磨削参数下有用流量的结果，结果如图 5-11 所示。可以发现，砂轮转速越大，有用流量越低。这是因为砂轮转速越大，气阻层越厚，砂轮形成的回流速度越大，严重阻碍磨削液进入磨削区。随着磨削液射流速度的增加，有用流量也随之增加。但是，当磨削液的流量超过最小速度时，有效流量不会增加，甚至会降低。因此，为了提高磨削液的有用流量，盲目提高磨削液的流速是不可行的。

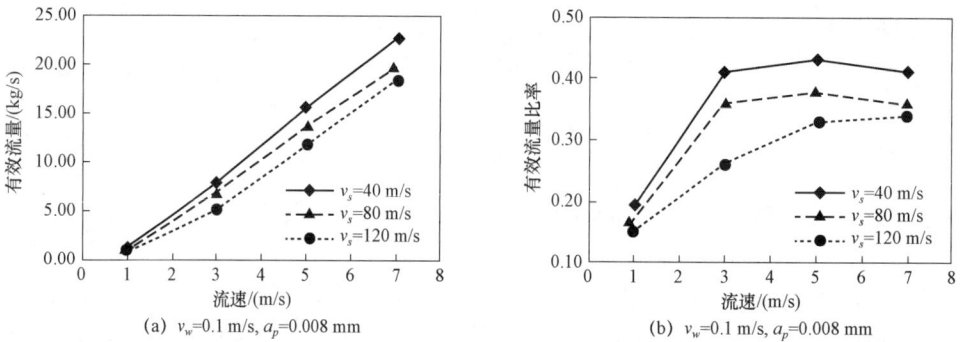

(a) v_w=0.1 m/s, a_p=0.008 mm   (b) v_w=0.1 m/s, a_p=0.008 mm

图 5-11   有效流量和有效流量率

根据图 5-11 所示的 Fluent 模拟结果，分析了砂轮转速（20～140 m/s）、流体速度（1～7 m/s）和有用流量（0～20 kg/s）之间的关系。通过对模拟数据的趋势分析，建立了相应的有效流量的回归方程。

$$f_u = -1.230\,603 - 0.007\,59v_s + 3.185v_f - 0.007\,72v_s \cdot v_f + 0.000\,025\,8v_s^2 + 0.083\,96v_f^2$$

$$（5-31）$$

干法外圆切入磨削的有效流量为零，进入工件的热流形状参数 k 为 2。当有用流量为 20 kg/s 时，k 为 4。2＜k＜4 代表不同冷却方式下磨削过程中的热流形态，热流形态对最终工件表面及亚表面的温度会产生影响。假定 k 与 f_u 线性相关，则形状参数 k 可表示为式（5-32）。

$$k = f_u / 10 + 2 \tag{5-32}$$

将式（5-31）代入式（5-32），则 k 可表示为式（5-33），如图 5-12 所示。

$$k = 1.876\,9 - 0.000\,759v_s + 0.318\,5v_f - 0.000\,772v_s \cdot v_f + 0.000\,002\,58v_s^2 + 0.008\,396v_f^2 \tag{5-33}$$

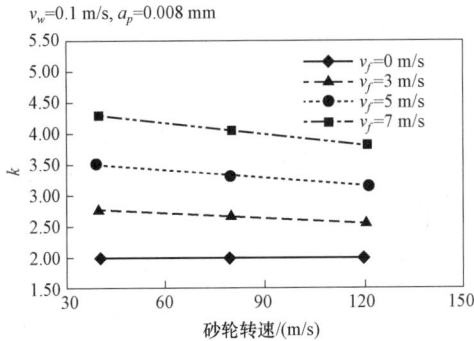

图 5-12　Weibull 热分布形状参数的计算

5.5　磨削热流和温度结果

5.5.1　实验温度和热流密度

砂轮转速为 40 m/s 的干磨和湿磨实验温度及相应的热流如图 5-13 所示。在磨削液的作用下，湿磨热流密度明显降低到干磨热流密度的 45%，并改变了热源形状。最高热源值向磨削接触弧区出口移动。将图 5-13（b）和 k 的热流密度

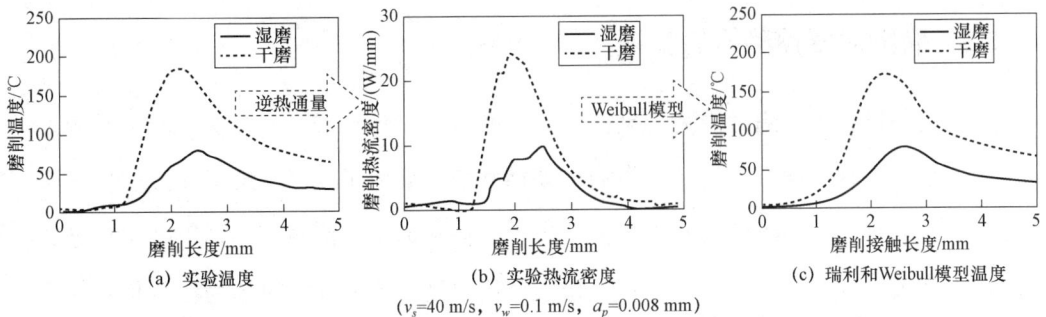

(a) 实验温度　　(b) 实验热流密度　　(c) 瑞利和Weibull模型温度

$(v_s=40 \text{ m/s}，v_w=0.1 \text{ m/s}，a_p=0.008 \text{ mm})$

图 5-13　40 m/s 干、湿磨削工件表面及热流密度的对比

值代入，则根据瑞利/Weibull 分布热流密度模型计算得到的工件表面温度分布如图 5-13（c）所示。对于干磨，实验最高温度为 185.6 ℃，而计算值为 172.3 ℃，预测误差为 7.2%。对于湿磨，实验最高温度为 84.9 ℃，而计算值为 81.5 ℃，预测误差为 4.0%。

在图 5-14（a）中，速度为 120 m/s 的磨削，增加流体流量后冷却效果更明显。在磨削液不饱和的情况下，更多的磨削液可以带走更多的磨削热。在与图 5-14（b）相同的流体流量下，热流密度值降低到 80.05%，冷却效果随着砂轮转速的增加而降低。将流量提高一倍后，热源强度降低到 58.62%。通过冷却降低了磨削弧区前 1/2 电弧的热源。将图 5-14（b）中的热流密度值 R_w 和 k 代入式（5-11），计算得到的工件表面温度分布如图 5-14（c）所示。对于干磨，实验最高温度为 263.4 ℃，而计算值为 260.0 ℃，预测误差为 1.3%。对于湿磨（v_f），实验最高温度为 174.7 ℃，而计算值为 200.4 ℃，预测误差为 14.7%。对于湿磨（双倍 v_f），实验最高温度为 140.4 ℃，而计算值为 149.1 ℃，预测误差为 6.2%。

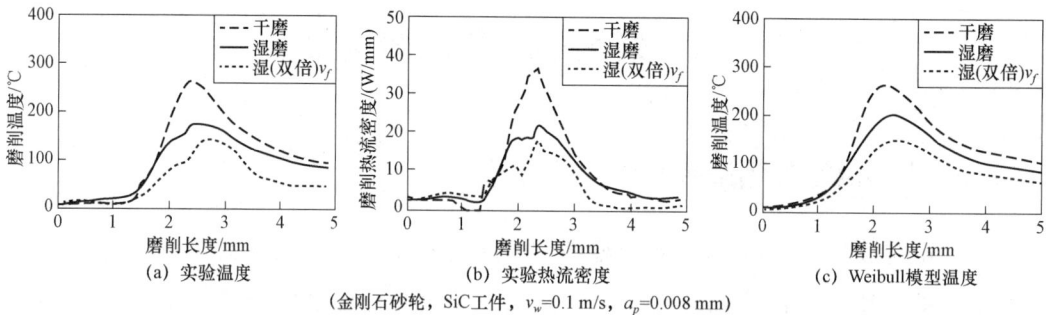

（金刚石砂轮，SiC工件，v_w=0.1 m/s，a_p=0.008 mm）

图 5-14　120 m/s 干、湿磨削工件表面温度及热流对比

5.5.2　磨削温度预测值的验证

在磨削过程中，测力仪测量坐标相对于磨床的坐标旋转，测得的切向力是周期性的。为了抑制工件主轴旋转产生的周期性载荷，采用了夹叉。夹叉通过柔性皮带连接到驱动杆上，以避免负载不平衡。为了评估和最小化测量误差，用一组标准砝码逐步仔细地加载，对测力仪进行了校准。使用硬件滤波器，原始力信号仍然包含大量的噪声。由数据采集系统采集 0～10 V 电压信号，并校准成测量力。

原始和滤波后的磨削力信号如图 5-15 所示。砂轮与工件接触前，由于工件转动，被测力有周期性变化。磨削时，磨削力立即增大；当砂轮离开工件时，磨削力减小。工件主轴停止转动后，磨削力变为常数。图 5-15（a）给出了工件磨削过程的法向力和切向力。经过 10 Hz 低通数字滤波和信号放大处理后，将滤波后的力信号在稳定磨削过程中的平均值作为实验磨削力。

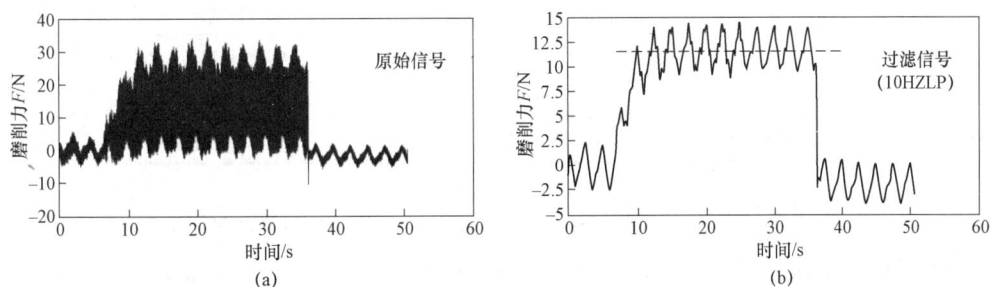

图 5-15　磨削力监测（$v_s = 120$ m/s，$v_w = 0.1$ m/s，$a_p = 0.008$ mm）

如图 5-16 所示，在砂轮转速为 120 m/s、工件进给速度为 0.1 m/s、磨削深度为 0.008 mm 的情况下，经 10 Hz 低通滤波后的 SiC 干磨，平均磨削力为 11.62 N。利用上述监测的磨削力可以得到磨削温度分布，如图 5-16（a）所示，最大温升为 262.3 ℃。工件两次转动的取样磨削温升如图 5-16（b）所示，最大温升分别为 246 ℃ 和 263 ℃。

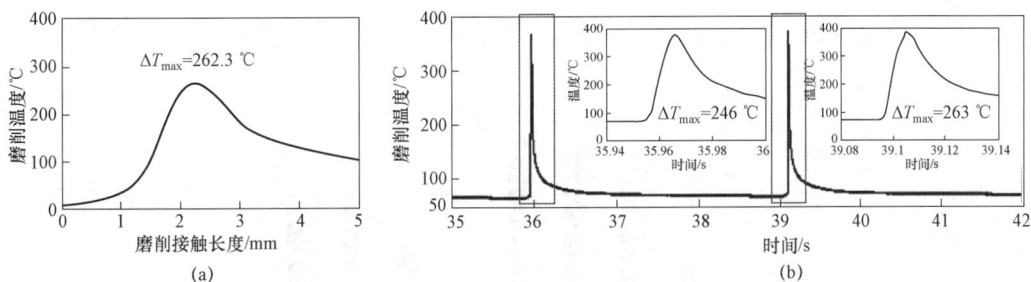

图 5-16　磨削温度的预测与监测（$v_s = 120$ m/s，$v_w = 0.1$ m/s，$a_p = 0.008$ mm）

为了进一步验证所提出的干、湿磨削温度模型，表 5-5 进行了一系列磨削实验来研究磨削力和磨削温度。实验结果表明，温度预测值与实验数据吻合较好，平均预测误差在 10% 以下。

表 5-5　磨削力监测与最大温升预测

编号	v_s/(m/s)	v_w/(m/s)	a_p/mm	冷却液	R_{ws}	R_{wch}	R_w	F_t'/(N/mm)	q/(W/mm^2)	q_w/(W/mm^2)	k	ΔT_{max}模型/℃	ΔT_{max}实验/℃	误差/%
1	20	0.1	0.008	N	0.41	0.73	0.35	2.28	56.68	20.00	1.86	147.7	135.3	8.3
2	60	0.1	0.008	N	0.53	0.67	0.42	1.24	92.93	39.02	1.84	286.5	248.1	13.2
3	100	0.1	0.008	N	0.57	0.64	0.43	0.71	88.75	38.37	1.83	280.5	278.9	0.7
4	140	0.1	0.008	N	0.59	0.62	0.43	0.57	99.32	42.95	1.82	313.1	271.7	13.4
5	20	0.1	0.008	Y	0.41	0.73	0.28	1.29	32.00	9.04	2.85	75.3	79.0	4.9
6	60	0.1	0.008	Y	0.53	0.67	0.32	0.83	61.90	20.04	2.73	165.6	171.3	3.4
7	100	0.1	0.008	Y	0.57	0.64	0.33	0.69	85.36	28.27	2.63	231.3	233.2	0.9
8	140	0.1	0.008	Y	0.59	0.62	0.33	0.53	92.19	30.54	2.53	245.9	226.0	8.1

图 5-17 预测温度模型的验证用条形图给出了预测结果的更具体的描述。结果表明，无论干磨削还是湿磨削，随着砂轮转速的提高，磨削温度均显著提高。但当磨削速度达到 60 m/s 时，磨削温度略有升高。当砂轮转速为 100 m/s 和 140 m/s 时，磨削温度保持相对稳定。这一现象的原因之一是砂轮转速较高时，磨粒与工件相互作用的冲击效应较大，有利于提高磨削温度。另一方面，砂轮转速的增加有助于增加进入工件 R_w 的热量分配，而进入砂轮转速 R_{ws} 和切屑 R_{wch} 的热量分配减少，见表 5-5。砂轮转速的提高增加了砂轮间的相互作用和切屑的形成频率，从而降低了砂轮的温度，更多的切屑带走了产生的热量。这就是为什么在高速磨削中磨削温度可以被抑制的原因。结果表明，湿法磨削在低速磨削时比高速磨削时能减少更多的磨削热。这是因为高速磨削过程中存在较强的空气屏障，磨粒与工件的相互作用更加频繁，使得磨削过程成为一个连续的加工过程，磨削热在接触区域内保持不变。

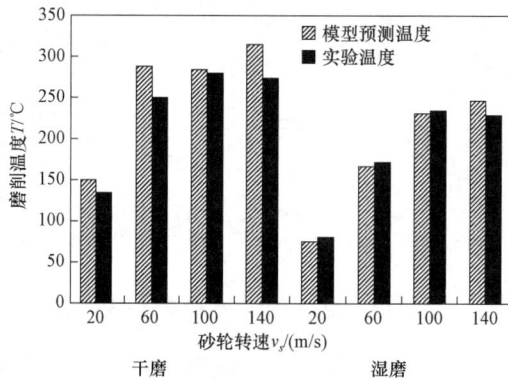

图 5-17　预测温度模型的验证

5.6　本章小结

在本章，我们提出了一种基于能量分配 R_w 和形状参数 k 的干、湿磨削热流模型。通过考虑实际接触长度、有效磨粒数和有效磨粒接触半径来推导 R_w。由有用流体推导出形状参数 k，它将影响进入工件的热流密度的形状。通过磨削温度实验验证了 Weibull 分布热流密度模型的准确性，预测误差约为 10%。利用反演算法，通过实验得到了不同磨削参数和不同冷却条件下的实际热流。然后，利用所提出的 Weibull 热流模型对磨削力监测结果进行了温度分布预测，结果表明，该模型有助于磨削过程中温度的优化和控制。通过磨削实验发现，无论干磨削还是湿磨削，随着砂轮转速的提高，磨削温度都大幅度提高。但当磨削速度达到 60 m/s 时，磨削温度略有升高。当砂轮转速为 100 m/s 和 140 m/s 时，磨削温度保持相对稳定。此外，湿法磨削在低速磨削时比高速磨削时减少了更多的磨削热。

第6章

光滑粒子流体力学仿真 SiC 陶瓷划擦研究

6.1 本章引言

在 SiC 磨削过程中，观察到两种材料去除模式：延性和脆性。在延性模式下，脆性碳化硅发生塑性变形和去除，没有断裂和裂纹产生。在脆性模式下，SiC 由于断裂而被移除，在表面和亚表面留下裂纹。这两种模式之间的过渡与切削深度有关。本文通过光滑粒子流体力学（SPH）模拟碳化硅磨削裂纹的产生，研究碳化硅磨削延脆转变的临界切削深度。

硬脆材料的应变增韧效应在现有研究中严重缺失。所谓的应变增韧效应即硬脆材料在高应变作用下会表现出动态断裂韧性增加，材料由脆变韧的现象。图 6-1（a）给出了大理石在不同速度的子弹的冲击作用下变现出来的断裂韧性变化，可以看出在 5 m/s 的冲击速度下，大理石的断裂韧性约为 4.5 MPa·$m^{1/2}$，随着冲击速度增加至 18 m/s，大理石的断裂韧性增加到 19 MPa·$m^{1/2}$，增加了 3 倍。图 6-1（b）给出了 SiO_2 的断裂韧性随着冲击应变的变化规则，可以看出随着冲击应变的增加，SiO_2 的断裂韧性持续增加。

常规磨削过程中砂轮的线速度普遍在 20~50 m/s，已经明显高于图 6-1（a）的实验速度，同时对于非常规的高速磨削过程，砂轮线速最高可达 200 m/s。此时对 SiC 陶瓷材料的性能造成的影响已经非常大，不可忽略。随着高速、高应变冲击下去除 SiC 材料，SiC 的断裂韧性增加，延性去除效果增加，使其更容易实现无裂纹去除。因此，通过引入动态断裂韧性的变化的影响，获得的延性域临界切削深度也在不断变化。

(a) 大理石

(b) SiO$_2$

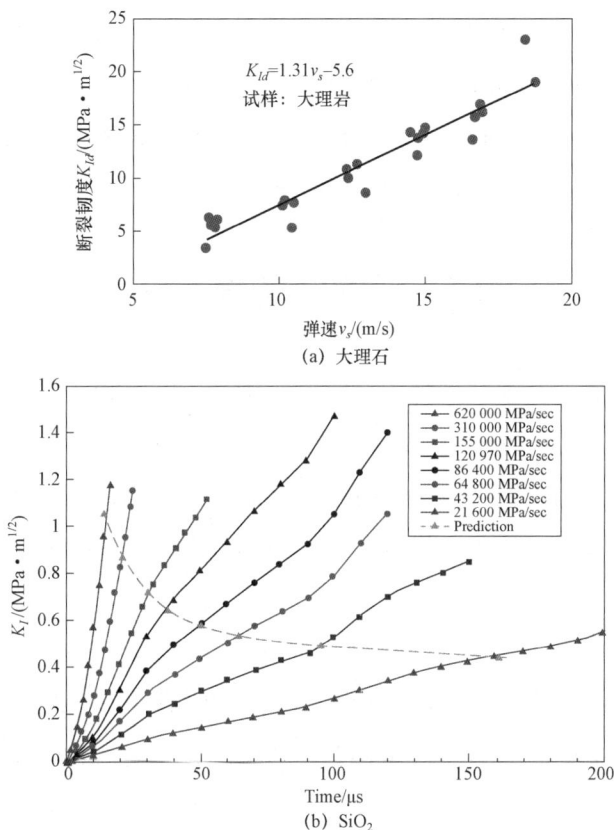

图 6-1　冲击应变速度对材料断裂韧性的影响

SPH 是一种无网格拉格朗日数值方法，它可以避免有限元中大变形的网格畸变问题，并已应用于 SiC 磨削研究中。通过单颗磨粒划擦单晶 SiC 的 SPH 仿真，发现存在三种去除模式：塑性变形模式、延脆转变模式和脆性去除模式。通过 SPH 和有限元耦合，对两个锥形金刚石晶粒在 0.05 mm、0.1 mm 和 0.15 mm 条件下的磨削进行了数值模拟，发现间距的增大会导致从塑性变形到裂纹的转变。高速运动可以提高 SiC 陶瓷的动态断裂延性，增大延性域磨削的临界磨削深度，抑制亚表层裂纹扩展。在此基础上，SPH 能够模拟 SiC 磨削过程中材料的去除机理，包括延性和脆性模式。然而，裂纹的发生和扩展，以及对材料去除、切屑形成过程、表面粗糙度和切屑力的影响，目前尚未见到详细的研究。

在本章，我们为了了解 SiC 磨削过程中裂纹的发生和扩展，构建了考虑动态断裂韧性变化的 SiC 本构模型 Johnson-Holmquist 2（JH-2）和基于 Griffith 裂纹扩展准则的动态断裂韧性 K_{ID} 模型。将该模型应用于高速压痕模拟中，预测 SiC 陶瓷的应变增韧效应。随后进行了基于 SPH 的单颗磨粒划擦 SiC 实验，在不同的切削深度和切削速度下进行了划擦模拟，分析了材料去除过程，确定了 SiC 陶瓷的临界切削延脆转变深度，讨论了切削速度对裂纹的发生和扩展、磨削表面粗糙度和磨削力的影响。最后通过外圆磨削实验，以磨削表面和延性表面比（DSR，延性表面积/磨削表面积）为指标间接验证了 SPH 划擦仿真结果。

6.2　SPH 仿真方法

在 SPH 中，粒子是求解控制方程的计算节点。由于 SPH 中的粒子网格的离散性，需要从有限元的角度出发，提出一种新的计算流体动力学参数的方法。在这一节中，我们用核函数给出了 SPH 采用的新参数计算公式。从 SPH 等式出发，给出了粒子近似函数作为 SPH 的控制方程。最后给出了 SPH 的计算流程图

6.2.1　SPH 原理

在 SPH 中，流体动力学参数包括密度、速度和能量，由连续函数 $f(x)$ 定义，其中 x 是粒子的位置矢量。根据 Delta 函数的跃迁性质，对于积分空间 Ω 中的任意实数 x'，$f(x)$ 可写成：

$$f(x) = \int_\Omega f(x')\delta(x-x')\,\mathrm{d}x' \tag{6-1}$$

其中，$\delta(x-x')$ 是 Delta 函数，定义为：

$$\delta(x-x') = \begin{cases} \infty, & x = x' \\ 0, & x \neq x' \end{cases} \text{ and } \int_{-\infty}^{+\infty} \delta(x)\mathrm{d}x = 1 \tag{6-2}$$

Delta 函数为具有无穷大值的点，在数值计算中无法直接使用，因此在 SPH 中，如图 6-2（a）所示，采用核函数 $W(x-x', h)$ 代替函数式（6-1）中的 Delta 函数，则函数 $f(x)$ 可改写为：

$$f(x) = \int_\Omega f(x')W(x-x', h)\mathrm{d}x' \tag{6-3}$$

其中，h 是粒子相互分离时增加的平滑长度，平滑长度在 $0.2h_o \sim 2h_o$ 范围内变化，h_o 是两个粒子之间的最小初始距离。

核函数 $W(x-x', h)$ 应满足以下三个条件。

$$\int_\Omega W(x-x', h)\mathrm{d}x' = 1 \tag{6-4}$$

$$\lim_{h \to 0} W(x - x', h)\mathrm{d}x' = \delta(x - x') \tag{6-5}$$

$$W(x - x', h) = 0 \quad \text{when } |x - x'| > h \tag{6-6}$$

核函数除了满足上述三个条件，还应该是对称递减函数。核函数反映了粒子间相互作用时，不同位置的粒子对目标粒子作用贡献的大小，随着粒子间距的增加，相互作用减弱，因此核函数应取为距离的单调减函数。核函数的引入表明空间任意一个点的某一物理量都可以通过周围所有点的物理量值经过插值得到。

基于样条函数的核函数具有紧支性、连续二阶导数和二阶无穷小导数误差项小、精度高等优点。紧支性表示在 $r > 2h$ 时，相互作用为零；二阶导数的连续性意味着核函数对无序不敏感，用求和插值逼近积分插值误差小。样条核函数可表示为：

$$W(x - x', h) = \frac{1}{h^d} \theta\left(\frac{\|x - x'\|}{h}\right) \tag{6-7}$$

其中，d 是空间维数，θ 是样条函数。三次 B 样条因其良好的正则性而成为 SPH 中最常用的样条函数，具体表达如下。

$$\theta(y) = C \begin{cases} 1 - \dfrac{3}{2}y^2 + \dfrac{3}{4}y^3 & y \leqslant 1 \\ \dfrac{1}{4}(2 - y)^3 & 1 < y \leqslant 2 \\ 0 & y > 2 \end{cases} \tag{6-8}$$

其中，C 是归一化常数，对于 $d = 1$、2 和 3 分别等于 1/3、10/（7π）和 1/π；$y = r/h$，r 是两个粒子之间的距离。

6.2.2　粒子近似函数

$f(x)$ 的计算应考虑所有粒子在一个积分时间步长上与其他粒子的相互作用。

$$f(x_i) = \sum_j \frac{m_j}{\rho_j} f(x_j) W(x_i - x_j, h) \tag{6-9}$$

其中，m_j 和 ρ_j 是粒子 j 的质量和密度且 m_j/ρ_j 是粒子的重量。
$f(x_i)$ 的时间梯度为：

$$\nabla f(x_i) = \sum_j \frac{m_j}{\rho_j} f(x_j) \nabla W(x_i - x_j, h) \tag{6-10}$$

密度、速度和能量的控制方程可以表示为：

$$\frac{d\rho_i}{dt} = \rho_i \sum_j \frac{m_j}{\rho_j}(v_j^\beta - v_i^\beta)\frac{\partial W_{ij}}{\partial x_i^\beta} \qquad (6-11)$$

$$\frac{dv_i^\alpha}{dt} = \sum_j m_j \left(\frac{\sigma_i^{\alpha\beta}}{\rho_i^2} - \frac{\sigma_j^{\alpha\beta}}{\rho_j^2} \right)\frac{\partial W_{ij}}{\partial x_i^\beta} \qquad (6-12)$$

$$\frac{dE_i}{dt} = -\frac{\sigma_i^{\alpha\beta}}{\rho_i^2} \sum_j m_j (v_\alpha^j - v_\alpha^i)\frac{\partial W_{ij}}{\partial x_i^\beta} \qquad (6-13)$$

其中，α 和 β 是空间指数。

6.2.3　计算流程图

图 6-2（b）给出了 SPH 建模中的求解位置、速度和密度的计算流程，有两个基本的计算环：速度环和质量环。在初始条件下，给出粒子 i 的速度 v_i、位置 x_i 和密度 ρ_i，然后计算光滑长度 h，默认值为 $1.2h_o$，求出 $2h$ 范围内 x_j 处的粒子 j。在速度环中，由位置和速度的空间导数计算粒子 i 和 j 之间的应变和应变率。采用材料特性（应力-应变曲线）计算应力。根据应力计算结果，结合接触和边界条件计算加速度，并利用式（6-12）更新速度和位置。在质量环中，利用式（6-11）可以根据粒子的位置刷新密度。同时系统中的能量可以由式（6-13）计算出来。最后，在积分步骤中，通过控制方程更新系统的质量、速度和能量，从而计算出系统的力和内能。

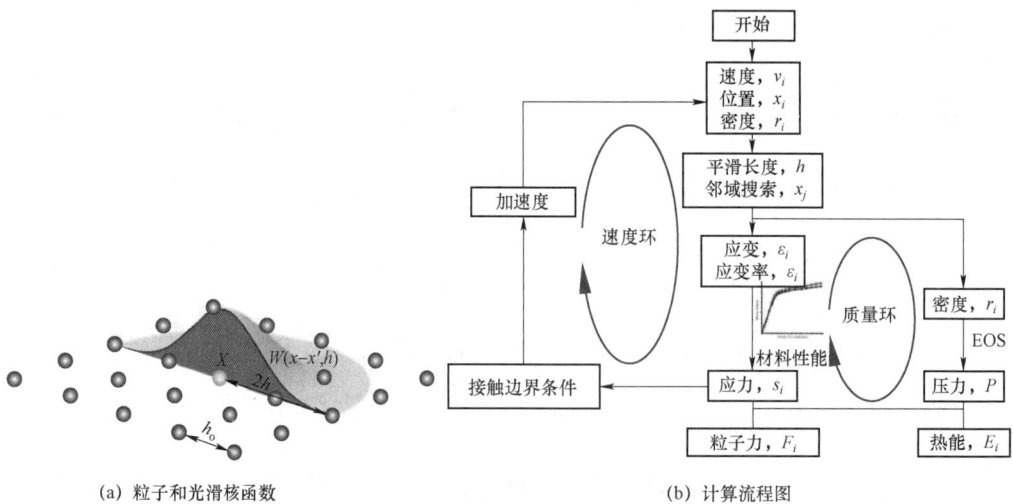

(a) 粒子和光滑核函数　　　　(b) 计算流程图

图 6-2　SPH 算法

6.3　JH-2 材料模型

Johnson 和 Holmquist 于 1992 年首次提出了一种适用于大应变、高应变率和压力下脆性材料的计算本构模型，用于预测弹道装甲穿透的数值模拟。这个模型被称为 JH-1 模型。1994 年，改进的 JH-2 模型被提出，其允许材料在损伤增加的情况下软化，从而描述了脆性材料在加载条件下性能的变化。JH-2 模型可以用式（6-14）描述。

$$\sigma^* = \sigma_i^* - D(\sigma_i^* - \sigma_f^*) \tag{6-14}$$

其中，σ^* 为归一化等效应力；D 为材料的损伤，定义为 $D = \sum \varepsilon^p / \varepsilon_f^p$，$0 \leq 1 \leq D$，$\Delta\varepsilon^p$ 为积分周期内的塑性应变，$\varepsilon_f^p = D_1(p^* + t^*)^{D_2}$ 为塑性压力 p 作用下断裂的应变，D_1 和 D_2 为模型常数。当 $D=0$ 时，材料是完整的；当 $D=1$ 时，材料发生断裂。σ_i^* 和 σ_f^* 是归一化的完整强度和断裂强度，分别由式（6-15）和式（6-16）表示。

$$\sigma_i^* = A(P^* + T^*)^N (1 + C\ln\dot{\varepsilon}^*) \tag{6-15}$$

$$\sigma_f^* = B(P^*)^M (1 + C\ln\dot{\varepsilon}^*) \tag{6-16}$$

其中，A、B、C、M 和 N 为常数；$\dot{\varepsilon}^* = \dot{\varepsilon}/\dot{\varepsilon}_0$ 为无量纲应变率，参考应变率 $\dot{\varepsilon}_0 = 1s^{-1}$；$P^*$ 和 T^* 分别为归一化压力和最大拉伸静水压力。所有归一化参数 x^* 具有一般形式 $x^* = x/x_{HEL}$，其中 x 是实际值且 x_{HEL} 是在弹性极限（HEL）处的 x 值。例如，$\sigma^* = \sigma/\sigma_{HEL}$，其中 σ 是实际等效应力，σ_{HEL} 是 HEL 处的等效应力。

完整材料的静水压力 P 由式（6-17）表示。

$$P = \begin{cases} K_1\mu + K_2\mu^2 + K_3\mu^3 & \mu \geq 0 \\ K_1\mu & \mu < 0 \end{cases} \tag{6-17}$$

其中，$\mu = \rho/\rho_0 - 1$；K_1、K_2 和 K_3 是常数。

当脆性材料发生损伤（$D>0$）时，脆性材料的体积膨胀，压力增大 ΔP，因此在损伤程度 i 下材料的静水压力可写成式（6-18）。

$$P = K_1\mu + K_2\mu^2 + K_3\mu^3 + \Delta P \tag{6-18}$$

在考虑能量损失的情况下，压力增量可以用式（6-19）表示。

$$\Delta P_{t+\Delta t} = -K_1 \mu_{t+\Delta t} + \sqrt{\left(K_1 \mu_{t+\Delta t} + \Delta P_t\right)^2 + 2\beta K_1 \Delta U} \qquad (6\text{-}19)$$

其中，β 为弹性损失能与静水压力势的转换系数（$0 \leq \beta \leq 1$）。

6.4 动态断裂韧度模型

由高速冲击实验得到的 JH-2 描述了脆性材料在极端载荷条件下性能的变化。该模型适用于陶瓷、玻璃和其他脆性材料在高应力应变率下的情况。JH-2 模型可以用式（6-20）描述。

$$\sigma = (1 + C \ln \dot{\varepsilon}) \sigma_{\text{HEL}} \left\{ A\left(\frac{P+T}{P_{\text{HEL}}}\right)^N - D\left[A\left(\frac{P+T}{P_{\text{HEL}}}\right)^N - B\left(\frac{P}{P_{\text{HEL}}}\right)^M\right] \right\} \qquad (6\text{-}20)$$

其中，σ 为静水压力 P 和应变率 ε 下的材料等效应力；D 为损伤程度；T 为材料所能承受的最大拉伸静水压力；A、B、C、M 和 N 是取决于材料的常数；σ_{HEL} 是 Hugoniot 弹性极限（HEL）处的等效应力；P_{HEL} 是 HEL 处的压力。

根据 Griffith 临界断裂等式，临界断裂应力可表示为：

$$\sigma_c = \sqrt{\frac{2E\gamma_s}{\pi L(1-v^2)}} \qquad (6\text{-}21)$$

其中，L 为材料裂纹长度，E 为弹性模量，γ_s 为断裂表面能，v 为泊松比。

脆性材料的塑性变形能与断裂表面能 γ_s 相比可以忽略不计。γ_s 约为裂纹开始扩展时能量释放率的一半，即：

$$G_c = K_{IC^2}/E = 2\gamma_s + \gamma_p \approx 2\gamma_s \qquad (6\text{-}22)$$

其中，K_{IC} 为静态断裂韧度。

式（6-21）中的临界断裂应力可表示为：

$$\sigma_c = \frac{K_{ID}}{\sqrt{\pi L(1-v^2)}} \qquad (6\text{-}23)$$

其中，K_{IC} 由 K_{ID} 代替，进而考虑加工过程中的动态效应。

假定裂纹在静水压力 P 和应变率 ε' 下初始扩展，材料通过裂纹扩展释放应力，在此过程中的最大应力等于临界断裂应力 σ_c。裂纹在载荷作用下扩展时的动态断裂韧度$(P，\varepsilon)$可表示为：

$$K_{\mathrm{ID}} = (1 + C \ln \dot{\varepsilon}) \sigma_{\mathrm{HEL}} \sqrt{\pi L (1 - v^2)} \left\{ A \left(\frac{P+T}{P_{\mathrm{HEL}}} \right)^N - D \left[A \left(\frac{P+T}{P_{\mathrm{HEL}}} \right)^N - B \left(\frac{P}{P_{\mathrm{HEL}}} \right)^M \right] \right\}$$

$$(6\text{-}24)$$

根据该方程，动态断裂韧性由材料性能和加载条件（包括应变率、静水压力和损伤程度）决定。

6.5　基于 SPH 的压痕断裂过程模拟

6.5.1　压痕断裂模型构建

压痕和霍普金森杆试验是测定脆性材料断裂韧性最常用的实验方法。常规的压痕试验不能测量材料的高速动态性能。霍普金森杆试验可以产生高速动态压缩，但由于惯性效应，其结果精度较差。在霍普金森试验中，压痕深度难以控制。不同压入速度下的动态断裂韧度可以用 SPH 观察到的裂纹产生的临界深度 d_c 来表征，因为 d_c 与材料的断裂韧度成正比。由于压痕和磨削的加载方向不同，为了将压痕结果与高速磨削联系起来，需要进行单颗磨粒仿真研究。

仿真是在 LS-DYNA 中进行的，如图 6-3 所示。磨料模型为顶角为 $116°$ 的刚性圆锥。工件是一个 $8 \, \mu m \times 4 \, \mu m \times 0.5 \, \mu m$ 的长方体，通过 SPH 进行网格划分。除上表面外，所有表面粒子均受 SPH_symmetry_plane（SSP）约束。本模拟中采用的单位体系为 μg-μm-μs-GPA-Mn-NJ。表 6-1 和表 6-2 分别列出了材料性能参数和 JH-2 模型参数。根据材料的塑性应变，引入侵蚀准则来估计材料因拉伸或压缩压力过大

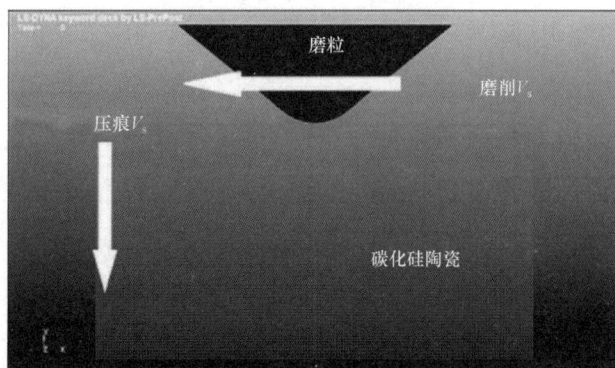

图 6-3　压痕模型示意图

而发生的破坏。当塑性应变超过规定值（FS）时，单元被侵蚀。当应力超过材料强度时，损伤就会发生，导致塑性应变增加。材料强度用式（6-16）计算。根据当前静水压力、应变速率和损伤程度确定动态断裂韧度。

表 6-1　金刚石模型参数

材料	密度/（kg/m³）	杨氏模量/GPa	泊松比	剪切模数	电导率/[W/（m·K）]	比热/[J/（kg·K）]
金刚石	3 560	1 000	0.2	/	146.5	502

表 6-2　碳化硅的 JH-2 模型参数（14～16，28）

参数	ρ_o/（kg/m³）	G/GPa	A	N	B	M	C	K_1/GPa
数值	3 215	193	0.96	0.65	0.35	1.0	0.009	220
参数	K_2（GPa）	K_3（GPa）	ε_o	T（GPa）	σ^i_{max}（GPa）	σ^f_{max}（GPa）	HEL（GPa）	P_{HEL}（Gpa）
数值	361	0	1.0	0.75	12.2	1.3	11.7	5.13
参数	B	D_1	D_2	FS	Damage			
数值	1.0	0.48	0.48	0.2	0			

如图 6-3 所示，压痕和划擦模型在磨粒移动方向上是不同的。金刚石磨粒在压痕实验中垂直向下移动，而在划擦实验中从右到左水平移动。表 6-3 列出了仿真过程采用的切削参数。仿真结果采用 LSPP 进行观察和分析。压痕力与深度的关系曲线提供了裂纹萌生的阈值深度。通过划擦模拟得到了裂纹宽度、深度和受力情况。

表 6-3　SPH 仿真参数

压痕试验		单颗划擦	
v_s/（m/s）	压痕深度/μm	v_s/（m/s）	a_{gmax}/μm
1、10、20、80、100、120、140	0.3	20、40、80、100、140	0.1、0.15、0.2、0.25、0.3、0.4、0.5

6.5.2　压痕模拟结果

图 6-4 显示了压入速度为 1 m/s 时的应力和塑性应变。材料发生弹性变形，压痕深度小于 0.105 μm，压头周围形成波状应力分布，如图 6-4（a-1）所示。未观察

到塑性应变,如图 6-4(b-1)所示。图 6-4(a-2)给出了压痕深度为 0.105～0.126 μm 的应力图,材料发生塑性变形,应力集中在压头下面,应力梯度很大。从图 6-4(b-2)可以看出存在明显的塑性变形,但没有裂纹出现。当压痕深度大于 0.126 μm 后,产生径向裂纹,裂纹与表面成 40°,没有观察到中位裂纹,应力沿裂纹分布被打散,如图 6-4(a-3)所示。塑性应变集中在裂纹的表面和尖端,如图 6-4(b-3)所示。

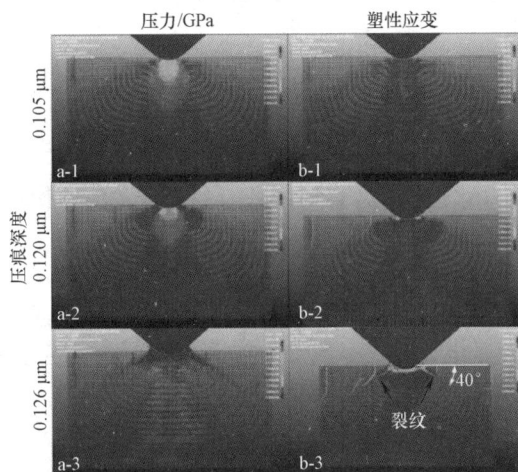

图 6-4　1 m/s 加载速度下压痕裂纹的产生过程

图 6-5 显示了 1 m/s 加载速度下的磨粒法向力 F_n 随压痕深度的变化。磨粒在 0.027 μm 处与工件接触,在 0.027～0.105 μm 处随着 SiC 工件弹性变形,F_n 线性增加。当压痕深度为 0.105～0.120 μm 时,发生塑性变形,F_n 值波动较大。当压痕深度大于 0.120 μm 时,裂纹产生,此时 F_n 急剧下降。当磨粒进一步进给,磨粒前端产生的碎屑进一步被压实,F_n 反弹变大。仿真结果表明,SiC 压痕裂纹的临界深度为 $0.120 - 0.027 = 0.093$ μm,接近 Bifano 的临界切削深度模型,临界裂纹深度为 0.089 1 μm($H = 21$ GPa,$E = 449$ GPa,$K_{IC} = 3.5$ MPam$^{(1/2)}$)。

图 6-6 给出了 F_n 和不同加载速度下各变形阶段的长度。如图 6-6(a)所示,弹性模量(弹性变形阶段 F_n 的斜率)随着 v_s 的增加而增大。随着 v_s 从 0.1 m/s 增加到 140 m/s,塑性变形长度[图 6-6(b)中的红线]从 0.012 μm 增加到 0.116 5 μm,弹性变形长度[图 6-6(b)中的黑线]减小 23%,脆性-延性转变临界深度(弹性变形深度+塑性变形深度)增加。由此可见,在压痕实验过程中,高速能提高了 SiC 陶瓷的韧性。

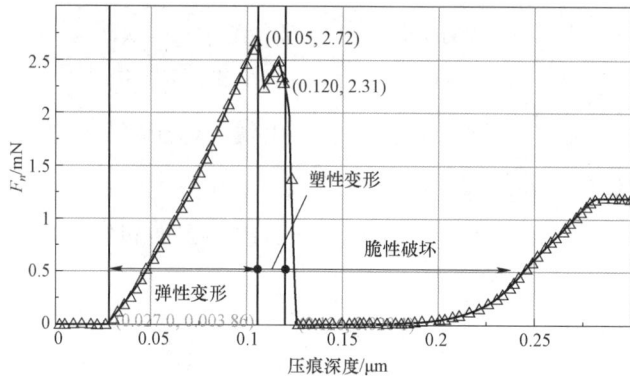

图 6-5 法向力 F_n 作为 1 m/s 加载速度下压痕深度的函数

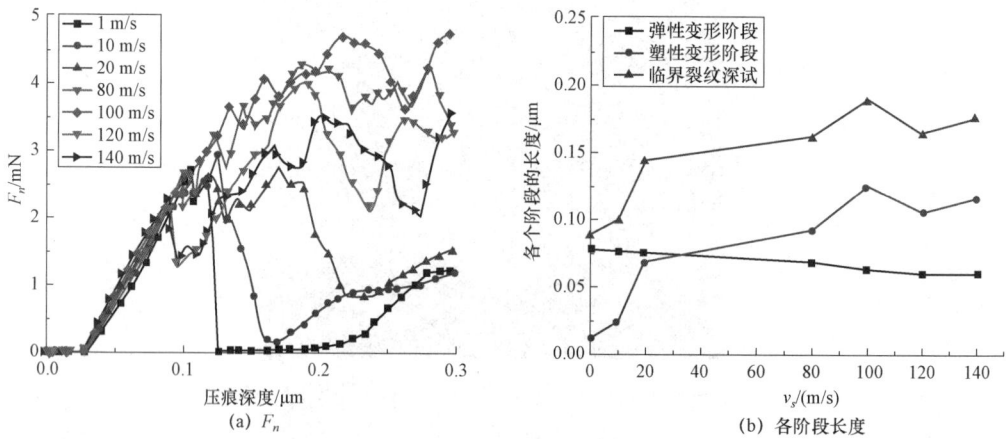

(a) F_n (b) 各阶段长度

图 6-6 F_n 和各阶段长度的变化

6.5.3 单颗磨粒划擦结果及讨论

图 6-7 给出了 $a_{gmax}=0.5$ μm 时划擦后的表面和亚表面形貌,从中测量得到裂纹的最大宽度和最大深度,分别标记为 $W_{max(C)}$ 和 $D_{max(C)}$。当磨粒以 20 m/s 的速度通过时,除在表层产生纵向裂纹外,磨削均为延性去除。该裂纹的宽度和深度测量值分别为 $W_{max(C)}=1.03$ μm 和 $D_{max(C)}=3.5$ μm。这种亚表面裂纹降低了工件的强度和耐腐蚀性能,并导致后期的疲劳失效。当砂轮速度增加到 40 m/s 时,$D_{max(C)}$ 下降到 2.56 μm。而当 $W_{max(c)}$ 增加至 3.144 μm 时,会产生侧向裂纹。当 v_s 增大到 80 m/s 时,纵向裂纹消失,横向裂纹扩展到 $W_{max(c)}=4.02$ μm 和 $D_{max(c)}=0.82$ μm。当砂轮表面速度达到 100 m/s 时,塑性切削和脆性切削的比例进一步减小,表面侧向裂纹扩展到 $W_{max(c)}=5.08$ μm。当砂轮表面速度为 140 m/s 时,表面被浅的横向裂纹覆盖,没有纵向裂纹。

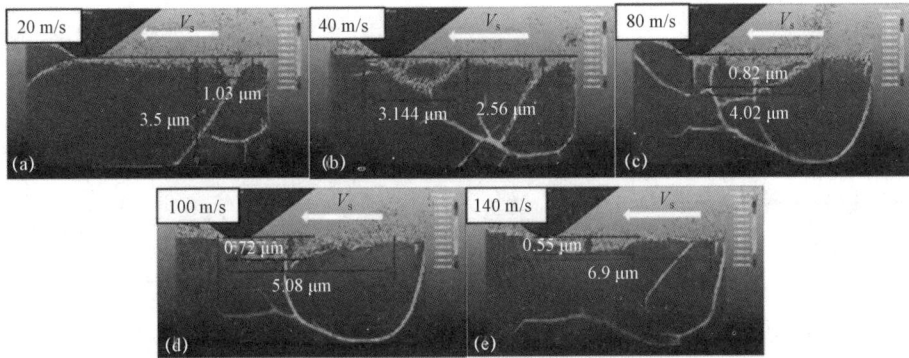

图 6-7　$a_{gmax}=0.5$ μm 时磨削后的表面形貌和亚表面形貌

图 6-8 说明了在不同的砂轮速度下，划擦力和切削深度之间的关系。当 a_{gmax} 增大时，法向力和切向力立即增大。当 $a_{gmax} \leqslant 0.25$ μm 时，力随砂轮速度的变化不明显。当 $a_{gmax} > 0.25$ μm 时，高速对力的影响增强。当 $a_{gmax}=0.5$ μm 时，20 m/s 和 80 m/s 时的力比 100 m/s 时增加了约 100% 和 60%。当材料以延性方式去除（$a_{gmax} \leqslant 0.25$ μm）时，由于砂轮速度较高而增强了磨削区工件的断裂韧性，从而不会改变去除机理，力也不会受到高速的显著影响，整个单颗粒划擦仍以延性为主，没有出现脆性断裂。当 a_{gmax} 大于 0.30 μm 且工件发生脆性断裂时，不同速度下的划擦力表现出差异。这表明，高速导致材料增韧和力的显著下降。

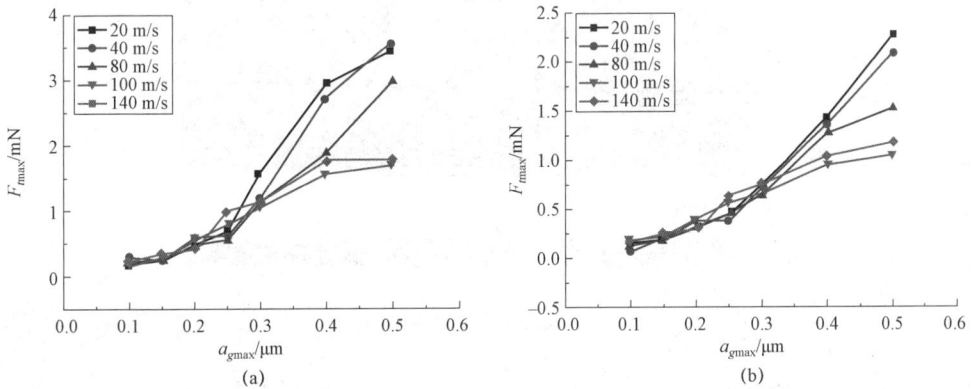

图 6-8　$v_s=20$ m/s、40 m/s、80 m/s、100 m/s 和 140 m/s 时 a_{gmax} 对力的影响

划擦仿真表明，砂轮速度影响作用在材料上的应变速率，从而增强了接触区的动态断裂韧性。裂纹产生的临界压痕深度可以通过高速来增加。因此，可以通过提高砂轮速度来抑制裂纹的产生和扩展。在高速陶瓷加工中，脆延性转变临界切削深度相对于低速时的深度增加，从而提高了材料去除率，同时获得了相似或更好的表面质量。因此，高速加工为实现陶瓷加工效率和质量的双赢提供了可行途径。

6.6　基于 SPH 的单颗磨粒划擦仿真

6.6.1　划擦模型构建

图 6-9 为三维单颗磨削划擦 SiC 的模型。工件是一个 8 μm×4 μm×0.5 μm 的长方体，由 128 000 个 SPH 粒子网络化，两个粒子之间的最小距离为 0.05 μm。工件左面和底面的粒子被固定，以保持工件静止，如图 6-9 的前视图所示。工件的前表面和后表面施加有 SPH_Symmetry_Plain（SSP）函数约束，定义对称平面以将 SPH 粒子向外无限延生，从而避免任何边界效应对仿真的影响，如图 6-9 的俯视图所示。金刚石磨粒设置成圆锥体，圆锥体顶角为 116°，尖端半径为 1 μm，采用 1 520 个拉格朗日有限元进行网格划分。尖端表面的网格尺寸与 SPH 粒子最小距离相近，避免了粒子在接触过程中的穿透。在仿真过程中，磨粒在特定的切削速度和切削深度下划过工件。

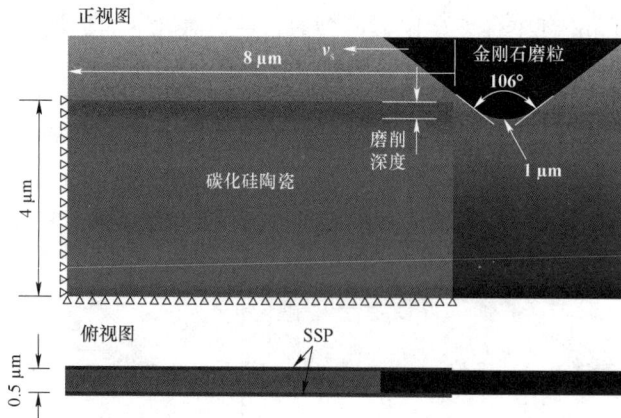

图 6-9　基于 SPH 的单颗磨粒划擦模型

金刚石磨粒的密度为 3 560 kg/m³，泊松比为 0.2，杨氏模量为 1 000 GPa，通过杨氏模量生成罚函数求解接触问题。表 6-4 列出了 SiC 陶瓷的 JH-2 本构模型参数。除了 JH2 模型，还引入了材料损伤准则，根据材料的总塑性应变来估计材料因拉伸或压缩压力过大而导致的破坏。在本研究中，当塑性应变和强度分别超过 0.2 GPa 和 1.3 GPa 时，损伤就发生了。金刚石磨粒与 SiC 工件之间的摩擦系数为 0.37。

表 6-4　SiC 陶瓷的本构常数

参数	密度 ρ/（kg/m³）	杨氏模量 E/（GPa）	剪切模量 G/（GPa）	泊松比	
值	3 215	449	193	0.16	
参数	A	N	B	M	C
值	0.96	0.65	0.35	1.0	0.009
参数	K_1（GPa）	K_2（GPa）	K_3（GPa）	D_1	D_2
值	220	361	0	0.48	0.48
参数	HEL（GPa）	P_{HEL}（Gpa）	T（GPa）	σ_{max}^i（GPa）	σ_{max}^f（GPa）
值	11.7	5.13	0.75	12.2	1.3

　　仿真过程通过 LS-DYNA（livermore software technology corporation，USA）进行，磨粒速度为 20～140 m/s，切割深度为 0.1～0.5 μm，用 LS-PREPOST（LSTC，USA）对仿真结果进行了分析。观察切屑形成过程和裂纹发生的条件，确定了延脆转变的临界切削深度。通过测量表面/亚表面裂纹尺寸，揭示了切削速度和切削深度对裂纹的萌生和扩展的影响。通过仿真得到了磨削表面粗糙度和磨削力。

6.6.2　材料去除过程

　　图 6-10 显示了在 0.1 μm、0.3 μm 和 0.5 μm 的切割深度和 140 m/s 的磨削速度下的单颗磨粒划擦过程。在 SPH 仿真过程中，当塑性应变等于或大于 1.0 时，粒子发生分离，裂纹萌生。在 0.1 μm 的切削深度下，如图 6-10（a）所示，工件材料在磨粒前刀面的作用下，通过塑性流动产生延性切屑。通过观察金刚石尖端附近材料发现切屑以塑性变形为主。亚表层出现窄的塑性变形层，塑性应变小于 1.0。没有观察到裂纹，并且亚表面与理论亚表面（基于磨粒几何形状和运动形式得到的理想表面，由图 6-10 中的白色虚线表示）重合较好。在切削深度较低时，去除的 SiC 材料在磨削力作用下变形或粉碎，并在摩擦力 F_s 的作用下沿磨粒前刀面流动，产生塑性切屑。当切割深度增加到 0.3 μm 时，更多的材料在磨粒前面堆积和流出，导致沿磨粒前刀面的摩擦力增加，并产生侧向裂纹（模式 I：开口型），如图 6-10（b）所示，横向裂纹在理论磨削表面上方的材料中萌生，并平行于工件表面扩展，如图 6-10（b）中的 0.18 μs 放大视图所示。裂纹扩展并形成一个脆性的切屑，材料在与磨粒接触之前被移除。理论磨削面之上的其余材料被移除为延性碎屑。切削深度为 0.3 μm 时，表面光滑无裂纹，塑性变形区比 0.1 μm 时更深、更宽。在这种模

式下，裂纹发生在理论磨削面之上，有利于材料的去除，不会对表面/亚表面造成损害。在 0.5 μm 的切削深度下，由于剪切力/应力的作用，产生了横向裂纹（Ⅱ型：侧向裂纹），并延伸到理论磨削面以下，产生了较大的脆性切屑，如图 6-10（c）中的 0.25 μs 所示。该裂纹横跨理论磨削面留下了一个磨削后的坑槽，导致了潜在的表面/亚表面损害。划擦后的表面出现较大的塑性变形区。

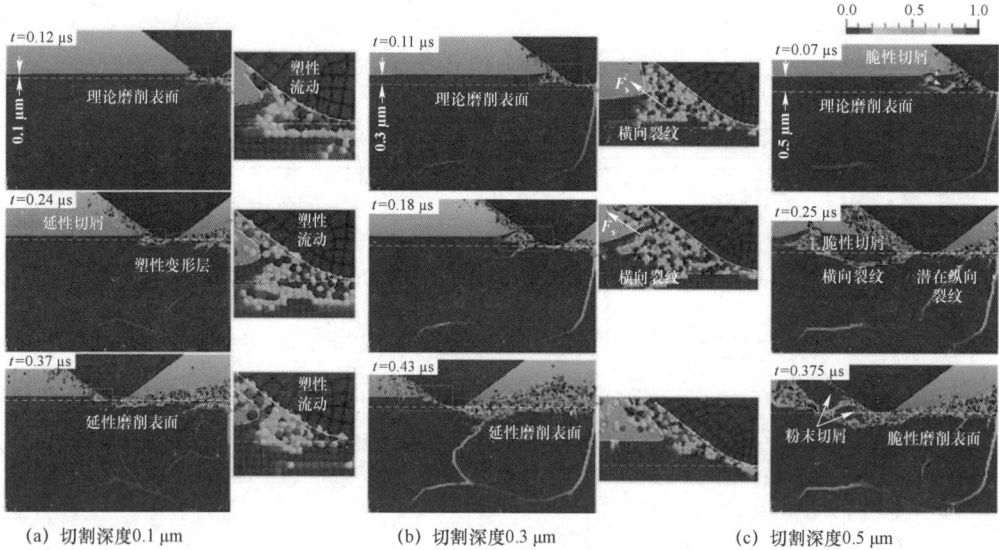

图 6-10　磨削速度为 140 m/s 时的单颗磨粒划擦过程

根据图 6-10 中的观测结果，在 SiC 磨削过程中出现了三种材料去除模式：纯延性模式、脆性与延性共存模式和脆性模式，如图 6-11 所示。

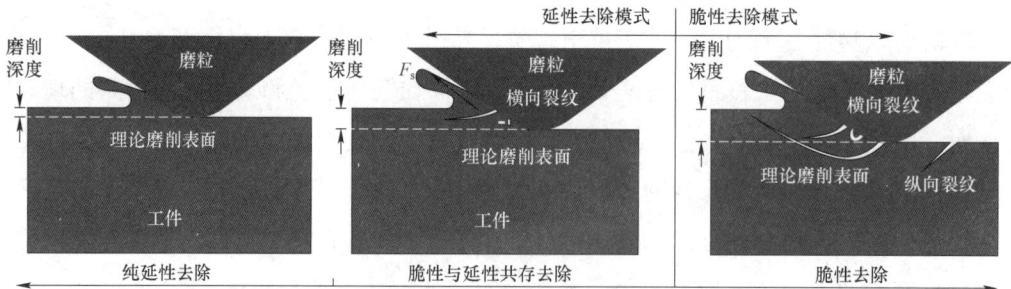

图 6-11　SiC 磨削过程中的三种材料去除方式

纯延性模式：当切削深度较小时，切屑的形成以塑性流动为主，无裂纹产生，磨削表面光滑。

脆性与延性共存模式：随着切削深度的增加，在塑性切屑流动剪切力的作用下，材料在理论磨削面以上的区域出现 I 型横向裂纹。这种横向裂纹沿工件表面扩展，并产生脆性切屑，以提前去除部分待去除的材料。在脆性切屑形成后，由于切割深度减小，理论磨削面上剩余的材料继续以延性模式被移除，产生与理论磨削面重合的无裂纹延性磨削面。

脆性模式：随着切削深度的进一步增加，超过某一临界值，Ⅱ型侧向裂纹开始萌生，并在磨粒-切屑摩擦力的作用下扩展到理论磨削表面以下的材料中，在表面/亚表面留下裂纹痕迹。

以往的研究将脆性材料的去除模式定义为延性、延脆性和基于压痕理论的脆性。延脆模式是由径向/中位裂纹从理论表面以上开始，扩展到理论磨面以下的材料中，并在表面留下裂纹痕迹所决定的。在本研究中，在脆性辅助延性模式下没有观察到径向/中位裂纹。理论磨削表面以上的开口横向裂纹和脆性碎屑尚未见报道。

6.6.3　SiC 划痕延脆转变临界切削深度

不同切削深度和 140 m/s 的磨削速度下的磨削表面形貌如图 6-12 所示。当切割深度小于 0.35 μm 时，延性去除模式在划痕过程中占主导地位，磨削表面光滑，亚表面无裂纹，如图 6-12（a）～图 6-12（e）所示。当切削深度超过 0.35 μm 时，如图 6-12（f）和图 6-12（g）所示，由于横向或纵向裂纹扩展到理论磨削表面下的工件而在磨削表面上留下坑和裂纹。根据 SPH 模拟结果对裂纹和表面/亚表面损伤的观察，得出 SiC 单晶划痕延脆转变的临界切削深度约为 0.35 μm。

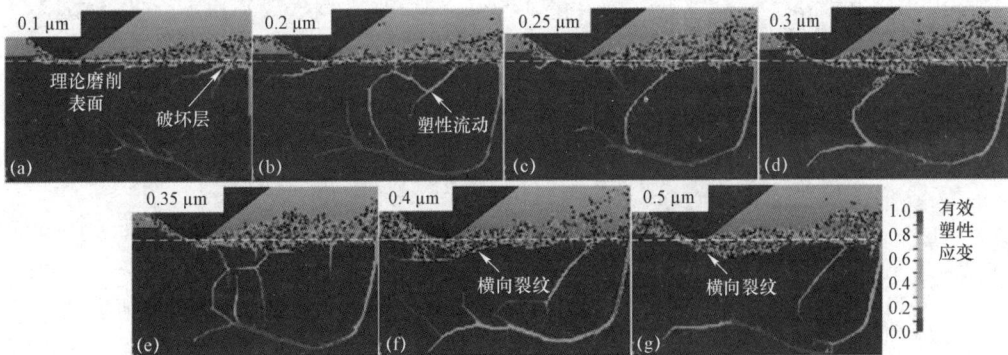

图 6-12　不同切削深度和 140 m/s 的磨削速度下的划擦表面形貌

6.6.4 磨削速度对裂纹的萌生和扩展的影响

为了揭示磨削速度对裂纹的萌生和扩展的影响,图6-13给出了磨削速度为20～140 m/s 的情况下(磨削深度均为 0.5 μm)裂纹尺寸(最大宽度和最大深度)的定量化分析结果。在 20 m/s 的磨削速度下,在延性光滑的磨削表面下观察到一个深的纵向裂纹,宽度为 1.03 μm,深度为 3.5 μm,如图6-13(a)所示。当切削速度提高到 40 m/s 时,如图6-13(b)所示,纵向裂纹深度减小到 2.56 μm,亚表面侧向裂纹的宽度为 3.14 μm。与 20 m/s 的磨削速度下相比,侧向裂纹降低了 DSR。随着磨削速度进一步提高到 80 m/s,横向裂纹宽度扩大到 4.02 μm。由于纵向裂纹的消失,横向裂纹深度减小到 0.82 μm,远小于 40 m/s 时的 2.56 μm,DSR 进一步下降。如图6-13(d)和图6-13(e)所示,当切削速度提高到 100 m/s 和 140 m/s 时,侧向裂纹扩展到整个磨削表面,在工件表面形成一个大坑。结果表明,提高磨削速度可将窄、深纵向裂纹转化为宽、浅横向裂纹,有利于避免亚表面损伤。这可以解释为在高切削速度的冲击作用下,SiC 的动态断裂韧度的增加抑制了裂纹的扩展。对于陶瓷构件,在磨削加工后,通过抛光可以消除横向裂纹。然而,纵向裂纹由于深度较大是难以消除的,裂纹扩展可能导致疲劳破坏。高速磨削具有改善 SiC 工件表面质量的潜力,这种裂纹随砂轮速度的增加而演化的结果与我们以前发表的实验结果相吻合。

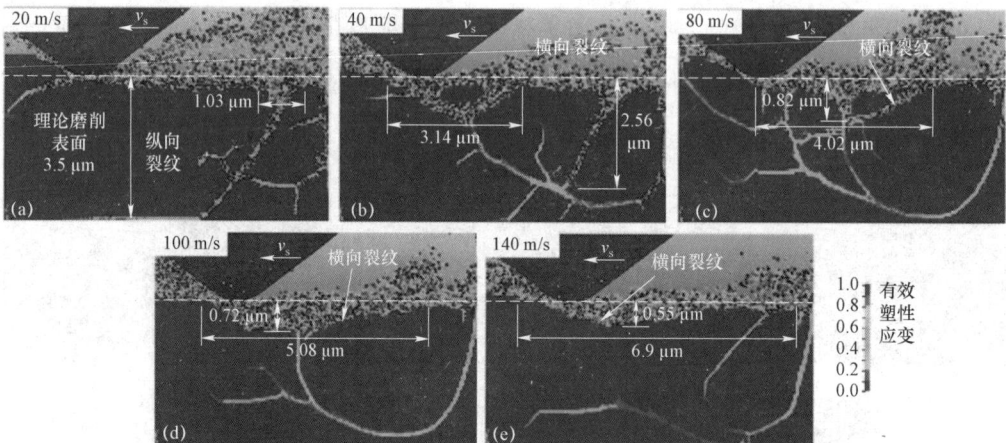

图 6-13 在切削速度不同情况下,仿真 0.5 μm 切削深度下 SiC 划擦的磨削表面和裂纹

图 6-14 显示了不同砂轮表面速度下裂纹深度和宽度的变化。当磨削速度为 140 m/s 时,亚表层裂纹深度比 20 m/s 时减小 85.7%,裂纹宽度比 20 m/s 时扩大 6

倍，提高了工件的疲劳寿命和材料的去除率。对于 $W_{max(c)}$，裂纹宽度随着磨削速度的增加呈线性增加，而 $D_{max(c)}$ 裂纹深度呈双线性减小，表明 SiC 磨削存在一个最佳磨削速度。随着砂轮表面速度的增加，纵向裂纹的产生和扩展逐渐减少，直到纵向裂纹消失，表明工件的断裂韧性逐渐提高。高速冲击作用加剧了工件表面侧向裂纹的扩展，切向冲击作用促进了侧向裂纹的扩展，从而使材料易于去除。这一发现为在实际磨削过程中通过提高砂轮速度来抑制纵向裂纹的产生和扩展，促进材料去除提供了可能。这种操作可以提高工件的表面质量，延长其疲劳寿命，并有助于去除材料。

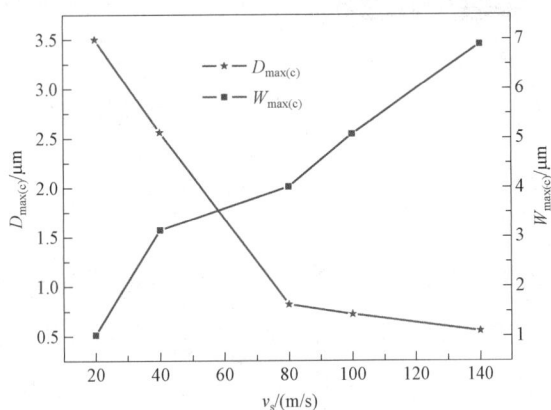

图 6-14　$a_{gmax}=0.5\ \mu m$ 时纵向裂纹深度和侧向裂纹宽度随砂轮速度的变化

6.6.5　划擦表面粗糙度

图 6-15 给出了根据划擦模拟结果，计算出磨削表面粗糙度的过程。通过确定磨削后的表面轮廓，将 Z 方向 10 层的表面粒子连接起来，生成表面粗糙度评价的轮廓，如图 6-15（a）所示。采样长度等于划擦长度。图 6-15（b）给出了不同切削深度和切削速度下的表面粗糙度结果。在相同的切削深度下，当磨削速度从 20 m/s 增加到 140 m/s 时，在延、脆去除模式下的表面粗糙度差异均小于 5%，说明磨削速度对 SiC 单晶划痕的表面粗糙度影响不大。较高的磨削速度将更多的材料推向磨粒侧，导致沿划痕槽侧的突起，这在延性模式加工中略微增加了表面粗糙度。在脆性模式下，在较高的磨削速度下，纵向裂纹向横向裂纹的转变导致表面粗糙度增加。在延性去除模式下，随着切削深度在 0.1～0.35 μm 变化，表面粗糙度在 0.13～0.16 μm 略有增加。延性模式下的表面粗糙度相对较小且一致。当切割深度从 0.35 μm 增加到 0.4 μm 时，SiC 陶瓷的去除模式由延性过渡到脆性，表面粗糙度从

0.16 μm 增加到 0.39 μm，增长约 144%。裂纹在理论磨削表面下的萌生和扩展导致磨削表面不规则和存在较大的表面粗糙度。表面粗糙度在延脆转变过程中增加，表明表面粗糙度可以实时监测磨削过程中的延、脆模式。在脆性模式下，当切削深度从 0.4 μm 增加到 0.5 μm 时，表面粗糙度略有增加。

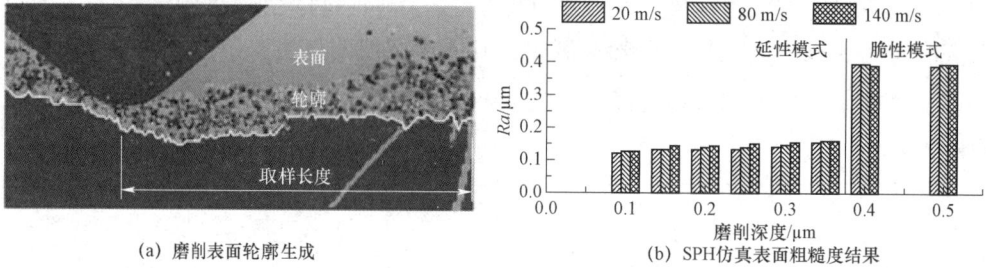

(a) 磨削表面轮廓生成   (b) SPH仿真表面粗糙度结果

图 6-15　SPH 模拟中的表面粗糙度计算方法与计算结果

6.6.6　磨削力

图 6-16（a）显示了在 0.1 μm、0.3 μm 和 0.5 μm 的切削深度和 140 m/s 的切削速度下的切向力随时间的变化。切向力曲线上的第一个峰值是由磨粒开始与工件接触时的冲击引起的，不作为磨削力考虑，如图 6-16（a）中箭头所示。在 0.1 μm 的切削深度下，材料以延性模式移除，由于切屑形成中的连续塑性流动，形成稳定的切向磨削力。切削深度为 0.3 μm 时，材料以脆性、延性共存模式去除，切屑由浅横向裂纹和塑性流动共同产生。由于横向裂纹有助于材料的不连续去除，切向力在 0.18～0.78 mN 波动。最小切向力大于零，表明横向裂纹扩展只有助于提前去除部分材料。切向力最大值出现在裂纹萌生时，如图 6-16（a）所示。在 0.5 μm 的切割深度下，脆性模式主导材料去除。较深的横向裂纹扩展导致较大的切向力波动，与 0.3 μm 的切割深度相比，切向力在 0～1.2 mN 范围内波动。当横向裂纹沿切削方向在理论磨削表面下扩展时，切向力减小到零。法向力表现出与切向力相似的趋势。图 6-16（b）显示了在不同切削深度和切削速度下的最大切向力和法向力。在延性模式下，较大的切削深度产生较大的最大磨削力，切削速度的影响不显著。在脆性模式下，较大的材料去除率和较深的裂纹产生较大的划擦力。较高的砂轮速度降低了切向力和法向力，因为裂纹扩展方向由纵向向横向转变，导致裂纹变浅、变宽，需要去除的材料较少。

(a) 在 0.1 μm、0.3 μm、0.5 μm 的切削深度和
140 m/s 的切削速度下的切向力随时间的变化

(b) 在不同的切削深度和磨削速度下的最大切向力和法向力

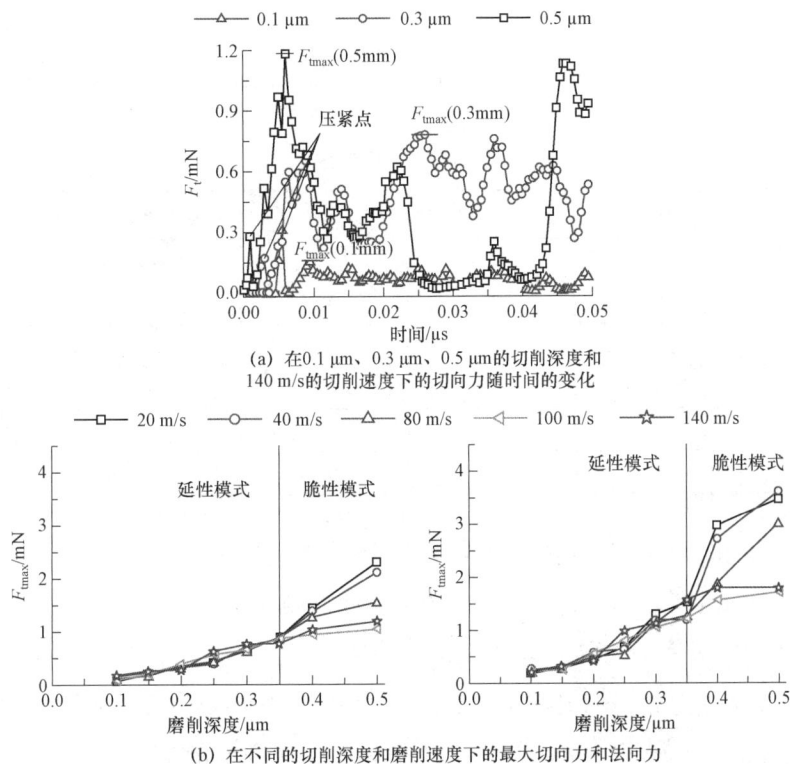

图 6-16　在不同的切削深度和磨削速度下的磨削力

6.7　磨削实验验证

磨削过程使用多种磨料同时切割工件，单纯用单个砂轮划擦工艺代替整个砂轮磨削工艺是不合理的。磨削过程是通过线性叠加单个砂轮的函数来综合的，并允许单个砂轮的划擦过程反映整个砂轮的磨削过程的趋势。因此，单个砂轮划擦的结果可以用来预测整个砂轮的磨削过程的趋势。

6.7.1　实验设置

本章采用的实验设置与第 3.2 节的实验设置一致。表 6-5 给出了实验参数。在外圆磨削加工中，a_{gmax} 不能直接控制。为了确保 a_{gmax} 保持不变，当 v_s 增加时，应改变 v_w 和切割深度 a_p 中的一个或两个。试验分为两组，分别为组 1（a_p 不变，同时改变 v_s 和 v_w 以保证 a_{gmax} 始终相同）和组 2（v_w 不变，同时改变 v_s 和 a_p 以保证 a_{gmax} 不变），讨论相同 a_{gmax} 下的高速磨削过程。为了以后讨论磨削效率，将材料去

除率定义为：

$$Q'_w = v_w a_p \qquad\qquad (6\text{-}25)$$

表 6-5   实验参数

	测试	v_s/（m/s）	v_w/（m/s）	a_p/μm	$a_{g\max}$/μm
组 1	1	20	0.025	3	0.52
	2	80	0.1	3	0.52
	3	140	0.175	3	0.52
组 2	1	20	0.1	0.2	0.52
	2	80	0.1	3	0.52
	3	140	0.1	9.1	0.52

试验组 1 和试验组 2 的磨削参数相同，因此本试验采用 5 个 SiC 试样。每个样品被使用 3D 光学轮廓仪（NPFLEX）研磨 5 次以测量力和表面粗糙度（R_a），在总共 25 个实验完成后，提取平均力和 R_a。测量结束后，用浓硝酸（HNO3）和氢氟酸（HF）腐蚀四分之一环碳化硅样品，使裂纹更加明显。用 SEM 对磨面和接触表面下的裂纹进行了成像，测量了整个表面和亚表面的最大裂纹尺寸。

6.7.2　实验结果

用扫描电镜对磨削表面进行了研究，如图 6-17 所示，磨削表面的断裂区域采用白色轮廓线圈出。在组 1 中，当 v_s 从 20 m/s 增加到 80 m/s 和 140 m/s 时，如图 6-17（a-1）、图 6-17（a-2）和图 6-17（a-3）所示，组 1 的裂纹尺寸增大，裂纹数量减少，裂纹深度无明显差异。随着 v_s 的增大，裂纹扩展并相互连接在一起，导致单个裂纹区域的面积显著增大。组 2 在裂纹大小和数量上表现出相似的趋势。在组 2 中，v_s 较低处的裂纹较深，并以相对于工件表面较大的角度扩展到亚表面。磨削区陶瓷材料的断裂韧性随着 v_s 的增大而增加。观察到的组 2 的裂纹扩展机制与划擦仿真结果吻合良好。

图 6-18 显示了磨削后亚表面的显微照片。组 1 和组 2 的结果表明，随着砂轮表面速度的增加，裂纹深度减小。在组 1 中，随着砂轮表面速度由 20 m/s 增加到 80 m/s 和 140 m/s，裂纹深度分别由 95 μm 减小到 55 μm、34 μm。与组 1 相比，组 2 的裂纹尺寸的减小更为显著。当砂轮表面速度从 20 m/s 增加到 80 m/s 和 140 m/s 时，裂纹深度减小了约 83.6%，分别为 140 μm、55 μm 和 23 μm。裂纹深度的减小

表现为磨削区材料动态断裂韧性的增加。随着砂轮表面速度的提高和材料的延性增强，应力集中得到分散，裂纹扩展得到抑制。裂纹深度的减小将显著改善表面完整性。实验结果与模拟结果吻合较好，验证了模拟结果的正确性。

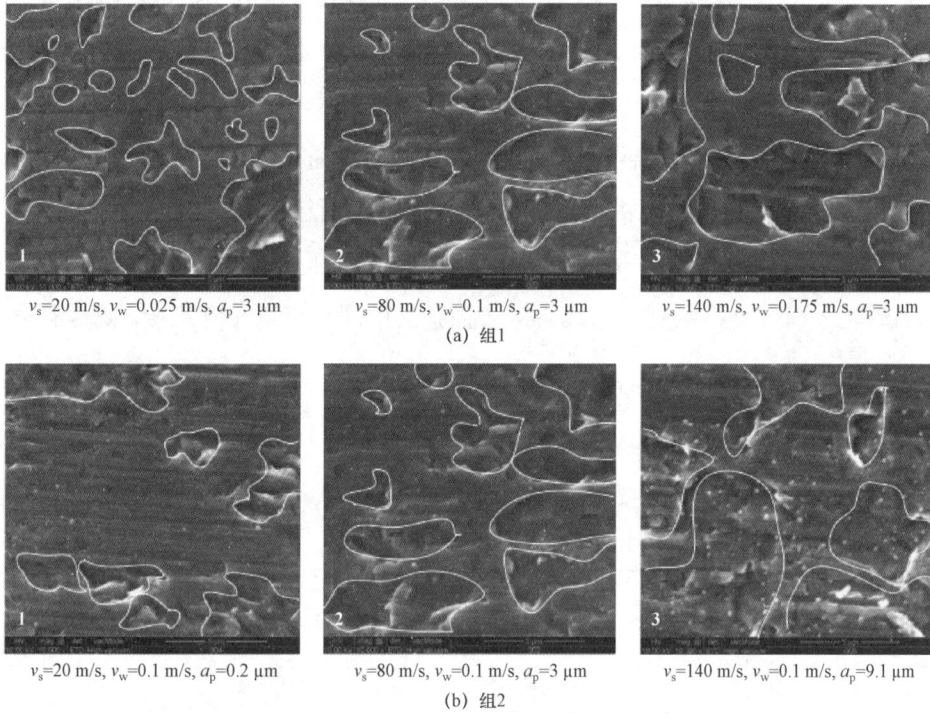

v_s=20 m/s, v_w=0.025 m/s, a_p=3 μm　　v_s=80 m/s, v_w=0.1 m/s, a_p=3 μm　　v_s=140 m/s, v_w=0.175 m/s, a_p=3 μm

(a) 组1

v_s=20 m/s, v_w=0.1 m/s, a_p=0.2 μm　　v_s=80 m/s, v_w=0.1 m/s, a_p=3 μm　　v_s=140 m/s, v_w=0.1 m/s, a_p=9.1 μm

(b) 组2

图 6-17　磨削表面（×10 000）显微图像

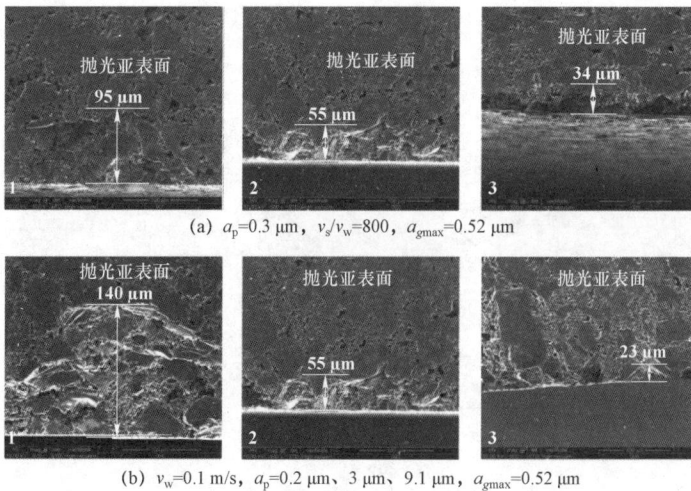

(a) a_p=0.3 μm, v_s/v_w=800, a_{gmax}=0.52 μm

(b) v_w=0.1 m/s, a_p=0.2 μm、3 μm、9.1 μm, a_{gmax}=0.52 μm

图 6-18　磨削后亚表面（×500）的扫描电镜图像

图 6-19 给出了实验测量的单位面积平均力、表面粗糙度和材料去除率的结果。如图 6-19（a）所示，在组 1 中，尽管材料去除率从 20 m/s 时的 0.075 mm³/mm·s 提高到 140 m/s 时的 0.525 mm³/mm·s，提高了 600%，但单位面积平均力依然保持不变。由于磨削区材料的应变速率随着 v_s 的增大而增大，因此式（6-24）中的 K_{ID} 随着砂轮速度的增大而增大。这导致表面粗糙度从 0.41 μm 下降到 0.28 μm。如图 6-19（b）所示，对于组 2，当砂轮表面速度增加时，由于高应变率导致材料塑性增加，因此降低摩擦力以降低单个磨粒的磨削力，K_{ID} 也增加。在这组实验中，材料去除率显著增加，甚至高达 4 500%。而对于表面粗糙度，由于低速下裂纹不向表面扩展，表面只有一些微小的孔洞，大部分表面都是延性磨削，因此 Ra 值很小。当砂轮表面速度提高到 80 m/s 时，表面扩展的裂纹可以相互连接。这使得表面

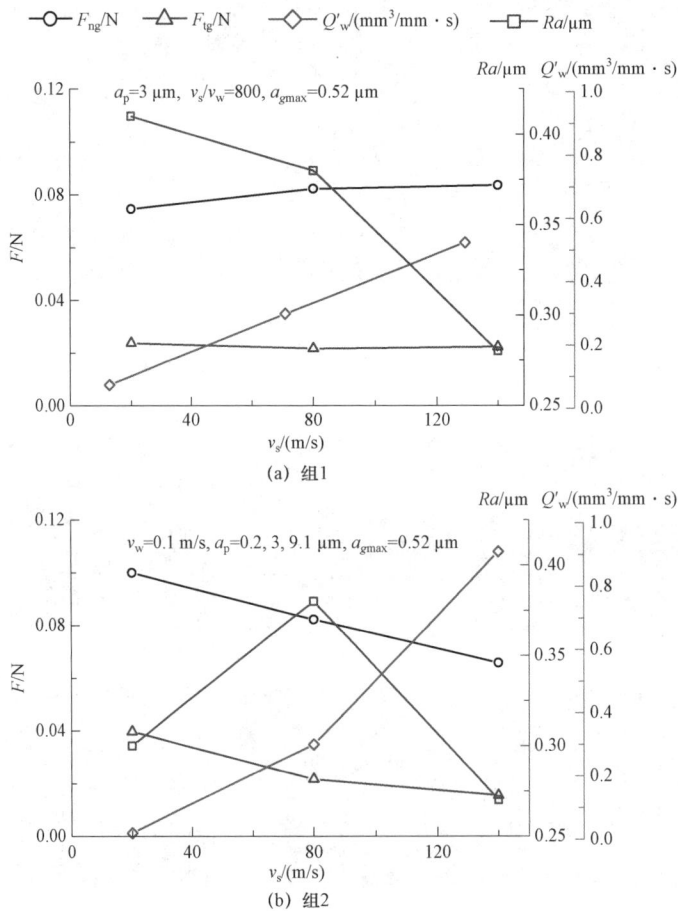

图 6-19 a_{gmax} = 0.52 μm 时，磨削力、表面粗糙度和材料去除率随砂轮表面速度的变化

裂纹变得更大，因此测量的 Ra 大于 20 m/s 时观察到的 Ra。而在 140 m/s 时，裂纹变浅，即使裂纹宽度增大，Ra 也会减小。在单颗粒模拟中，力和表面粗糙度在组 2 中也是一致的。

随着砂轮速度的增加，无论单位面积内磨削力减小还是保持不变，裂纹深度都减小，材料变得更加韧性。将组 1 的试验 1 和试验 3 与组 2 的试验 1 和试验 3 进行比较，在相同的砂轮速度下，工件材料承受相同的应变率。由于磨削力较大，组 2 的试验 1 和组 1 的试验 3 的裂纹尺寸比组 1 的试验 1 和组 2 的试验 3 的裂纹尺寸深。这表明提高材料应变率，降低单位面积磨削力，可以显著减少亚表面裂纹，提高工件的磨削质量。对于磨削表面，组 2 在低速时裂纹较少，在高速时裂纹较浅。组 2 的试验 1~3 的裂纹深度下降速率快于组 1 的试验 1~3 的裂纹深度下降速率，表明在高速磨削中提高 a_p 比提高 v_w 更能有效地改善亚表面质量。这意味着 a_p 主要影响亚表层裂纹的产生和扩展，而 v_w 主要影响表层裂纹的产生和扩展。因此，高速度、大切削深度和低进给量的组合可以在保持或减小裂纹深度的同时大大提高材料去除率，最终形成高效、高质量的磨削。

所有的模拟结果，无论是磨削力、表面粗糙度还是表面或亚表面裂纹，在趋势上都与组 2 的实验结果一致，并对仿真模型和动态断裂韧度模型进行了验证。对于组 1，仿真模型需要改进，以讨论 v_s/v_w 等速率下的高速效应。

6.8　本章小结

SiC 陶瓷磨削中裂纹扩展引起的表面/亚表面损伤限制了其应用范围和使用寿命的主要因数。

在本章，我们结合脆性材料的 Johnson-Holmquist-2 损伤模型和 Griffith 断裂理论，建立了陶瓷材料的动态断裂韧度。采用基于 SPH 的单颗磨粒划擦仿真方法，研究了不同砂轮速度下单颗磨粒压入和划擦碳化硅（SiC）过程中裂纹的产生和扩展，同时单颗磨粒划擦仿真还分析了 SiC 磨削过程中的材料去除过程、磨削速度对裂纹扩展的影响、磨削表面粗糙度和磨削力。压痕模拟结果表明，高速磨削强化了接触区 SiC 的塑性变形。SiC 划擦仿真结果表明，随着切削深度的增加，材料的去除过程经历了纯延性模式、脆性与延性共存模式和脆性模式。根据磨削表面裂纹条件、表面粗糙度和最大磨削力的变化，得到了延性-脆性转变的临界切削深度约为 0.35 μm。提高划擦速度促进了深、窄纵裂纹向浅、宽横裂纹的转变，提高了表面质量。通过外圆磨削实验，从延脆转变的临界切削深度、磨削表面粗糙度和磨削力的变化趋势等方面间接验证了 SPH 模拟结果。该方法是研究碳化硅等脆性材料的磨削过程和磨削表面质量的一种有效方法。

第 7 章

2.5D SiC$_f$/SiC 单颗磨粒划擦实验研究

7.1 本章引言

SiC 纤维（SiC$_f$）增强 SiC 陶瓷基体（SiC$_f$/SiC）是通过将 SiC 纤维束（直径为 10～20 μm）烧结到 SiC 基体中而成的陶瓷-陶瓷复合材料。SiC$_f$/SiC 典型的交织结构可以阻断裂纹扩展并防止瞬间失效，克服了 SiC 陶瓷固有的脆性限制。为了进一步提高 SiC$_f$/SiC 的韧性，SiC 纤维（SiC$_f$）涂有一层薄的（约 1 μm）热解炭（PyC）或氮化硼（BN）界面材料。脆弱的（与 SiC 基体和纤维相比）涂层为裂纹扩展提供了通道，阻碍了 SiC$_f$ 和基体之间的裂纹扩展，从而使整个零件保持完整，避免灾难性损坏。

SiC$_f$/SiC 保持了传统 SiC 陶瓷优异的耐温性和耐化学性。与其他在 1 000 ℃ 以上就会损失强度的航空航天材料（如钛合金、碳纤维增强塑料和镍基高温合金）相比，SiC$_f$/SiC 的强度在 1 000～1 500 ℃ 几乎可以保持恒定。由于 SiC$_f$/SiC 具有优异的高温强度和低密度（约为金属重量的 1/3），SiC$_f$/SiC 已应用于航空发动机、发电涡轮机、核反应堆以及热处理和晶体生长炉。通过在 GE 9Nx 发动机的叶片、轮叶、护罩、喷嘴和燃烧室中使用 SiC$_f$/SiC，减轻了重量，提高了燃烧温度，使发动机推力增加了 25% 并节省了 10% 的燃料消耗。

为了制造 SiC$_f$/SiC 零件，首先将 SiC$_f$ 编织成预制件。CVI 用于 SiC$_f$ 上的 PyC 或 BN 涂层。然后用 CVI 以 SiC 为基体填充编织和涂层 SiC$_f$ 预制件的孔隙。SiC$_f$/SiC 毛坯零件通常采用磨削来获得目标尺寸、几何公差和表面完整性。由于裂纹的萌生和扩展导致的表面损伤削弱了 SiC$_f$/SiC 部件的强度和疲劳寿命。较高的磨削力和砂轮磨损率也导致材料去除率低和磨削成本高，磨削成本可能高达整体制造成本的 60%～80%。磨削中缺乏 SiC$_f$/SiC 材料去除机理是阻碍 SiC$_f$/SiC 工业应用的关键因素。

在本章，我们使用扁平和尖锐的金刚石磨粒对 SiC_f/SiC 进行划擦。观察划擦前后的磨粒形状以识别磨损，测量对应于划擦深度和凹槽横截面积的划擦力以比较磨粒的划擦能力，观察凹槽的形貌以阐明潜在的材料去除机理以及对 SiC 基体和纤维的损伤。

7.2　实验设置

单颗金刚石磨粒划擦实验在平面磨床（M7130，杭州机床有限公司）上进行，如图 7-1（a）所示。在电源和主轴之间安装了一个变频器（V1000CIMR-VB，日本），通过改变当前频率来调节轮速。铝制砂轮座设计为直径为 305 mm，厚度为 32 mm。在砂轮座的圆周上，均匀分布着 4 个直径为 10 mm 的螺孔，用于连接金刚石基座。基座是一根 ANSI45 钢棒，末端有芯形，在尖端表面有一个小平面，用于电镀金刚石磨粒。测试中使用的金刚石磨粒（ZZSM，中国）为#35/40 粒度，直径为 425～500 μm。金刚石磨粒是立方八面体形状，由表面上的 8 个六边形和 6 个正方形组成，如图 7-1（b）所示。立方八面体磨粒的几何形状理论上可以通过边缘的长度来定义，因为所有的边长都是一样的。在实际操作中，立方八面体磨粒可能会因断裂和裂纹扩展而产生一些缺陷，如气孔和划痕，这由表 7-1 中的磨粒图片所证实。立方八面体金刚石的不同取向导致的尖锐的和扁平的磨粒是从电镀镍基露出的角和平面。尖

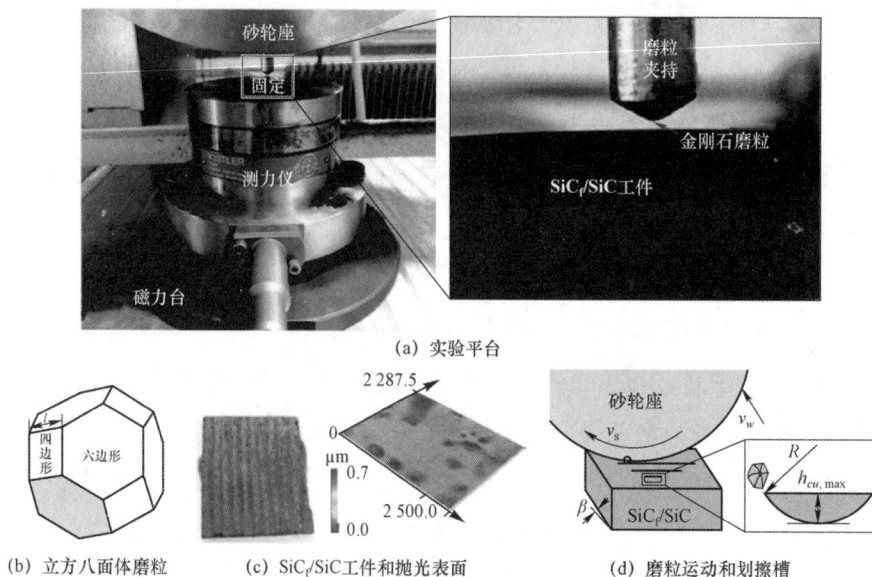

(a) 实验平台

(b) 立方八面体磨粒　　(c) SiC_f/SiC工件和抛光表面　　(d) 磨粒运动和划擦槽

图 7-1　单颗金刚石磨粒划擦实验设置

锐的和扁平的磨粒的结果可以表现出新修磨和磨损砂轮的能力，也可以指导日后 SiC$_f$/SiC 砂轮制造过程中的磨粒脱落。

SiC$_f$/SiC 工件通过 AB 粘合剂（ergo1309，瑞士）粘合到夹具上，夹具拧入 Kistler9272 测力计（Kistler，瑞士）。力传感器安装在铁板上，可以被磨床的磁力台紧紧地固定住。为了获取划擦过程中的力细节数据，使用了 100 kHz 的最大采集频率。

SiC$_f$/SiC 工件由中国航发沈阳黎明航空发动机有限责任公司提供，为 2.5D 编织结构，其编织结构如图 7-2 所示。编织过程中，每 500 根 SiC$_f$ 纤维（直径为 10～13 μm）组成一个编织束，在 YOZ 面中编织。两个相邻束之间的编织方向与 X 轴上的直纤维相反，如图 7-2（a）所示。图 7-2（b）和图 7-2（c）分别给出了 SiC$_f$/SiC 工件的侧面和编织纤维的 SEM 照片。本研究中使用的 SiC$_f$/SiC 块的厚度为 4 mm。实验前采用高精度气浮磨床（QGM3050，中国）对工件进行研磨抛光。图 7-1（c）给出了抛光工件和测量表面（由日本 KEYENCEVHX-600 提供），其最大高度差小于 0.7 μm。

为了研究 SiC$_f$/SiC 的单颗金刚石划擦，我们设计了金刚石磨粒的螺旋轨迹来分离划擦槽。其中，主轴包括砂轮和磨粒，由液压泵以 v_w 的速度沿其轴向驱动，以满足磨粒的运动需求。移动速度 v_w 是根据砂轮转速计算的，以确保所有凹槽互不干扰。为了在一次划擦测试中获得不同划擦深度的更详细的力数据，在工件上放置了一个水平仪，使工件表面和磁台之间形成一个小角度 β（小于 3°）。这个小角度与磨粒螺旋运动相配合，有助于形成一系列不同深度的凹槽，如图 7-1（d）所示。这种实验设计可以最大限度地减少测试时间并尽可能收集更多的力数据。

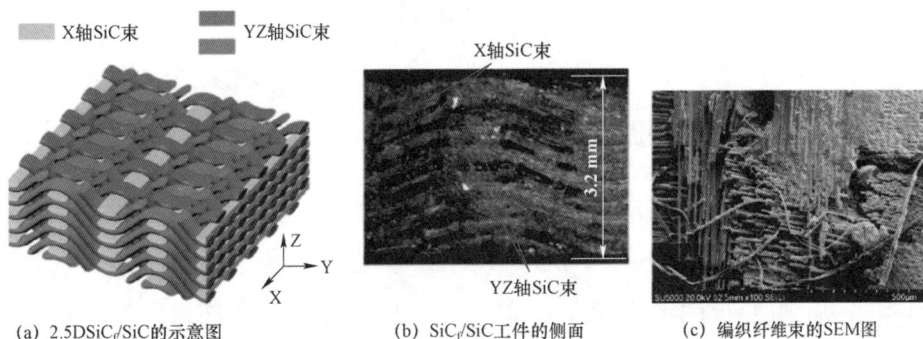

(a) 2.5DSiC$_f$/SiC的示意图　　(b) SiC$_f$/SiC工件的侧面　　(c) 编织纤维束的SEM图

图 7-2　2.5D SiC$_f$/SiC 编织结构

由于本研究中使用的磨床精度有限，提出了一种后高精度测量方法，以确保本研究结果的合理性。对于这样的微尺度划擦测试，磨床应该有亚微米的分辨率才能得到有用的数据。然而本研究中使用的手动磨床的 Z 轴精度相对较差，滚珠丝杠的反向间隙误差最高可达 20 μm。为了克服这一障碍，在开始时不控制进给位移，并在测试后间接测量实际划擦深度。通过使用低速旋转砂轮首先接触工件表面并将位置设置为零点来完成手动机械设置，然后 Z 轴向上移动并远离工件。与记录的零点相比，Z 轴进给量为 50 μm，以确保即使存在较大的反向间隙误差，磨粒也能够切入工件。之后进行划擦测试，得到划擦槽，同时测量划擦力。为了消除剥落和裂纹对划擦深度测量精度的影响，采用激光共聚焦显微镜（OLYMPUSLEXTOLS5000，日本）对凹槽的整个 3D 形貌进行扫描，精度可达 10 nm。基于运动学的直线和磨粒轨迹拟合了 3D 表面形貌和底部轮廓。表面直线与磨粒轨迹之间的最大距离被定义为凹槽深度，也被视为划擦深度。由于 SiC_f/SiC 的杨氏模量大，弹性恢复非常弱，这种间接确定沟槽深度的方法，即使使用的磨床精度不高，也能保证高精度的划擦深度。

在这项研究中，尖锐和扁平的电镀金刚石磨粒分别代表已经修整和磨损的砂轮，用于划擦 SiC_f/SiC 并测量相关的划擦力和凹槽。砂轮转速设置为 20.8 m/s（对应 40 Hz 电流频率），计算的分离槽后的主轴轴向直线运动速度为 0.67 m/s。划擦深度为 0~50 μm 不等。在这项研究中没有使用冷却剂以消除液体冲洗和冲击噪声对力信号的影响。在划擦前后用显微镜（HITACHISU5000，日本）检查磨粒形貌，特别是磨损和断裂痕迹。收集的力数据通过 MATLAB（Mathworks，美国）提取和分析。用 SEM 扫描划槽发现潜在的损伤并揭示 SiC_f/SiC 的材料去除机制。

7.3　实验结果讨论

7.3.1　磨粒磨损和划擦槽的观察

表 7-1 给出了划擦前后的扁平磨粒和尖锐磨粒的显微照片。通过比较，可以发现在磨粒的形貌上产生了一些磨损痕迹。对于扁平磨粒，扁平金刚石的切削刃几乎完好无损，后刀面只有很少的磨损痕迹，可以更好地保持切削能力。详细而言，后刀面的微槽变浅，刃口在划擦后几乎消失。尖锐的磨粒在后刀面和切削刃上显示出明显的更大磨损，划擦后表面断口消失，刃口磨损半径显现，而且侧面的气孔也消失了。显微镜观察表明，与扁平的磨粒相比，尖锐磨粒的磨损更大。SiC_f/SiC 的高

强度和高硬度是造成磨粒磨损的重要原因。此外，金刚石中的碳原子向 SiC 的机械化学分子扩散引起金刚石磨粒磨损，这可能是磨粒磨损的另一个原因。

表 7-1　划擦前后的金刚石磨粒形貌

磨粒形状	划擦前	划擦后
扁平状		
尖锐状		

图 7-3 给出了具有 9 个不同凹槽的典型划擦表面，这是通过激光共聚焦显微镜测量的。将横切线放在表面上以获得凹槽的横截面轮廓。根据上述方法手动调整线位置以获得最大划擦深度。横截面轮廓用于对凹槽进行切片并获得横截面形状。从横截面轮廓可以识别工件表面，与划擦深度相比，该表面非常光滑，表面波纹可忽略不计。槽深和槽截面积分别定义为工件表面和槽尖之间的高度距离和封闭面积。使用激光共聚焦显微镜软件对深度和面积进行量化，如图 7-3 所示，第 5 条凹槽的划擦深度和面积分别为 47.721 μm 和 22 057.02 μm^2，也可以计算其他凹槽的尺寸和面积。

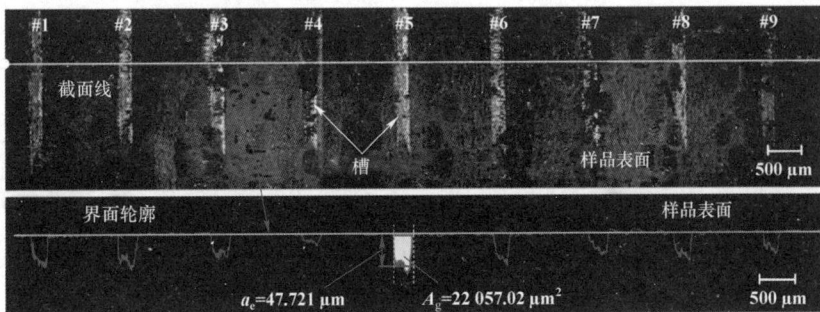

图 7-3　划痕形貌、深度和横截面积

7.3.2 划擦力

划擦时的切向力沿划擦方向且切向力很小，淹没在脆性断裂力引起的噪声中，无法有效提取，因此切向力不在本文中介绍和讨论。图 7-4（a）给出了在 40 Hz 低通滤波器的实验中记录的法向划擦力。整个划擦过程在 0.3 s 内完成，体现了本研究的划擦速度和力的采集频率较高。图 7-3 共有 9 条三角力曲线，与生成的表面槽数吻合。三角力曲线在划擦过程中受到脉冲的刺激。脉冲使测功机上的工件和夹具板振动，产生振荡力曲线，并因倾倒而趋于零。从对受力曲线的观察来看，前面的受力三角形在下一个受力三角形到来之前归零，不会相互影响。根据测量的凹槽长度（小于 10 mm）和划擦速度，计算金刚石磨粒与 SiC_f/SiC 复合材料的接触时间，结果小于 0.5 ms。图 7-4（b）给出了三角形力的特写视图。力从零变化到第一个峰值并返回零的前半个振荡周期需要 1.4 ms，大约是磨粒与工件接触时间的 3 倍。划擦时间和力振荡周期时间之间的巨大差异表明，划擦力只存在于第一个峰值，而力三角形中的其他峰值是由测力系统的振动引起的。因此，每个三角形的第一个力峰值被记录为相应的特定划擦深度的划擦力。根据图 7-4（a），前三个凹槽的力分别为 33.40 N、34.23 N 和 28.56 N。

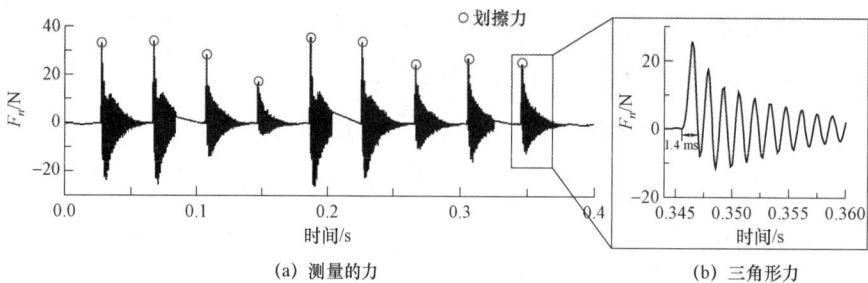

(a) 测量的力　　　　　　　　　(b) 三角形力

图 7-4　砂轮速度为 0.8 m/s 时不同划擦深度下的法向划擦力的特写视图

图 7-5 给出了划擦深度和截面积（对应材料去除率）对划擦力的影响。随着划擦深度和凹槽截面积的增加，扁平磨粒和尖锐磨粒的法向划擦力都增强了。图 7-5（a）和图 7-5（b）分别给出了沿 X 轴和 Y 轴划擦时划擦力和凹槽深度之间的关系。由于 SiCf 的编织结构，沿 X 轴或 Y 轴的划擦遇到横向 SiC 纤维（纤维轴垂直于划擦方向，用 $SiC_{f\perp}$ 表示）和纵向 SiC 纤维（纤维轴平行于划擦方向，用 $SiC_{f=}$ 表示）。如前所述，单槽划擦过程在不到力的振动周期内完成，这意味着力测量系统不足以区分 $SiC_{f\perp}$ 和 $SiC_{f=}$ 上的力变化，因此本文无法讨论纤维取向的影响。由图 7-5（a）

和图 7-5（b）可以发现，非对称 2.5D 编织结构在 X 轴和 Y 轴方向上的力值略有不同。根据散点图力的数据点趋势，沿 X 轴的划擦力略大于沿 Y 轴的划擦力。根据对研磨叠层 C$_f$/SiC[18,33]的研究，纵向纤维上的力比横向上的力大。如图 7-2（a）所示，当沿 X 轴划擦 SiC$_f$/SiC 时，横向纤维是编织的，纵向纤维是直的，在这个过程中，纵向纤维的去除力没有受到影响，因此对划擦力的影响可以忽略不计。在沿 Y 轴划擦时，纵向纤维被编织，这改变了磨粒和纤维之间的倾斜角和间隙角。这种编织结构使纤维去除过程从压缩引起的膨胀［在下一节的图 7-10（c）中给出］到弯曲［在下一节的图 7-10（d）中给出］，从而消耗更少的能量并产生更小的力。

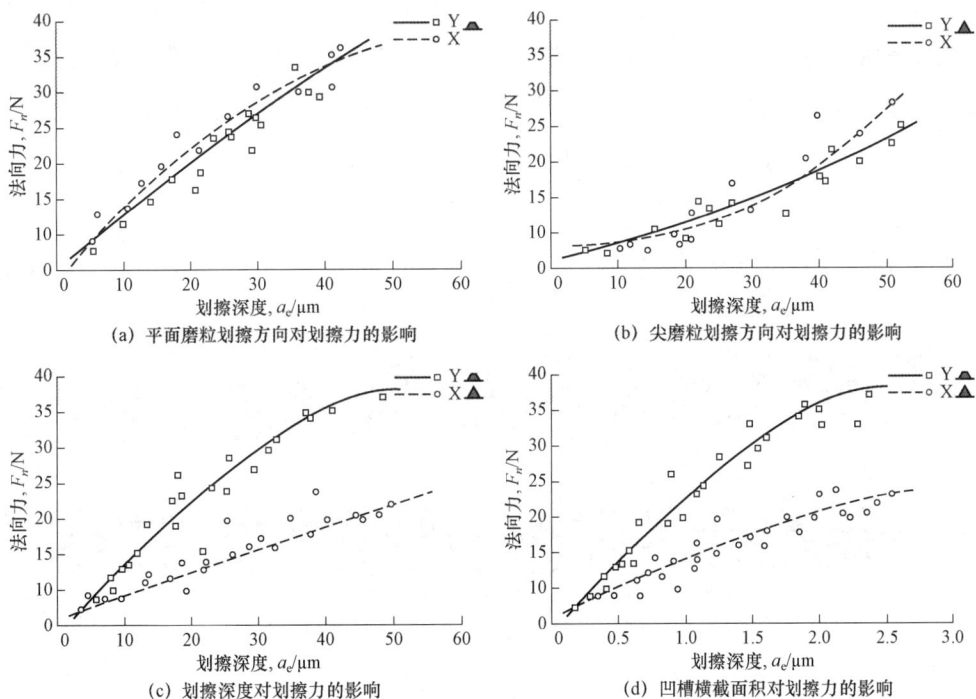

图 7-5　划擦深度和截面积对划擦力的影响

由于沿 X 轴和 Y 轴的力略有差异，将 X 轴和 Y 轴的力结合起来讨论在相同划擦深度和瞬时材料去除率（或凹槽截面）下的磨粒锐度的影响，如图 7-5（c）和图 7-5（d）所示。对于不同的磨粒形状，对划擦力的影响是不同的。在同样的划擦深度和截面积下，扁平磨粒的划擦力是尖锐磨粒的 2 倍。根据对图 7-7～图 7-10 的凹槽表面的观察（下一节介绍），扁平磨粒在断裂的纤维尖端和基体中产生更多的粉末碎片和更多的裂缝，而不是尖锐的尖端。从表面产生的能量方面看，粉末碎片和裂纹越多，消耗的能量就越多，需要的力也越大。

7.3.3　SiC$_f$/SiC 材料去除机理

图 7-6 给出了由扁平和尖锐的磨粒产生的划擦槽形貌。由于 SEM 设备的视野有限，整个槽是由几张 SEM 照片手动连接在一起的。对于 2.5D 编织 SiC$_f$/SiC 结构，磨粒可能与 SiC 基体、SiC$_{f=}$、SiC$_{f\perp}$ 中两种或三种以上成分的混合物接触，这取决于 SiC$_f$/SiC 中划擦槽的位置。如图 7-6（a）所示，扁平磨粒交替穿过 SiC 基体和 SiC$_{f\perp}$，除了一个 SiC$_{f=}$ 由于 SiC$_f$/SiC 复合材料的不均匀编织而出现。比较图 7-2 中 2.5D SiC$_f$/SiC 的划擦表面特征和内部示意图，可以很容易地确定空间位置，它位于两层编织纤维的中间。在尖锐的磨粒产生的划擦槽中，如图 7-6（b）所示，磨粒穿过 SiC 基体，SiC$_{f\perp}$、SiC$_{f\perp}$ + SiC$_{f=}$、SiC$_{f\perp}$ + SiC$_{f=}$ 的组合是由于划擦表面的 SiC$_{f\perp}$ 层较浅，划擦深度较大。由于划擦深度高达 50 μm，远大于报道的 SiC 陶瓷的韧性-脆性转变深度[30,34]，除凹槽起始点和终点处的材料表现为部分韧性去除外，凹槽内的材料以脆性模式去除。脆性在划擦中占主导地位，这会留下带有大量裂缝的不规则划擦表面。此外，由于原材料的孔隙性，还存在如图 7-6（b）所示的几个孔隙。

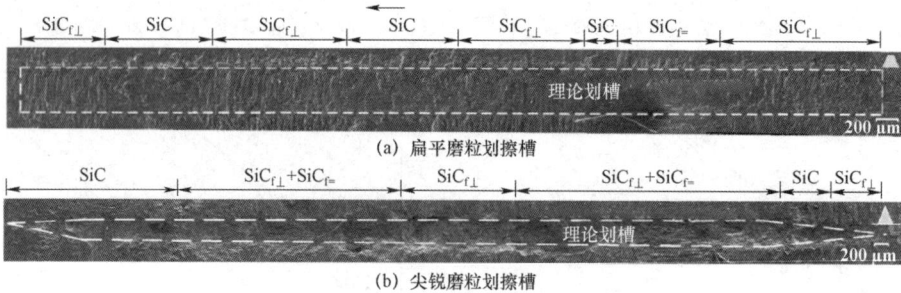

图 7-6　由扁平和尖锐的磨粒产生的划擦槽形貌

图 7-7 给出了 SiC 基体去除过程的凹槽底部的特写视图。由于脆性去除，在划擦表面上发现了许多小碎屑。如图 7-7（a）所示，在扁平磨粒划槽上，SiC 基体中开始出现裂纹。随着裂纹的扩展和相互连接，一块 SiC 基体材料可能会一起被去除，称为剥离。基体剥离留下断裂面。发生在纤维表面的基体剥离会导致纤维暴露。如果纤维与基体结合紧密或 SiC$_f$ 与磨粒接触，则纤维可能会与基体一起被拉出去除，在划擦面上出现脱胶痕迹。图 7-7（b）给出了尖锐磨粒的划擦表面，还显示了平面磨粒划擦表面上的裂纹、基体剥离、纤维暴露和断裂面。此外，尖锐的磨粒划擦槽会出现一些延性划痕，这些划痕在平坦的磨粒划擦表面上是看不到的。与平面磨粒划擦面相比，尖锐磨粒的基体剥离尺寸相对较小。另一个观察结果是，从扁平磨粒

中露出的纤维表面非常光滑,没有任何粘连;而在尖锐磨粒中,纤维表面非常粗糙,并且在某些地方有许多粘连。从 SiC$_f$/SiC 工件的结构和成分来看,附着力是碳涂层。这种现象可以用力差来解释,如图 7-5 所示。较大的法向力改善了 SiC 基体的剥离过程,并且可以通过压缩使碳涂层粉末化,从而获得光滑的纤维暴露。尖锐磨粒中的相对较小的剪切力似乎促进了碳涂层中裂纹的扩展,并且不会完全去除涂层。未来还需要进行更多的详细研究来解释这一现象并揭示其机制。

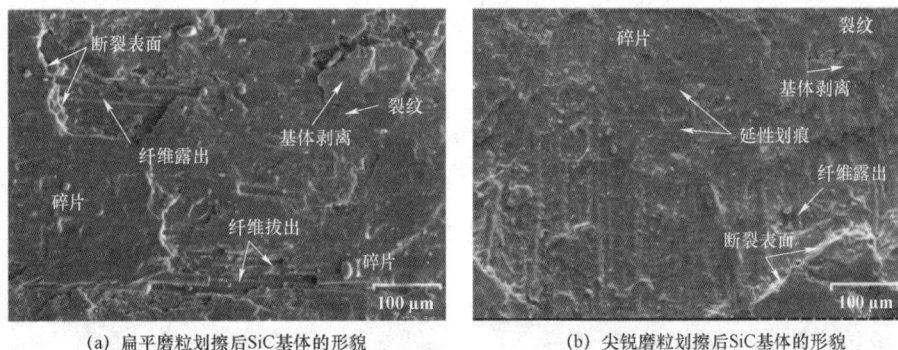

(a) 扁平磨粒划擦后SiC基体的形貌　　　　(b) 尖锐磨粒划擦后SiC基体的形貌

图 7-7　SiC 基体去除过程的凹槽底部的特写视图

在凹槽底部去除的 SiC$_f$如图 7-8 所示。对于扁平磨粒,材料去除过程以 SiC$_{f\perp}$纤维剥离为主,底部有纤维和基体断裂,如图 7-8（a）所示。纤维剥离在划擦表面上留下纤维通道。裂纹在基体中引发和扩展会产生基体断裂和碎屑,从而导致纤维暴露。纤维上的裂纹直接导致纤维断裂,而不会沿轴长距离传播。对于尖锐的磨粒划擦表面,如图 7-8（b）所示,大量的纤维暴露发生在几个纤维脱粘的情况下,尖锐的金刚石尖端在凹槽中间产生延性去除的划痕。随着磨粒尖端深度和纤维径向深度的重叠部分的增加,尖端的材料去除过程依次为延性去除、顶部有部分纤维裂纹去除的韧性去除、纤维中裂纹扩展的延性去除、纤维断裂和脱粘去除,如图 7-8（b）所示。

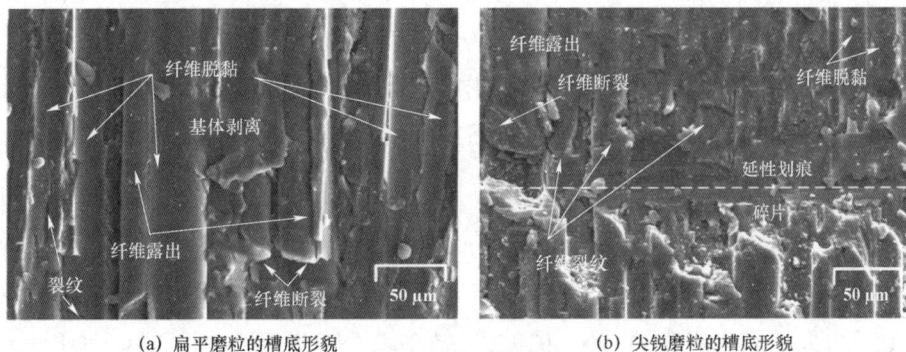

(a) 扁平磨粒的槽底形貌　　　　(b) 尖锐磨粒的槽底形貌

图 7-8　凹槽底部形貌

凹槽侧面的 $SiC_{f\perp}$ 去除过程如图 7-9 所示。凹槽侧面是去除和未去除的材料之间的过渡区域。过渡区的 $SiC_{f\perp}$ 被剪切断裂，产生一个沿划擦方向约 45°（箭头所指）的断口。在两个划擦表面都可以发现大量粉末碎片，这是由于基体和纤维的断裂造成的。断裂的纤维尖端裂纹多，扁平尖端有严重的粉末损坏。对于尖锐的尖端，在断裂纤维尖端上发现了类似的剪切角。然而，纤维尖端相对完整，几乎没有发现裂纹，这表现出与扁平尖端不同的材料去除机制。这种纤维尖端的差异可以通过平面划擦过程中剪切和压缩的共同作用来解释。

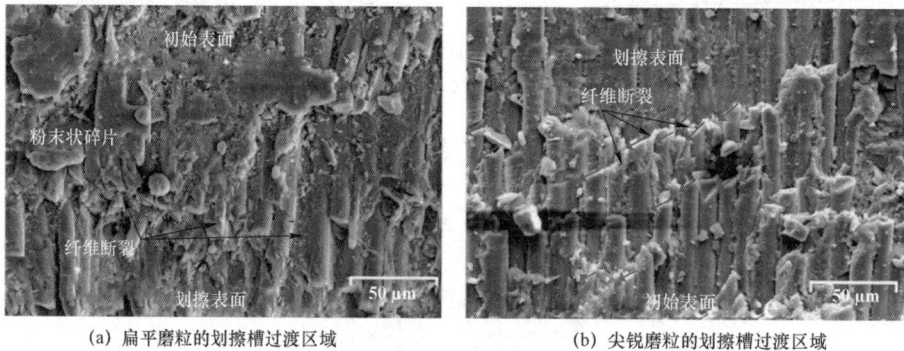

(a) 扁平磨粒的划擦槽过渡区域   (b) 尖锐磨粒的划擦槽过渡区域

图 7-9　凹槽侧面形貌

由于磨粒轨迹是曲线而不是直线，磨粒需要从 $SiC_{f=}$ 切入和切出，如图 7-10 所示。明显的区别是无论是扁平的还是尖锐的磨粒划擦，都可以找到一个可见的约 45°断裂面切出的一面（用箭头标记），切入的一面没有。这可以通过切入和切出过程中不同的纤维去除机制来解释，如图 7-10（c）所示。当磨粒切入 $SiC_{f=}$ 时，在纤维上施加剪切力，从而在纤维顶部产生裂缝。当裂纹由于拉伸和剪切而在纤维上扩展时，会产生一个向下 45°的断裂面，从顶部看是看不到的，如图 7-10（a）和图 7-10（b）所示。随着磨粒继续切入，磨粒前面的纤维与涂层/基体脱粘，成为底部有支撑约束的悬臂梁。随着剥离纤维长度和磨粒压缩力的进一步增加，发生屈曲，纤维断裂，留下一个 45°向上的断裂面。SEM 照片上的断裂纤维也证明了这种机制。切入时，剪切和拉伸去除是主要的材料去除机制，即切入时压缩引起的纤维屈曲、弯曲。扁平和尖锐磨粒所形成的划擦面相比，除了扁平磨粒划擦面上的粉屑较多，没有太大区别，这也可以用上面的力差来解释。在与划擦方向平行的凹槽底部的侧面 $SiC_{f=}$，由于编织结构，$SiC_{f=}$ 与划擦方向具有一定的空间角度。当磨粒切割与划擦方向成较大夹角的 $SiC_{f=}$ 的编织结构时，可以发现一团纤维弯曲通道（由圆圈包围），如图 7-10（d）所示，它显示了另一个去除机制。

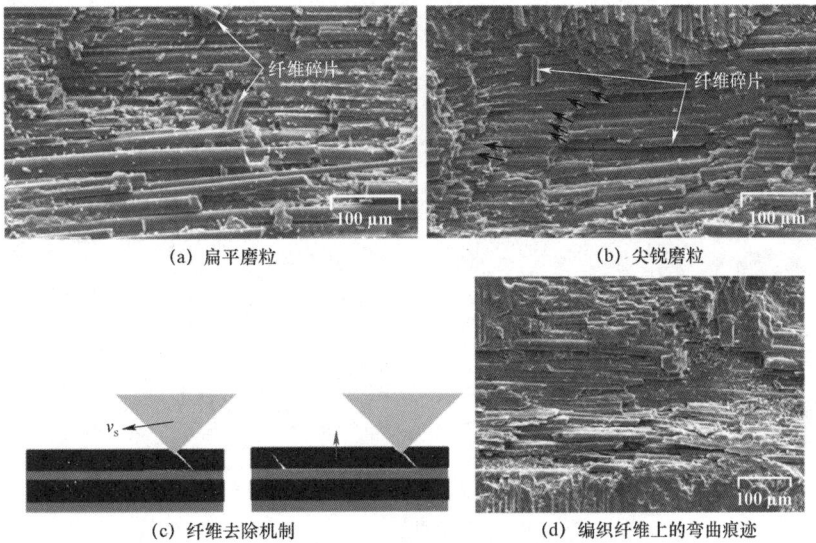

(a) 扁平磨粒　　　　　　　　　　　(b) 尖锐磨粒

(c) 纤维去除机制　　　　　　　　(d) 编织纤维上的弯曲痕迹

图 7-10　SiC$_{f=}$的去除过程

7.4　本章小结

碳化硅纤维增强碳化硅陶瓷基体（SiC$_f$/SiC）是一种先进的高温材料，广泛用于航空发动机和核反应堆的耐热部件，SiC$_f$/SiC 一般需要经过精密磨削以达到设计的尺寸和几何公差。

在本章，我们研究了 2.5D 编织 SiC$_f$/SiC 与扁平和尖锐的金刚石磨粒的划擦力和材料去除机理，这两个磨粒代表已修整过的新砂轮和已磨损的砂轮。对划擦磨粒磨损、划擦力和凹槽表面特性进行了研究和讨论，以揭示材料去除机理。结果发现，由于 SiC$_f$/SiC 的高硬度，扁平和尖锐的磨粒在划擦后都显示出轻微的摩擦磨损，扁平磨粒保持切削刃形状，尖锐的磨粒会受到磨损。通过改变纵向纤维的前倾角和间隙角，沿 X 轴方向的划擦力略大于沿 Y 轴方向的划擦力。扁平磨粒比尖锐磨粒表现出更大的划擦力，在相同的划擦深度或横截面积（相同的材料去除率）下，由于产生更多的粉末碎屑和裂纹，消耗更多的能量。SiC$_f$/SiC 划擦表面表现出多种去除机制。SiC 基体主要通过断裂、剥离、纤维暴露、粉化等方式去除。横向纤维 SiC$_{f⊥}$的去除主要是纤维脱粘和扁平磨粒的剪切断裂。在尖锐的磨粒中发现了另外两种独特的去除模式，即延性去除划擦和纤维开裂。SiC_f在磨粒切入时被剪切至断裂，并在磨粒切出时被压缩至膨胀断裂。由于其纤维编织结构，SiC_f中也出现了弯曲去除。综合以上结果，尖锐磨粒比扁平磨粒获得更少的划擦损伤表面，能耗更低，但磨损率更高，表明在SiC_f/SiC磨削中需要高频修整以保持砂轮尖锐，从而获得更好的表面质量。本研究未研究纤维取向，尤其是纤维法向方向的效应。未来的研究将集中在纤维法向方向和非垂直角度（如 30°和 45°）对划擦力和划擦表面特征的影响。

第8章

2D SiC$_f$/SiC 磨削实验研究

8.1 本章引言

对于不同的陶瓷复合材料，由于纤维和编织方式的差异，导致磨削过程中的划线力、砂轮磨损、磨削表面粗糙度和表面损伤都有明显的区别，同时纤维增强陶瓷基复合材料的组成和微观结构对上述参量也有较大的影响。由于 SiC$_f$/SiC 由纤维、基体和界面三部分组成，三者的磨削损伤形式各不相同又相互干扰，包含纤维拨出、截切、断裂、粉末化、界面脱粘以及基体断裂等许多形式，使得对 SiC$_f$/SiC 的磨削机理的研究也比较困难。

在本章，我们将开展 2D SiC$_f$/SiC 的磨削实验研究，探究不同的磨削表面、砂轮线速度、工件进给速度和磨削深度下的磨削力、磨削表面粗糙度、磨削表面形貌的差异，揭示 2D SiC$_f$/SiC 的磨削去除机理，为 SiC$_f$/SiC 的高质量磨削加工奠定基础。

8.2 实验设置

图 8-1（a）给出了 2D SiC$_f$/SiC 陶瓷复合材料的整体磨削实验设置。实验在 ZCS-QGM3050B3 型气浮磨床上进行。主轴上固定砂轮。主轴可以带动砂轮以最高 12 000 r/min 的转速运行，整个机床主轴固定在 Z 轴的气浮工作导轨上，可以沿 Z 轴方向移动，定位精度可达 0.1 μm。主轴上方位有冷却液导管，输送磨削过程中的冷却液，带走磨削过程中的热量，防止工件的杀伤。工件平台位于 X 轴工作台上，可以随 X 轴横向移动进行进给。工件平台上放置有 6 轴测力仪（Ga mma，ATI，美国）和工件夹具，工件以粘接的方式固定在铝块上，铝块通过螺纹固定在测力仪的

夹具上。实验过程中，主轴带动砂轮高速旋转，整个主轴在 Z 轴工作台的带动下沿 Z 轴方向左右移动完成砂轮的进给和退出。工件在 X 轴工作台的带动下左右移动，完成工件的进给。工件下方的测力仪实时采集磨削力，实验过程中，测力仪的采样频率为 2 333 Hz。砂轮沿 Z 轴移动进给到设计的磨削深度，工件与工作台沿 X 轴方向左右移动去除材料。

(a) 实验整体设置

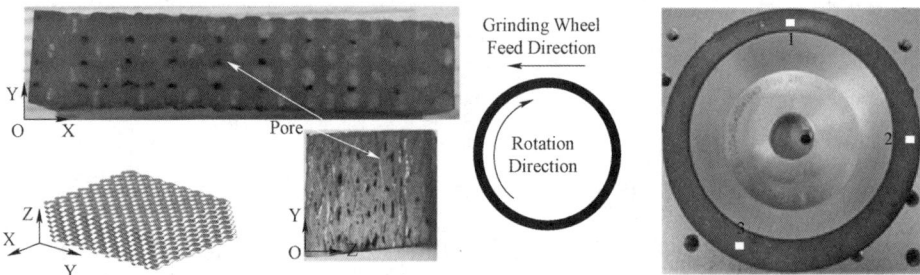

(b) 2D SiC$_f$/SiC 工件和磨削设置 　　　(c) 砂轮与观测点

图 8-1　SiC$_f$/SiC 磨削实验设置

图 8-1（b）给出了磨削使用的 2D SiC$_f$/SiC 工件及其三维结构的模型，2D SiC$_f$/SiC 通过将 XOY 平面上的 SiC 纤维束进行编织，然后将编织好的纤维沿 Z 轴方向进行叠加而制成。每个纤维束由约 500 根 SiC 纤维组成，每根纤维的直径为 10～15 μm。整个编织结构在 X 轴方向的不断叠加最终确定整个编织结构在 X 方向的厚度。编织好的纤维结构被放在真空炉内采用气相沉积的方式添加 SiC 基体，最终形成块状的 2D SiC$_f$/SiC 复合材料。2D SiC$_f$/SiC 复合材料的结构特点使得其在块状材料的 6 个表面可以大致分为两类：上下的纤维编织表面 XOY 和周围的纤维叠加表面 YOZ。为了研究纤维方向对磨削去除机理的影响，砂轮分别沿 XOY 和 YOZ 平面进行磨削。砂轮顺时针旋转去除工件表面的一层材料。2D SiC$_f$/SiC 原材料为板状结构，厚度为 10 mm，采用磨料水射流的方向将其切割成 7 mm×30 mm×10 mm

的块状，然后对各个表面进行磨削抛光，以获得一致的表面状态，防止原始表面差异对结果的影响。图 8-1（c）给出了实验中采用的杯型金刚石砂轮（D80，圣戈班，德国），砂轮外径为 100 mm，砂轮最外边是一层厚为 3 mm、宽为 10 mm 的磨粒层，磨粒的尺寸为 150 目，通过树脂结合剂粘结在砂轮的铝合金基体上。

在磨削过程中，砂轮表面形貌和磨损状态对磨削性能至关重要，直接决定工件磨削后的表面质量、砂轮使用寿命及加工效率等。砂轮的磨削性能受到多种因素的影响，如磨粒的磨损、脱落等都会造成砂轮磨削性能下降，从而导致工件加工质量降低、切削热增大、砂轮使用寿命缩短等问题。实验前选取砂轮磨削面上等角度分布的 3 个点作为观测点，采用共聚焦显微镜（LEXT-OLS5000，Olympus，日本）观察磨削前后的观测点上的磨粒和结合剂的形态变化，并对磨粒的尺寸、形状以及突出高度进行测量，揭示 2D SiC$_f$/SiC 磨削的砂轮磨损和损伤机制。

表 8-1 给出了 2D SiC$_f$/SiC 磨削实验采用的工艺参数。磨削深度依次设定为 50 μm、70 μm、90 μm 和 110 μm，进给率设定为 300 mm/min、400 mm/min、500 mm/min 和 600 mm/min，砂轮的转速被设定为 4 500 rpm 和 8 500 rpm。每组参数下重复开展实验 5 次，取 5 次结果的平均值，以减少随机误差对结果的影响。

表 8-1　磨削参数

决定因素	数值
磨削深度/μm	50、70、90、110
进给速度/（mm/min）	300、400、500、600
砂轮转速/（r/min）	4 500、8 500
冷却液/（ml/min）	900
磨削表面	XOY 平面、YOZ 平面

磨削结束后采用轮廓粗糙度仪（JB-5C，宝棱）测量磨削表面的粗糙度。由于 2D SiC$_f$/SiC 陶瓷复合材料气相沉积的过程中的编织纤维束的遮挡，经常存在 SiC 气体无法到达的部分，因此整个 SiC$_f$/SiC 存在较多的空隙，特别是在纤维编织的部位。为了避免表面粗糙度测量中由孔隙存在引起的误差，选取磨削表面上的成块连接区域进行表面粗糙度的测量（测量过程中避开有气孔的部位）。SiC$_f$/SiC 的编织结构使各个表面存在各向异性，可能导致磨削表面粗糙度结果也会在纤维不同方向上存在差异。因此，本研究中分别沿着平行于和垂直于砂轮进给的方向测量表面的线粗糙度，即在 XOY 表面分别沿 X 和 Y 轴两个方向进行表面粗糙度测量，而在 YOZ 表面分别沿 Y 和 Z 轴两个方向进行表面粗糙度测量。表面粗糙度测量过程中，

取样长度为 3 mm。粗糙度轮廓采样结束后先进行倾斜角度校准，避免因工件表面与测量表面不平行而引起误差。

表面粗糙度测量结束后使用扫描电子显微镜（MIRA3 FEGSEM，TESCAN）对磨削后的表面进行观察，确定 SiC 和 SiC_f 纤维的去除划痕和损失机制，进而揭示材料的去除过程。

8.3　实验结果与讨论

8.3.1　磨削力

图 8-2 给出了在磨削深度为 50 μm、进给速度为 300 mm/min、转速为 8 500 rpm 的情况下，SiC_f/SiC 磨削时的原始和滤波的法向和切向力结果。由于 SiC_f/SiC 材料的不均匀性和高速旋转时砂轮的振动，测力仪采集的原始磨削力包含大量的白噪声和振动噪声，因此需要对原始磨削力数据进行滤波工作处理。滤波过程在 Matlab 中通过使用 sptool 工具箱完成。采用低通滤波器去除磨削力信号中的噪声，指定的阶数为 30，通过频率为 100 Hz，停止频率为 150 Hz。使用的算法是直接形式的 FIR。图 8-2 也给出了滤波后的磨削力图形（图中红色线），可以看出在整个材料去除的过程中，法向磨削力和切削磨削力相对稳定，伴有一定的振动。引起磨削力振动的原因可能有两个：一个是由 SiC_f/SiC 的脆性去除过程中引起的材料去除率瞬时波动所致，另一个是由 SiC_f/SiC 自生的编织结构的不均匀性导致的去除的材料结构的周期性变化所致，具体原因尚需进一步研究确定。提取材料稳定去除阶段的法向磨削力

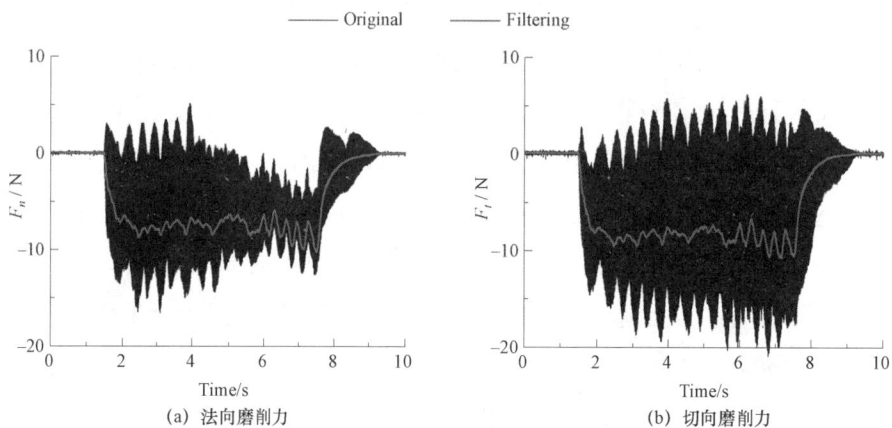

(a) 法向磨削力　　(b) 切向磨削力

图 8-2　原始和过滤后的磨削力

和切向磨削力并将该段时间的磨削力平均即可得到该磨削参数下的法向磨削力和切向磨削力，分别为 7.5 N 和 8.3 N。

图 8-3 给出了在 4 500 r/min 转速下的磨削力结果。无论在 XOY 还是 YOZ 平面，法向力和切向力都随着磨削深度和进给速率的增加而增加。在 XOY 平面，对于 50 μm 的磨削深度和 300 mm/min 的进给速度，法向力和切向力分别为 10.1 N 和 11.9 N，如图 8-3（a）和图 8-3（b）所示。当磨削深度增加到 110 μm，进给速度为 300 mm/min 时，法向力和切向力增加到 22.8 N 和 27.5 N，分别增加约 126% 和 131%。当进给速率增加到 600 mm/min，研磨深度为 50 μm 时，力增加到 24.9 N 和 32.8 N，在法向和切向上分别增加了约 147% 和 176%。随着磨削深度和进给速率的增加，单颗磨粒的切削深度显著增加，整个砂轮的材料去除率也大幅增加，磨削力也随之增加。传统磨削过程中受磨粒大的负前角的影响，法向力一般远大于切向力，其比值一般为 1.5~3。而 SiC$_f$/SiC 在 XOY 面的磨削过程中表现出来的法向磨削力小于切向磨削力，即去除材料的力比浸入材料所需的力更大，这主要是由于 SiC$_f$/SiC 的编织结构使得裂纹的扩展相对容易，同时易形成裂纹连接后的成块纤维或者基体剥离，导致磨粒浸入更容易，且 SiC$_f$/SiC 内的气孔上存在大量的应力集中，使得裂纹的产生和扩展变得更容易。

YOZ 面的磨削力随着磨削深度和进给速率的变化规律与 XOY 面的磨削力结果具有相同的趋势，如图 8-3（c）和图 8-3（d）所示，均随着磨削深度和进给速率的增加而增加，其磨削力增加的机制也与 XOY 面的一致。然而在相同的砂轮速度、磨削深度和进给速率下，XOY 面与 YOZ 面上的磨削力依然存在较大的差异。例如，在 110 μm 的磨削深度和 600 mm/min 的进给速率下，XOY 平面的法向力和切向力分别为 48.2 N 和 68.2 N，而 YOZ 平面的法向力和切向力依次为 27.2 N 和 33.5 N，约为 XOY 平面磨削力的一半。如图 8-1（b）所示，沿着砂轮上磨粒划擦和切削的方向，在 XOY 面上，直纤维以横向纤维的形式被去除，而编织纤维则以纵向纤维的形式被去除。而对于 YOZ 面，直纤维以法向纤维的形式被去除，而编织纤维则以纵向纤维的形式被去除。由此可见，XOY 面与 YOZ 面上的纤维去除仅仅是在直纤维的去除形式上存在差异。对于横向纤维，在去除过程中，纤维两端均固定，导致纤维的约束力较大，在去除过程中形变较小，不容易发生因形变过大引起弯曲应力而导致的应力叠加损伤；而对于法向纤维，由于一端固定一端相对自由，易发生弯曲变形，导致弯曲应力和磨粒的接触应力叠加，从而更容易出现断裂和去除，因此 XOY 面上的磨削力要显著大于 YOZ 面上的磨削力。同时对于 YOZ 磨削面上的

碳化硅材料磨削机理研究

纤维，由于单根弯曲纤维全部位于磨削表面，不存在编织结构，结合力比较弱，更容易被去除。

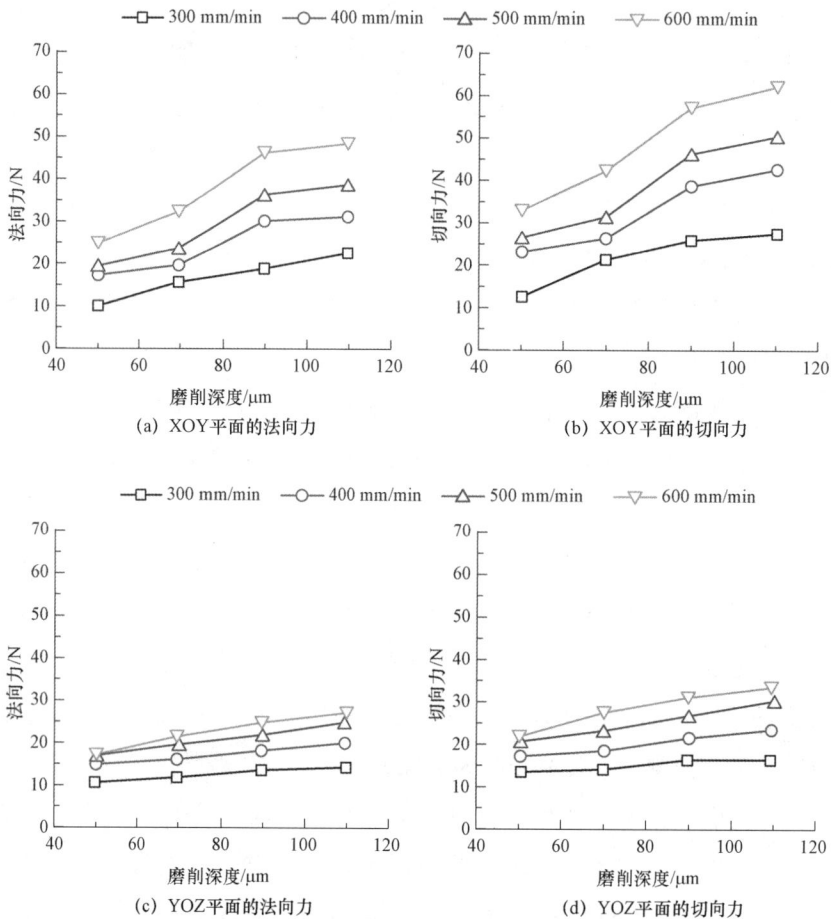

(a) XOY平面的法向力

(b) XOY平面的切向力

(c) YOZ平面的法向力

(d) YOZ平面的切向力

图 8-3 磨削深度和进给速率对磨削力的影响（砂轮转速为 4 500 r/min）

图 8-4 给出了 8 500 r/min 砂轮转速下 XOY 面的磨削力结果。磨削力的磨削深度和进给速率的变化趋势与 4 500 r/min 砂轮转速下的 XOY 面的磨削力趋势相同，均随着磨削深度和进给速率的增加而增加。

图 8-5 给出了 4 500 r/min 砂轮转速下相对于 8 500 r/min 砂轮转速下的法向磨削力和切向磨削力的变化。整体而言，8 500 rpm 砂轮转速下的磨削力较 4 500 rpm 砂轮转速下的磨削力更小。法向磨削力中存在几个 4 500 r/min 砂轮转速下的磨削力更小的点，如磨削深度为 50 μm 时进给速度为 600 mm/min 和磨削深度为 70 μm 时进给速度分别为 400 mm/min 和 500 mm/min。上述点出现的主要原因有两个：一个是法向磨削力对速度的敏感性并不是特别高，二是磨削力采集和处理后依然存在一定

124

的误差，导致磨削力存在波动，后续还需继续优化磨削力测试和处理方法。切向磨削力随着砂轮速度增加明显减小，并且磨削深度越大，磨削力减小越明显。砂轮速度的增加导致单颗磨粒的最大未变形切削厚度减小，同时也导致 SiC_f/SiC 材料去除过程中的应变率变大，而 SiC_f/SiC 存在显著的应变增韧效应，进而导致磨削力降低。

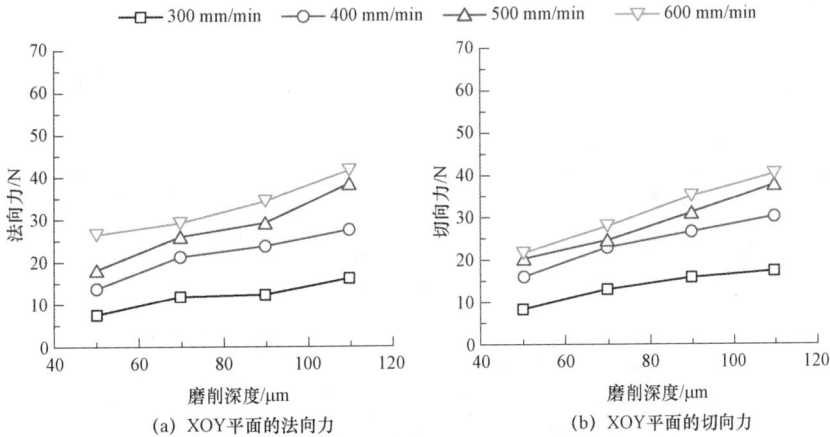

图 8-4　砂轮转速为 8 500 r/min 时磨削深度和进给速率对磨削力的影响

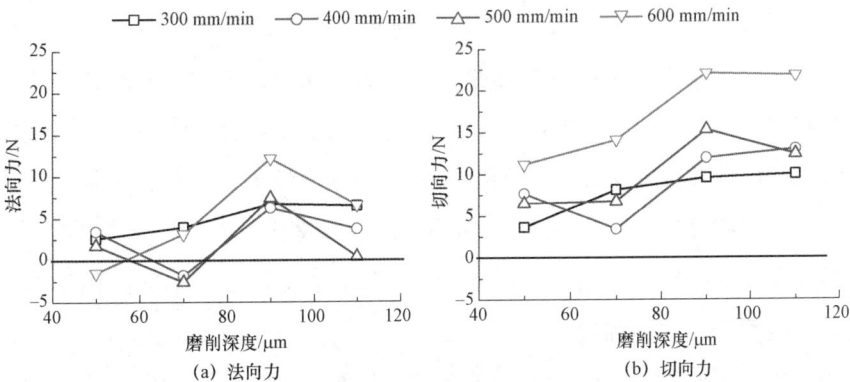

图 8-5　砂轮转速为 4 500 r/min 的磨削力相对于砂轮转速为 8 500 r/min 的磨削力的变化

8.3.2　表面粗糙度

图 8-6 给出了 4 500 r/min 砂轮转速下 XOY 磨削后的表面粗糙度值。沿 X 轴和 Y 轴方向的粗糙度都随着磨削深度和进给速率的增大而增大，这是因为随着磨削深度和进给速率的增大，单颗磨粒的切削厚度增加，SiC_f/SiC 的脆性去除能力增强，

去除后的表面裂纹和凹坑更多，导致表面质量降低，即表面粗糙度增大。X 轴方向的粗糙度变化如图 8-6（a）所示，在进给速度为 300 mm/min 的情况下，磨削深度为 50 μm 时表面粗糙度为 0.8 μm，当磨削深度增大至 110 μm 时，表面粗糙度上升到 1.1 μm，提高了 37.5%。当磨削深度为 50 μm，进给速度由 300 mm/min 增加到 600 mm/min 时，表面粗糙度增加至 1.1 μm。

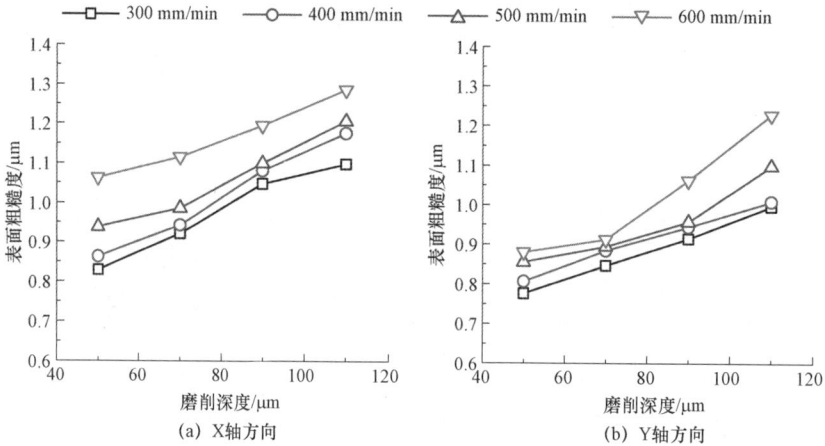

图 8-6　砂轮转速为 4 500 r/min 时 XOY 表面粗糙度随磨削深度的变化

沿 Y 轴方向的粗糙度随磨削深度和进给速率的变化关系与 X 轴方向的一致，但 Y 轴方向的粗糙度略小于 X 轴方向的粗糙度。这是因为 Y 轴方向为磨粒划痕的方向，主要发生编织纤维的弯曲断裂和直纤维的横向剪切断裂，编织纤维的弯曲断裂发生在磨粒的前端，断裂后的表面会经过磨粒的二次抛光，致使其表面粗糙度更低，直纤维剥离或者剪切断裂后的表面也需要经过磨粒的二次划擦和抛光，致使 Y 轴方向的表面粗糙度较好；而 X 轴方向的表面粗糙度由于垂直于磨粒的划痕方向，划痕两侧未去除的材料未必会被后续的磨粒去除，导致其在 X 轴方向由于划痕的横截面轮廓波浪起伏而使粗糙度变差。

图 8-7 给出了 4 500 r/min 砂轮转速下 YOZ 磨削后的表面粗糙度值。在 YOZ 面磨削的过程中，Y 轴方向为划痕的方向，而 Z 轴方向为垂直于划痕的方向。YOZ 面磨削时，材料的去除机理为编织纤维的弯曲断裂和直纤维的法向剪切。虽然 XOY 面和 YOZ 面的磨削过程中的编织纤维均为弯曲断裂，但磨削 XOY 面时，弯曲纤维是嵌入 SiC 基体的，对于单根弯曲纤维，砂轮只能去除部分的弯曲段，整个编织结构不会被破坏；而对于 YOZ 磨削面上的纤维，由于单根弯曲纤维全部位于磨削表面，不存在编织结构，结合力比较弱，因此会被一次性去除。

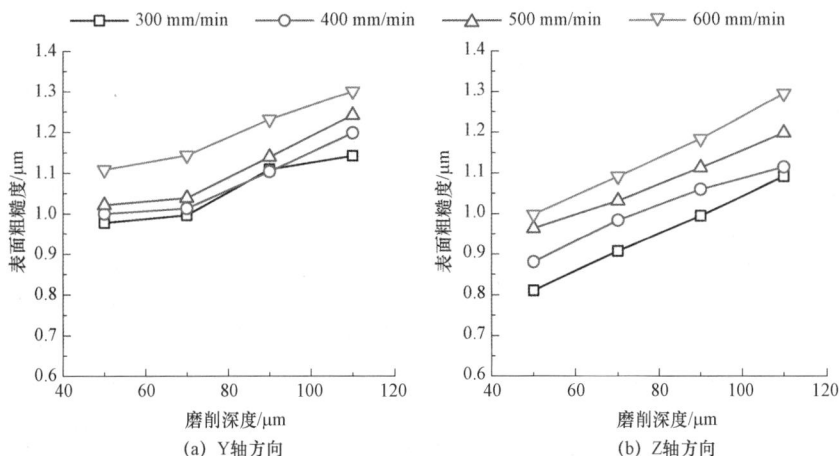

图 8-7　砂轮转速为 4 500 r/min 时 YOZ 表面粗糙度随磨削深度的变化

图 8-8 给出了 8 500 r/min 砂轮转速下磨削表面粗糙度随磨削深度和进给速率的变化关系，变化趋势与 4 500 r/min 砂轮转速下的一致，但表面粗糙度的值略小于相同磨削深度和进给速率下的粗糙度值。这是因为高砂轮转速下的最大未变形切削厚度降低和 SiC_f/SiC 材料增韧，导致材料呈现出更多的塑性去除，致使表面粗糙度降低。

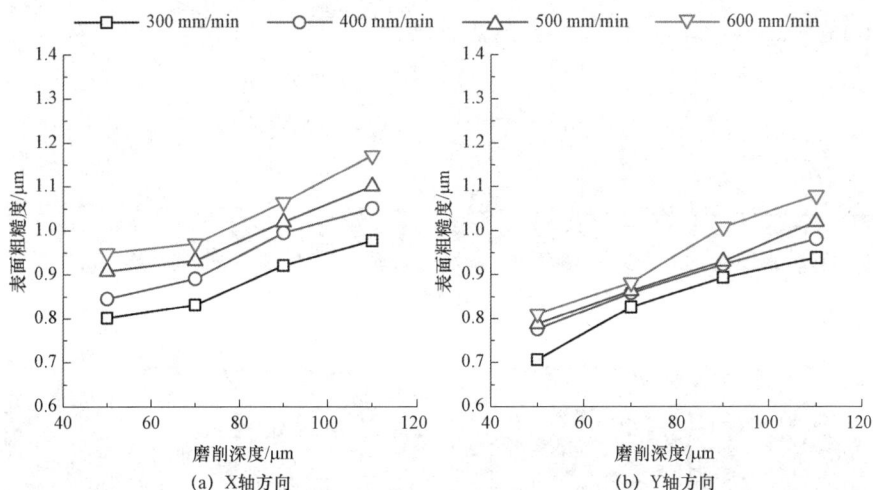

图 8-8　砂轮转速为 8 500 r/min 时 XOY 表面粗糙度随磨削深度的变化

综合以上两种粗糙度可知，纵向粗糙度的上升率大于横向粗糙度的上升率，当进给速度为 300 mm/min，磨削深度为 50 μm 时，两种纤维方向的粗糙度相差较大，YOZ 面的两种粗糙度比 XOY 面分别大 18% 和 21.6%，即改变纤维方向对粗糙度的影响较大；当进给速度为 600 mm/min，磨削深度为 110 μm 时，两种纤维方向的粗糙度相差较小，YOZ 面的两种粗糙度比 XOY 面分别大 1.2% 和 5.4%，即改变纤维方向对粗糙度的影响较小。

8.3.3 SiC_f/SiC 陶瓷基复合材料的表面形貌分析

图 8-9 给出了进给速度为 300 mm/min 和磨削深度为 50 μm 的情况下分别采用 4 500 r/min 和 8 500 r/min 砂轮转速磨削 SiC$_f$/SiC 复合材料的 XOY 面的直纤维后的结果。砂轮相对于工件由右向左移动，方向与 X 轴方向相反，与 Y 轴的纤维方向垂直，砂轮顺时针旋转。可以看到，直纤维的去除形式都是剪切和弯曲去除，4 500 r/min 砂轮转速下纤维的断口不平整，存在大量的微裂纹和粉末化磨屑，由于纤维的平铺分层结构，磨削去除后的表面沿纤维分层方向存在明显的层叠现象，随着表面去除纤维层的增多，表面的去除形式逐渐有基体的脆性去除、纤维弯曲断裂与剥离；而 8 500 r/min 砂轮转速下的纤维断裂处较平整，不存在微裂纹，同时纤维去除后的表面有大量的纤维解离后留下的基体上的纤维槽，纤维槽表面光滑，无任何裂纹和损伤形式。这表明高砂轮转速下 SiC$_f$ 纤维的损伤变小。

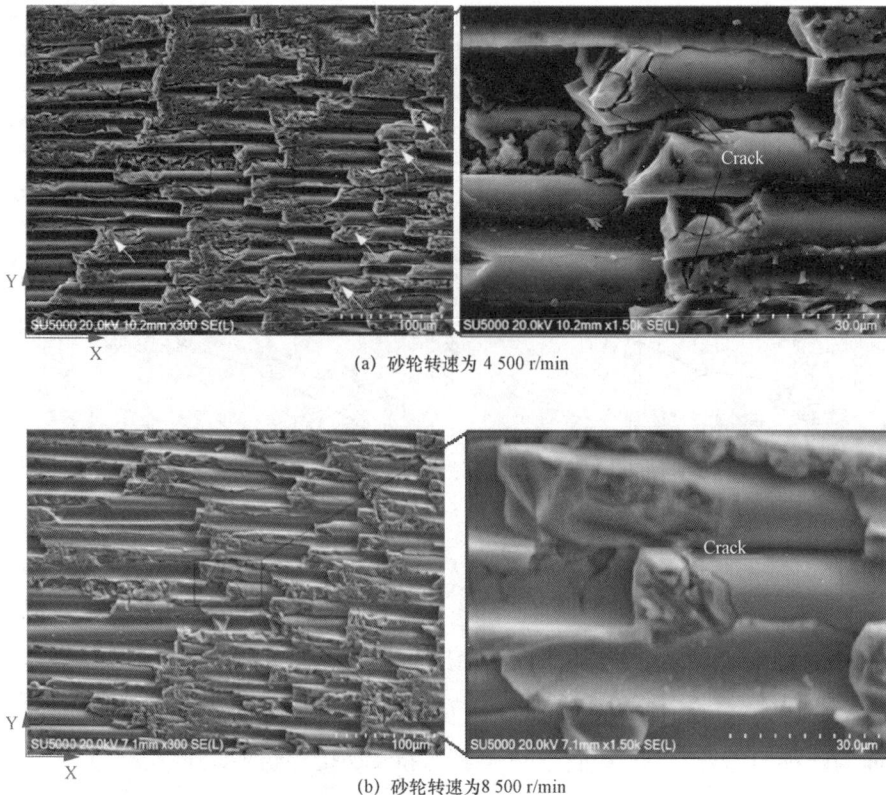

(a) 砂轮转速为 4 500 r/min

(b) 砂轮转速为 8 500 r/min

图 8-9 砂轮转速对表面质量的影响

128

图 8-10 给出了 4 500 r/min 砂轮转速、70 μm 磨削深度和不同砂轮进给速度下 XOY 面的表面损伤形式。进给速度为 300 mm/min 时，SiC 基体表面的裂纹较小且深度较浅，纤维也以弯曲断裂为主，纤维断裂剥离只发生在表面的纤维层上，即纤维剥离后留下的裂纹深度不超过单个纤维的直径。当进给速度为 500 mm/min 时，基体上残留的磨削裂纹明显变大变深，裂纹会沿着表层纤维传播到纤维内部，同时有部分纤维出现解离，使得纤维弯曲断裂发生在纤维中间。

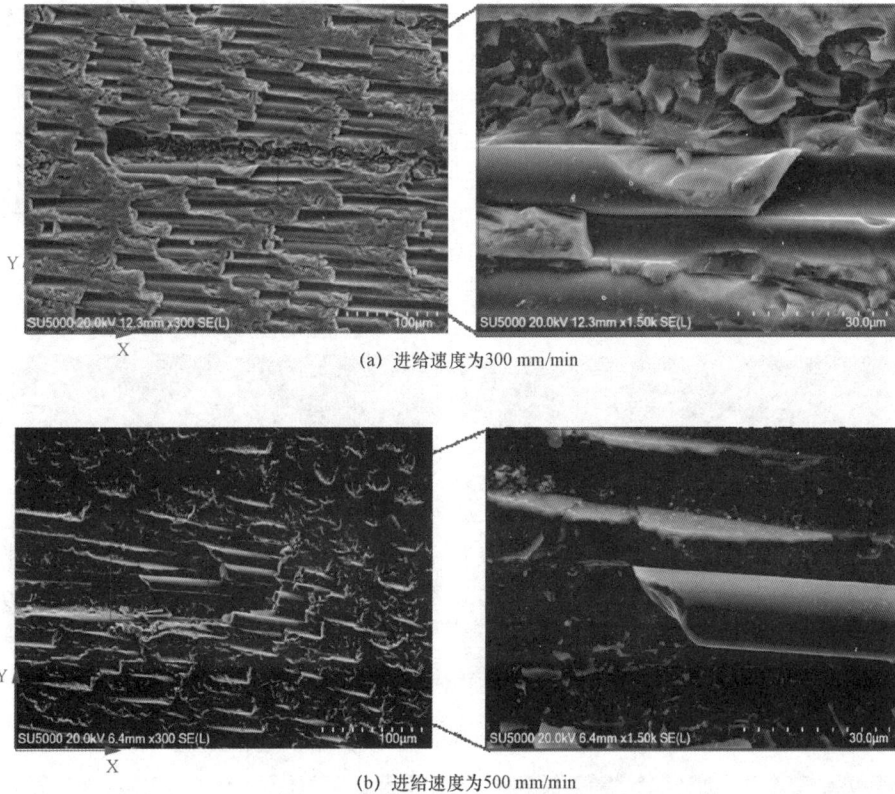

(a) 进给速度为300 mm/min

(b) 进给速度为500 mm/min

图 8-10　进给速度对表面形貌的影响

图 8-11 给出了 8 500 r/min 砂轮转速和 300 mm/min 进给速度下磨削深度对磨削表面的影响。两图的磨削深度依次为 50 μm 和 110 μm。由于磨削深度会影响砂轮去除材料的层数，即砂轮去除基体和纤维数量的多少，不便于定量的比较。两个磨削深度的磨削面上均出现了基体和纤维剥离。

图 8-12 给出了不同磨削表面的材料去除和损伤形式。在 XOY 磨削面，X 轴纤维以横向剪切和弯曲断裂的方式去除，断裂的纤维在断口处存在明显的沿砂轮旋转方向弯曲断裂的痕迹，表面有大量的微裂纹。XOY 磨削面的纵向纤维主要以压缩

弯曲断裂为主，因此纤维断口处存在大量沿砂轮切削方向向上的斜切面。YOZ 面法向纤维的去除方式主要是以剪切去除为主，纤维断面平整且光滑，纤维在剪切去除过程中存在少量的拨出现象，拨出深度较浅，整个基体上存在大量的脆性去除的痕迹。

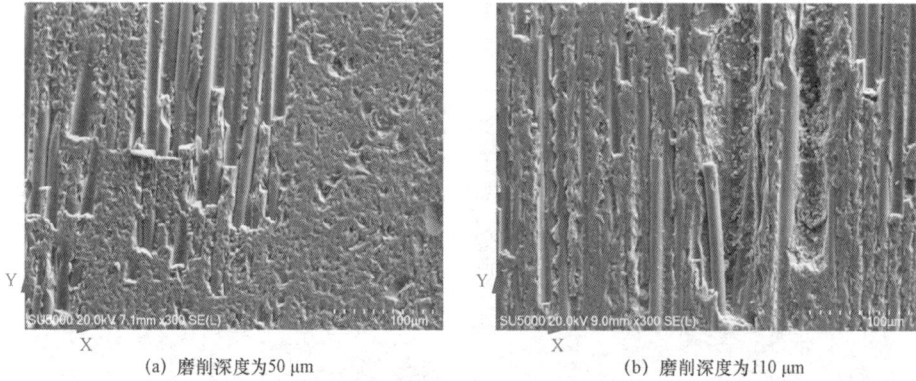

(a) 磨削深度为50 μm　　　　　(b) 磨削深度为110 μm

图 8-11　磨削深度对表面形貌的影响

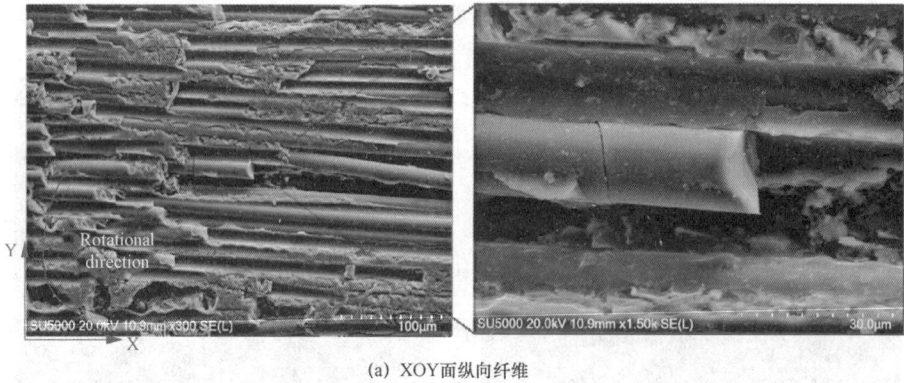

(a) XOY面纵向纤维

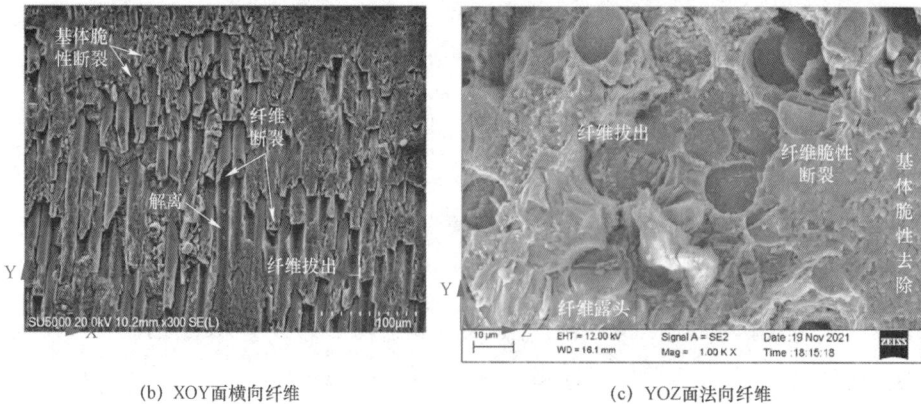

(b) XOY面横向纤维　　　　　(c) YOZ面法向纤维

图 8-12　不同磨削表面和纤维方向的损伤形式

8.3.4　砂轮磨损分析

图 8-13 给出了 3 个观测点上磨削前后的砂轮表面形貌。通过对比发现部分尖锐磨削经过磨削后表面变得扁平，整个磨粒尖端消失，如图 8-13（a）所示，磨损后的磨粒尖端成扁平状，平面最大边长约为 20～30 μm。绝大部分的磨粒在磨削前后并无明显变化，表明在观察区域内实际参与磨削的磨粒较少，仅部分突出高度较高的磨粒参与了磨削过程。通过对磨粒高度进行测量发现，磨粒磨削前高度为 40.1 μm，磨削后高度为 33.1 μm，磨损 7 μm，远低于磨削深度。磨粒的大小无变化，最长部分的长度约为 105.6 μm。如图 8-13（b）上所标注的 A 和 B 两个磨粒，同样尖端处被磨损成平面状。A 和 B 磨粒在磨削前的高度分别为 40.2 μm 和 39.2 μm，磨削后的高度分别为 34.9 μm 和 34.7 μm，高度各降低 5.3 μm 和 4.5 μm。而在图 8-13（c）上并未看到明显的磨粒磨损痕迹，但可以看到 A、B、C 三颗磨粒在磨削后，

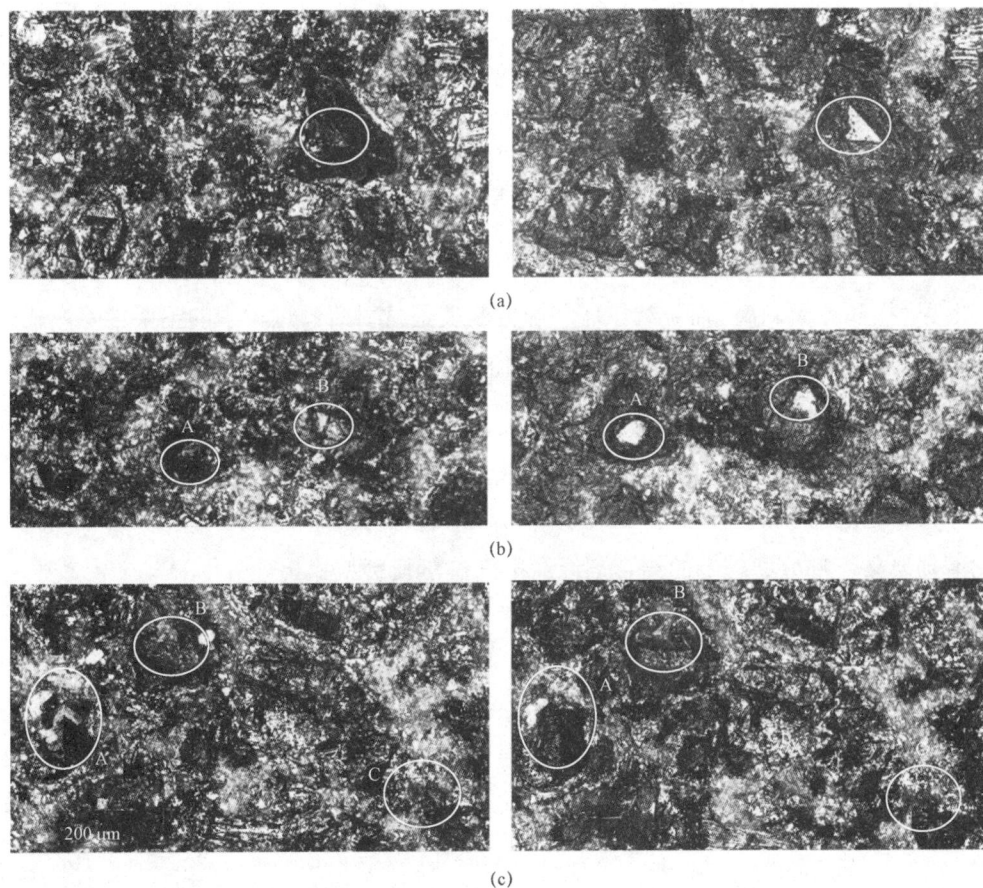

(a)

(b)

(c)

图 8-13　砂轮磨削前后形貌对比

磨粒形状（如顶点和棱边）变得清晰可见，磨粒在磨削前的高度分别为 36.216 μm、35.627 μm 和 34.879 μm，磨削后的高度变为 32.185 μm、33.504 μm 和 31.817 μm，高度均有所下降。原始的磨粒因埋在结合剂内，无法露出，因此表面轮廓不够清晰，磨削后磨粒表面的结合剂被带走，整个磨粒的尖端露出，使磨粒的形貌清晰可见，出现了磨粒自锐的现象。整个观察区域的磨粒数量并无变化，没有观察到明显的磨粒脱落现象，只是有比较明显的磨粒露出和磨损现象，证明采用树脂结合剂砂轮磨削 SiC$_f$/SiC 材料具有可行性。

8.4 本章小结

在本章，我们通过研究不同磨削参数和纤维取向对 2D SiC$_f$/SiC 复合材料的磨削力、磨削表面粗糙度和表面损伤形式的影响，揭示了 SiC$_f$/SiC 磨削去除机理。研究过程中测量了磨削力、表面粗糙度、工件表面形貌和砂轮表面形貌，讨论了磨削力、表面粗糙度和工件表面形貌随着工艺参数变化的原因和不同纤维方向上产生差异的原因，总结了 SiC$_f$/SiC 陶瓷基复合材料纤维的破坏形式和磨削参数对表面形貌的影响，另外还讨论了砂轮磨粒的损伤情况，并对比了磨削前后的砂轮表面磨粒的形貌。本章研究得到的主要结论有以下 3 点。

（1）SiC$_f$/SiC 陶瓷基复合材料的主要破坏形式有基质裂纹，纤维拔出、露头、裂缝、磨损和界面剥离。而裂纹扩展和脆性断裂是材料研磨过程中的主要去除方式。

（2）随着砂轮转速的提升，纤维表面的基质减少，表面变得更光滑，粗糙度降低；而随着磨削深度和进给速度的增大，纤维和基质磨损严重，碎屑较多，从而造成表面粗糙度上升。

（3）通过显微镜观察砂轮上的金刚石磨粒在磨削前后的变化，发现磨粒有明显的磨损现象，部分磨粒上的结合剂经磨削剂掉落使磨粒露出。

第 9 章

单颗金刚石磨粒划擦 2D SiC_f/ SiC 光滑粒子流体动力学仿真

9.1 本章引言

单颗金刚石磨粒划擦仿真是理解磨削过程中的力和材料去除机理的重要基础。本章在第 7 章划擦实验的基础上研究了 SiC_f/SiC 单颗金刚石磨粒划擦的仿真。本章研究的目标之一是建立单颗金刚石划擦 SiC_f/SiC 的划擦力预测模型。精确预测 SiC_f/SiC 划擦力有三个关键挑战:① SiC_f 和 SiC 复杂的三维几何结构;② SiC_f 和 SiC 基体的详细材料模型;③ 仿真方法的选择。有限元法(finite element method,FEM)在大变形(主要是材料去除过程中)仿真中由于去除的材料变形量巨大,导致网格畸变严重,需要不断的自适应划分为更小的网格,避免网格畸变严重导致无法计算,而不断的自适应划分导致计算的单元数量持续增加,计算量也持续增加,最终导致仿真失败。因此,FEM 难以准确模拟金刚石划擦去除 SiC_f/SiC 的过程,同时对于 SiC_f/SiC 去除过程中发生的断裂去除也无法进行准确的预测。分子动力学(molecular dynamics,MD)模型具有纳米尺度的空间分辨率,但对直径为 $10\sim20~\mu m$ 的 SiC_f 模型过于精细。SPH 是一种无网格拉格朗日方法,利用一组离散粒子对工件进行建模,克服了建模中的这些障碍。本研究着重研究基于 SPH 的单颗金刚石划擦 SiC_f/SiC 复合材料仿真,通过比较 SPH 预测的划擦力和实验测量的划擦力,可以验证 SiC 和 SiC_f 的材料本构模型、SiC_f/SiC 材料模型和基于 SPH 的划擦模型。

在本章,我们将采用 SPH 对碳化硅纤维增强碳化硅(SiC_f/SiC)的单颗金刚石磨粒划擦过程进行仿真。首先开展单颗金刚石磨粒划擦 SiC_f/SiC 实验,讨论纤维取向、划擦深度和划擦速度三个参数的影响。通过测量划擦力和金刚石磨粒的 3D 形状,构建基于 JH-2 材料模型的 SiC_f 和 SiC 基体的 SiC_f/SiC 工件模型,从而开展 SPH

仿真，对单颗磨粒的划擦过程进行研究。通过对 SPH 仿真获得的法向划擦力与实验测得的法向划擦力进行对比，确定了 JH-2 模型参数和单颗金刚石划擦 SiC_f/SiC 的 SPH 模型，从而准确地预测了金刚石划擦力。

9.2　单颗金刚石划擦 SiC_f/SiC 实验

图 9-1（a）给出了采用嵌入式单颗粒金刚石磨粒划擦 SiC_f/SiC 工件的实验设置。将 SiC_f/SiC 工件安装在压电测力仪（9 256C1，Kistler）上，测量单颗金刚石磨粒划擦去除 SiC_f/SiC 材料时产生的垂直于工件表面的法向划擦力，如图 9-1（b）中的

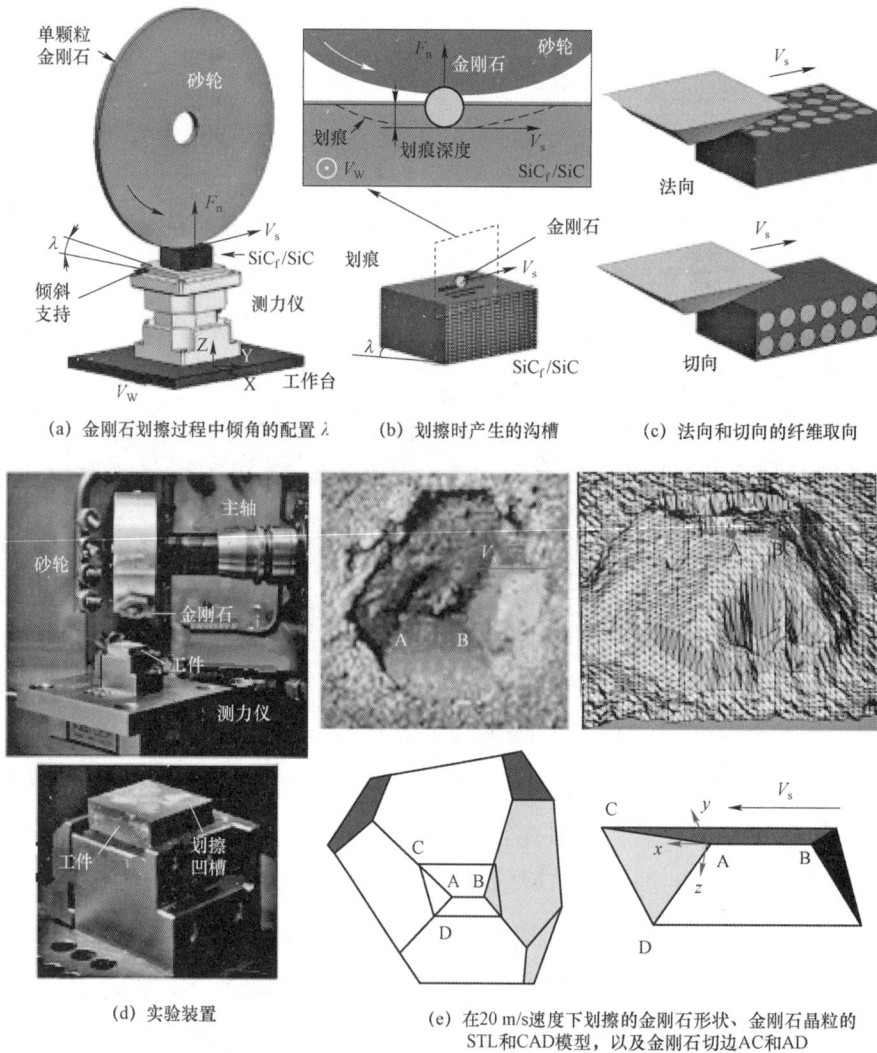

(a) 金刚石划擦过程中倾角的配置 λ　　(b) 划擦时产生的沟槽　　(c) 法向和切向的纤维取向

(d) 实验装置

(e) 在20 m/s速度下划擦的金刚石形状、金刚石晶粒的 STL和CAD模型，以及金刚石切边AC和AD

图 9-1　单颗金刚石磨粒划擦 SiC_f/SiC 工件的实验设置

F_N 所示。由于沿金刚石磨粒划擦方向的切向力较小（约为 F_N 的 10%），且有着较为明显的波动，无法准确测量，因此本研究中只测量 F_N。

如图 9-1（b）所示，在此次金刚石磨粒划擦实验中，工作台以 v_w 的速度移动，在经过抛光后的工件表面上划出多个等距的划痕，每个划痕的划擦深度 d_c 均不同。在本研究中，划擦深度 d_c 呈线性增加，通过在工件表面与机床工作台之间设置一个倾角 λ 来实现。在划擦过程中，工件与 SiC$_f$ 相对于金刚石速度矢量 v_s 沿两个方向分别固定，即纤维的法向和切向，如图 9-1（c）所示，从而测量不同纤维方向上的划擦力。

金刚石划擦实验在数控机床（Model S22Pturbo，ISOG GmbH）上进行，金刚石、砂轮和工件如图 9-1（d）所示。使用人造 ANSI60/70 目的 MBG 640 立方八面体金刚石（Hyperion，Worthington OH USA）进行划擦。使用激光扫描共焦显微镜（Model VK-X150 by Keyence）测量金刚石的形状并观察金刚石上的切削刃。激光可以穿透半透明的金刚石，导致金刚石磨粒上出现一些原本不存在的孔洞。图 9-1（e）显示了速度为 20 m/s 的划擦实验中使用的金刚石在激光共聚焦显微镜下的图像和金刚石棱边 AB。如图 9-1（e）所示，AB 与金刚石的划擦方向重合，并与图 9-1（a）中的 v_s 平行。在图 9-1（e）上建立以 A 点为原点的 XYZ 坐标系，X 轴由 B 点指向 A 点，Z 轴垂直于工件的划擦表面。点 C 和 D 分别定义了金刚石的两个切边 AC 和 AD 以及两个切削面 ACB 和 ACD。当 v_s＝20 m/s 时，金刚石磨粒上的 AB 长度为 76.4 μm，沿 AC 方向的单位向量的长度为（0.318、0.844、0.431），沿 AD 方向的单位向量的长度为（0.505、−0.634、0.583）。当 v_s＝40 m/s 时，AB 长度为 38.2 μm，沿 AC 方向的单位向量的长度为（0.680、0.642、0.355），沿 AD 方向的单位向量的长度为（0.560、−0.606、0.564）。在 SPH 模型中使用了四个点 A、B、C、D 来定义金刚石磨粒的几何形状。

划擦实验所用的 SiC$_f$/SiC 来源于 BJS 陶瓷有限公司（Gersthofen，Gersthofen，German），密度为 2.3～2.5 g/cm^3，抗拉强度为 280～340 MPa，断裂应变为 0.5%～0.7%，杨氏模量为 190～210 GPa，弯曲强度为 450～500 MPa，体积孔隙率为 10%～15%，SiC$_f$ 的体积约为 42%～47%。

实验前需对 SiC$_f$/SiC 工件表面经过抛光处理以达到表面无损伤的状态，SiC$_f$/SiC 的初始损伤可能会影响划擦力的测量结果的准确性。抛光过程采用多个粒度的金刚石浆料抛光，抛光后的表面粗糙度小于 1 μm。图 9-2（a）显示了编织的 SiC$_f$/SiC 工件横截面的 SEM 显微照片。纤维占比 R_f 定义为 SiC$_f$ 的面积除以垂直于

SiC$_f$的横截面面积。例如，图 9-2（a）中下面的部分的纤维比为 63.4%。SiC$_f$、PyC 界面和孔隙的显微图像如图 9-2（b）所示。

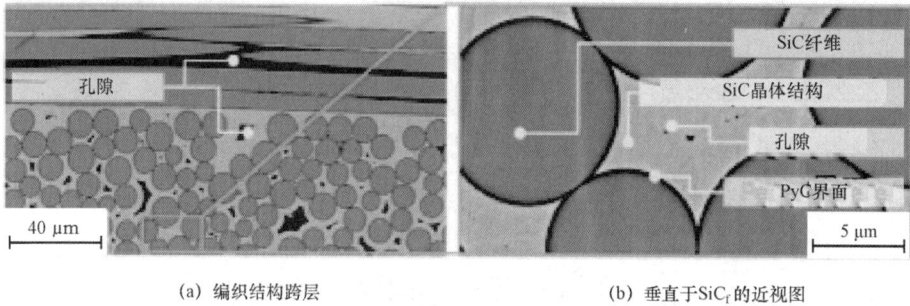

(a) 编织结构跨层　　　　　　　　(b) 垂直于SiC$_f$的近视图

图 9-2　SiC$_f$/SiC 横截面的纤维图像

9.3　基于 SPH 的单颗金刚石划擦 SiC$_f$/SiC 仿真

图 9-3 给出了基于 SPH 的金刚石划擦 SiC$_f$/SiC 的仿真模型，其中磨粒的划擦深度分别为 d_c = 10 μm 和 15 μm，其方向沿 SiC$_f$ 的横向和法向。SiC$_f$/SiC 工件的尺寸为 120 μm（长）× 119 μm（宽）× 68 μm（深）。两个 SPH 粒子之间的距离为 1 μm，该值是通过对 SPH 粒子间的距离对划擦力的影响做独立性分析获得的，即通过仿真测试知道当 SPH 粒子间的距离小于 1 μm 后，划擦力几乎不随 SPH 粒子间的距离减小而变化。图 9-3（a）给出了 SiC$_f$/SiC 工件的 SPH 模型的横截面示意图。单个 SiC$_f$ 的直径范围上有 15 个粒子。图 9-3（a）和图 9-3（b）给出了在 d_c = 10 μm 和 15 μm 时，金刚石划擦横向 SiC$_f$ 纤维时的 SPH 模型。图 9-3（c）和图 9-3（d）给出了在 d_c = 10 μm 和 15 μm 时，金刚石划擦法向 SiC$_f$ 纤维时的 SPH 模型。SPH 模型有 131 万个粒子。

采用图 9-1（e）中定义的金刚石的形状开展划擦仿真。SPH 模型中的 SiC$_f$/SiC 工件中 SiC$_f$ 的直径为 15 μm［图 9-2（a）中的平均 SiC$_f$ 直径］，均匀分布在 SiC 基体上。如图 9-3（a）所示，两个平行的相邻 SiC$_f$ 之间的中心轴的距离为 17 μm。在此假设下，纤维占比为 61.1%，比图 9-2（a）中测量的 SiC$_f$/SiC 的纤维占比低约 5%，主要是由于孔隙率的影响。实际在 SiC$_f$/SiC 的生产过程中，由于目前生产工艺还不是特别成熟，不可避免地会出现一些气孔，气孔的存在还会进一步影响 SiC$_f$/SiC 的材料力学性能。在 SiC$_f$/SiC 的 SPH 工件上，除了与金刚石存在潜在接触的工件顶面和前表面的上半部分，剩余的工件表面均设为固定边界，以模拟无限大（相对于磨粒尺寸的）的工件尺寸。如图 9-1（e）所示，金刚石磨粒被设为刚体，不考虑其在划擦过程中的变形影响，金刚石与 SiC_f/SiC 之间的摩擦系数设为 0.35。

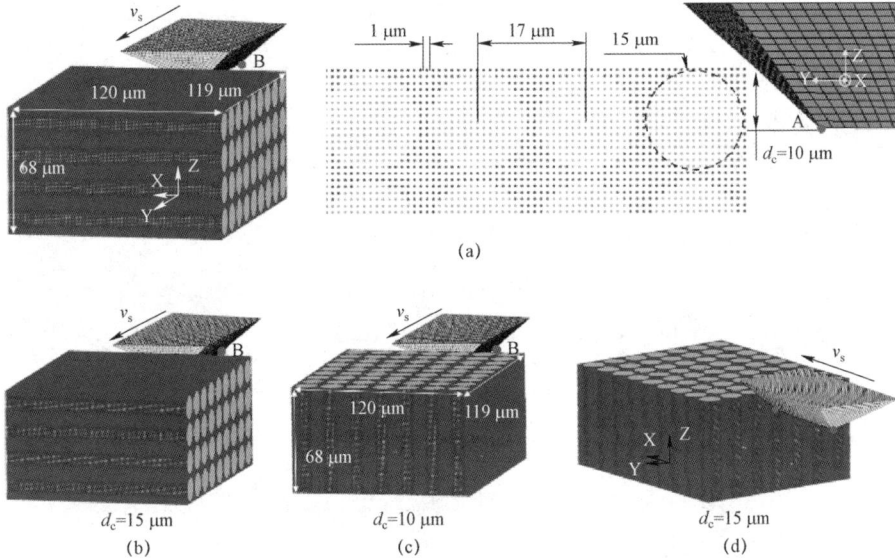

图 9-3　SiC_f/SiC 的金刚石划擦的 SPH 模型的四个设置

仿真软件采用 LS-DYNA v.13（ANSYS）。SiC_f/SiC 的 SPH 模型上存在两种材料，即 SiC 基体和 SiC_f 纤维。SiC 基体和 SiC_f 纤维均采用 SiC 陶瓷的 JH-2 本构模型参数。1992 年，为了研究 SiC 陶瓷作为装甲材料的弹道穿透性能，JH-1 模型作为 SiC 陶瓷的本构模型被提出。1994 年，在 JH-1 模型的基础上增加了陶瓷逐渐软化的影响和引入了更平滑的损伤模型，JH-2 模型被提出。2003 年，引入了一套新的 SiC 的 JH-2 参数，但该模型并没有考虑陶瓷的应变速率效应。2019 年，对 JH-2 模型进行修正，增加了 SiC 的应变速率效应，以改善动态强度预测；对 SiC 进行了单轴的 Hopkinson 杆压缩试验，以量化 JH-2 模型的应变速率参数。上述 JH-2 模型是本研究的基础。归一化的等效应力 σ^*、完整强度 σ_i^* 和断裂强度 σ_f^* 分别由式（9-1）、式（9-2）和式（9-3）给出。

$$\sigma^* = \sigma_i^* - D(\sigma_i^* - \sigma_f^*) \tag{9-1}$$

$$\sigma_i^* = A(P^* + T^*)^N (1 + C \ln \dot{\varepsilon}^*) \tag{9-2}$$

$$\sigma_f^* = B(P^*)^N (1 + C \ln \dot{\varepsilon}^*) \tag{9-3}$$

其中，归一化应力 σ^*、应变率 $\dot{\varepsilon}^*$、压力 P^* 和最大拉伸静水压力 T^* 定义为：

$$\sigma^* = \sigma / \sigma_{HEL} \tag{9-4}$$

$$\dot{\varepsilon}^* = \dot{\varepsilon} / \dot{\varepsilon}_0 \tag{9-5}$$

$$P^* = P / P_{HEL} \tag{9-6}$$

$$T^* = T / T_{HEL} \tag{9-7}$$

其中，σ_{HEL} 是 Hugoniot 弹性极限（HEL）的等效应力，P_{HEL} 和 T_{HEL} 分别代表在 HEL 处的压力和静水压力极限。损伤 D 是塑性应变增量 $\Delta\varepsilon_p$ 的累积：$D = \sum(\Delta\varepsilon_p / \varepsilon_p^f)$，$\varepsilon_p^f = D_1(P^* + T^*)^{D_2}$，其中 ε_p^f 是在恒定压力 P 下的等效塑性应变，压力 P 可以表示为：

$$P = K_1\mu + K_2\mu^2 + K_3\mu^3 + \Delta P \tag{9-8}$$

$$\mu = \rho / \rho_0 - 1 \tag{9-9}$$

其中，μ 代表当前的实时密度 ρ 相对于初始密度 ρ_0 的变化。损伤开始累积后，ΔP 这一项成为一个随时间变化的变量。在每个时间间隔 Δt 后的时间 t，压力的增量和弹性能量 U 的表达为：

$$\Delta P_{t+\Delta t} = -K_1\mu_{t+\Delta t} + \sqrt{(K_1\mu_{t+\Delta t} + \Delta P_t)^2 + 2\beta K_1 \Delta U} \tag{9-10}$$

$$U = \sigma^2 / 6G \tag{9-11}$$

其中，β 代表从弹性能量损失 ΔU 到静水势能增益的转换部分。

表 9-1 和表 9-2 给出了仿真采用的 SiC 基体和 SiC$_f$ 的 JH-2 模型参数。SiC 基体和 SiC$_f$ 的失效应变 FS 被设定为 0.2。

表 9-1　SiC$_f$/SiC 基本参数

参数	SiC	SiC$_f$
ρ（kg/m³）	3 163	2 370
G（GPa）	170	56.67
T（GPa）	0.75	3.00

表 9-2　SiC$_f$ 和 SiC 基体的 JH-2 模型参数

参数	值	参数	值	参数	值
A	0.96	ε_0^*	1.00 s⁻¹	L_{HEL}	11.7 GPa
B	0.35	$\sigma_{f,max}^*$	0.132	P_{HEL}	7 GPa
C	0.09	β	1.00	K_1	220 GPa
M	1.00	D_1	0.48	K_2	361 GPa
N	0.65	D_2	0.48	K_3	0 GPa

9.4　结果与讨论

9.4.1　金刚石划擦 SiC$_f$/SiC 实验结果

图 9-4（a）给出了采用激光扫描共聚焦显微镜（Keyence 公司的 VK-X150 型）测得的 12 个划痕的三维形貌及不同划痕深度 d_c 下产生的划痕的横截面图。划痕之间的间距是 0.5 mm。最大的划痕深度 d_c 是 25 μm，对应的有效倾角 λ 为 0.26°。图 9-4（b）和图 9-4（c）分别给出了沿 SiC$_f$ 纤维横向和法向划擦后的划痕表面显微照片。由于 SiC$_f$ 的弯曲强度较弱，图 9-4（b）中 SiC$_f$ 从表面拔出的情况明显。而图 9-4（c）中仅显示出 SiC 基体的断裂去除。这种失效机制的差异将影响划擦力。

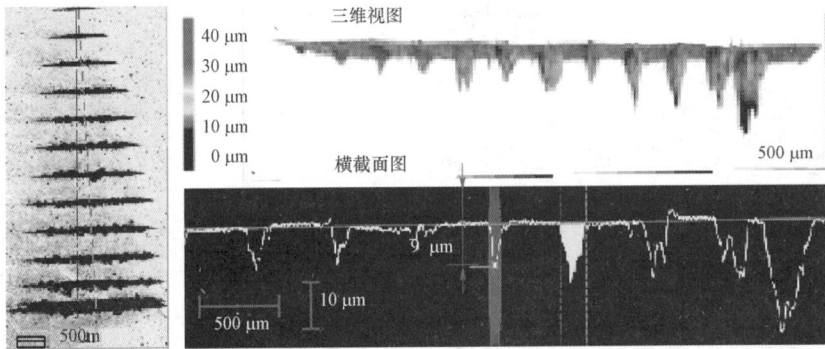

(a)　12个划痕的激光共聚焦扫描显微照片和横截面视图

(b)　沿SiC$_f$横向划擦后的表面

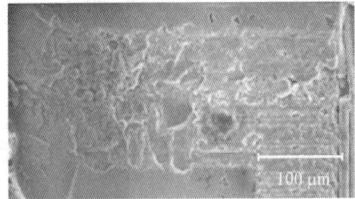

(c)　沿SiC$_f$法向划擦后的表面

图 9-4　划痕的三维形貌、横截面图和划擦表面

图 9-5 给出了实验获得的法向划擦力 F_n。F_n 随着 d_c 的增加而增加。回归分析表明 F_n 相对于 d_c 呈线性增长趋势。在上述两种情况下，沿纤维法向划擦时比沿纤维横向划擦时获得的法向划擦力 F_n 更大。这可以用在图 9-4（b）和图 9-4（c）中观察到的不同破坏机制来解释。

9.4.2 基于 SPH 的金刚石划擦 SiC$_f$/SiC 仿真结果

对仿真后的结果采用 LSPP（ANSYS）进行后处理并提取划擦过程的最大划擦力 F_n。图 9-5 中的实心点给出了仿真获得不同划擦深度下的法向划擦力 F_n。基于 SPH 模型获得 8 个不同工艺参数下的法向划擦力 F_n，进而可以实现对 SiC$_f$/SiC 划擦力的合理预测，并区分划擦速度、划擦深度和纤维方向的影响。不论在 20 m/s 还是在 40 m/s 的划擦速度下，SPH 模型预测的沿 SiC$_f$ 横向方向的划擦力均大于实际测量值。这可能是由于孔隙率的影响，孔隙率可能导致材料的强度降低，特别是沿纤维横向方向的部分。如图 9-2（a）中的 SEM 显微照片所示，SiC$_f$ 周围存在孔隙，会降低其弯曲强度和测量的 F_n。在 SiC$_f$ 纤维横向方向上，孔隙的影响更为显著。这种孔隙率和纤维比率的影响是无法区分的，它只考虑整体的影响。

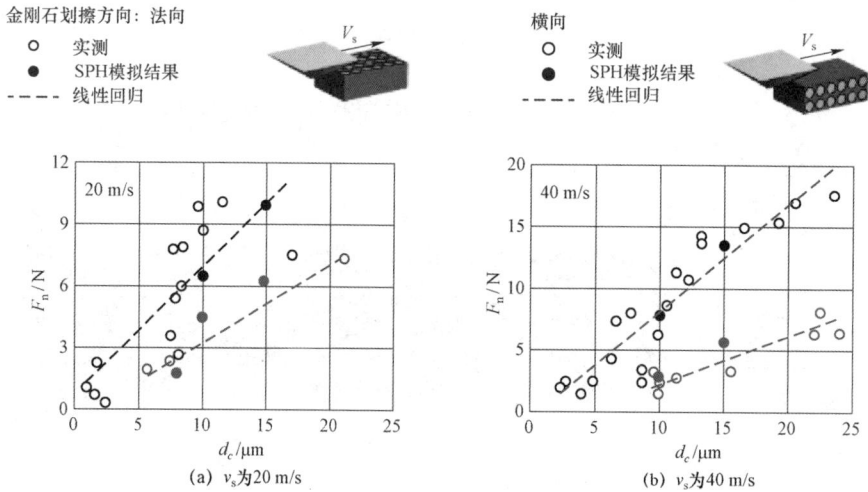

图 9-5　不同纤维方向的仿真与实验划擦力 F_n 比较

图 9-6 显示了金刚石磨粒在横向和法向纤维方向上以 20 m/s 的速度从接触开始移动 50 μm 时，SPH 网格的有效塑性应变，此时 d_c 值为 15 μm。有效塑性应变通过计算 SPH 粒子间的相对距离与原始距离的比值获取，即当粒子间的应变大于宏观材料能够承受的应变时，则认为出现了材料分离，即形成裂纹，此时的有效塑性应变为 1。当有效塑性应变小于 1 时，表现为材料出现了塑性变形，此时材料在塑性变形处的强度降低，成为潜在的裂纹扩张点，因此在仿真中通过观察有效塑性应变可以快速地识别裂纹和裂纹潜在的扩展路线，裂纹在 SiC$_f$/SiC 工件内部的扩展可由有效塑性应变的分布所揭示。在两种不同的划擦速度下，裂纹通

过纤维和基体之间的界面扩展。图 9-6（a）显示了高塑性应变在接触区域外的分布，这与在图 9-4（b）中观察到的横向划擦时的纤维拔出相吻合。在正常划擦条件下，高塑性应变发生在金刚石的下方，它解释了图 9-4（c）中的 SEM 显微照片。这表明了 SPH 建模在可视化工件内部变形损伤和材料去除机理方面的优势。

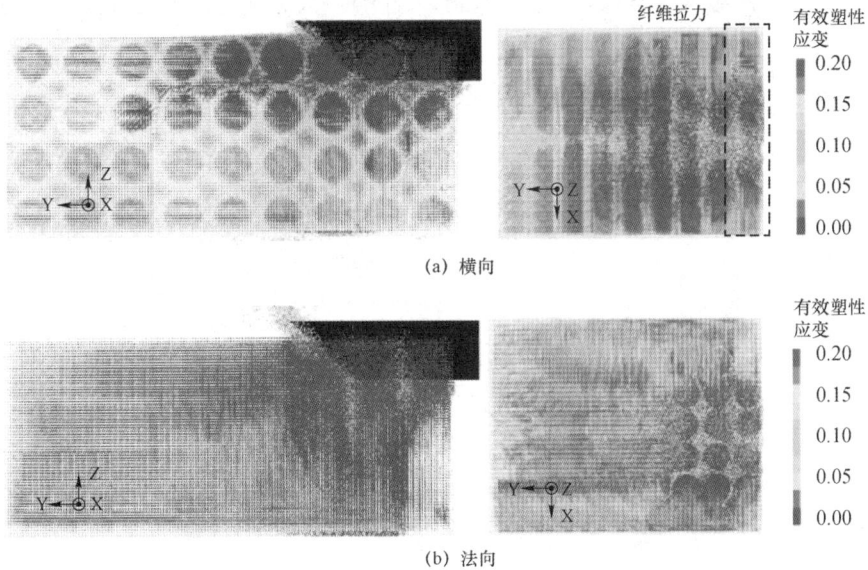

(a) 横向

(b) 法向

图 9-6　速度为 20 m/s 与 d_c 值为 15 μm 时的有效塑性应变

对两粒子之间的距离进行了灵敏度研究，这是一个对 SPH 建模的准确性和计算成本至关重要的参数。在 v_s＝40 m/s 时，研究了图 9-3（a）中 SPH 模型配置的 0.5 μm、0.67 μm 和 1.0 μm 的粒子距离，三种情况表现出类似的 F_n 水平。这项研究证实，在 1.0 μm 的 SPH 条件下，对 SiC$_f$/SiC 金刚石划擦的 SPH 模拟是足够的。另一项灵敏度研究是研究失效应变的影响，这对 SiC 基体和 SiC$_f$ 来说都是未知的。FS＝0.2 是以前的研究中在高静水压力条件下使用的经验值。使用横向 SiC$_f$ 构型的 SPH 模型研究了 8 种不同的 SiC 基体 FS 与 SiC$_f$ 的组合，FS 的范围为 0.1～0.5，没有观察到 F_n 的明显变化。

9.5　本章小结

在本章，我们构建了单颗磨粒划擦 SiC$_f$/SiC 复合材料的 SPH 模型，并确定了 SiC$_f$/SiC 复合材料的 JH-2 材料本构模型参数，以有效和准确预测金刚石划擦

SiC_f/SiC 的过程中的法向力。横向和法向纤维取向表现出不同的破坏机制，导致划擦力较小。由仿真结果可知，横向纤维展示出不同的失效形式和较小的划擦力。划擦力 F_n 随着划擦深度的增加呈线性趋势增加，较高的划擦速度（40 m/s）导致较大的划擦力 F_n，表面 SiC_f/SiC 存在较明显的速度增韧效应。通过选择 SiC_f/SiC 的 JH-2 模型中合适的应变率影响参数可以准确地预测单颗磨粒的划擦过程。该研究为 SiC_f/SiC 的金刚石磨削模型的建立奠定了基础。采用均匀分布的等直径 SiC_f 和适当的纤维比率的 SPH 模型可以解释 SiC_f/SiC 工件中固有的孔隙的影响。SiC_f/SiC 和金刚石磨粒之间的摩擦学特性仍然需要更多的研究。摩擦系数的一个作用是预测 F_n，但不足以准确预测整个砂轮的磨削力。

第10章

分子动力学仿真单晶 SiC 纳米
划擦机理研究

10.1　本章引言

SiC 晶片广泛应用于光电子器件以及高频、大功率和高温器件。SiC 晶片的超精密磨削和抛光是获得光整表面和低损伤层的主要方法。SiC 晶片的精加工进给速度一般在 200 nm/s 及以下，而砂轮转速通常为 3 000～8 000 r/min，实际每圈的进给速度为 2～4 nm/rev，单颗磨粒的切削深度在 1 nm 以下，达到纳米等级。加工后的表面粗糙度、表面损伤和亚表面损伤是影响 SiC 晶片性能的主要因素。对用于芯片行业的 SiC 晶片，其磨削加工表面的粗糙度要达到 5 nm 甚至更低才能满足后续工序的要求。而 SiC 晶片的高硬度和弹性模量使得其材料去除过程非常困难，极易产生表面划痕或微裂纹等损伤，最终导致表面质量恶化，整个晶圆报废，因此需要对 SiC 晶片的纳米级去除机理进行研究。

国内外对纳米加工的研究主要分为仿真和实验两大类。仿真方法主要包括 FEM 和 MD。在有限元仿真过程中，受到计算机能力和仿真软件算法的限制，网格达到微米级就会出现计算量巨大和网格畸变的严重问题，同时在纳米尺度的材料的性能相对于宏观性能已经产生了巨大的差异，即使能将网格划分到纳米级，基于宏观材料的有限元理论在纳米级网格中也不再适用，因此无法采用常规的有限元方法进行模拟。分子动力学是在原子层面上研究材料的物性变化和相互之间的作用力，比较适用于纳米尺度内加工机理的研究。实验研究主要包括原子力显微镜（atomic force microscope，AFM）刻画实验、纳米压印实验、单点金刚石划擦实验和超精密磨削实验。这些实验方法都有两个共同点：极高的运动精度或者极低的加工速度、极小的切深。实验通常对加工设备要求极高且加工速度非常缓慢，其实际砂轮速度与超精密磨削的砂轮速度相差巨大，无法完全复现实际的加工过程。超精密磨削实验的结果受机床、砂轮、工艺参数、磨粒间相互作用、磨屑堆积等各种因数的叠加和耦合的影响，无法直观地揭示 SiC 晶片的纳米加工机理。

MD 最初是在 20 世纪 50 年代后期的理论物理学领域中发展起来的，并应用于研究原子尺度上的压痕、粘附、摩擦、断裂、表面缺陷和材料去除机理。

在本章，我们采用分子动力学仿真方法对单晶 SiC 晶片的纳米级划擦过程进行研究，揭示 SiC 晶片的纳米级去除机理。首先介绍了金刚石磨粒和 SiC 的晶体结构和势函数，建立了 MD 模型；然后通过 MD 模拟研究了不同砂轮速度和切削深度下 SiC 的磨削机理，讨论了划擦过程、晶体结构演变、划擦温度、力、应力和亚表面损伤（subsurface damage，SSD）厚度的结果；最后总结了结论。

10.2 分子动力学的基本理论

在有限元法和光滑粒子动力学法分析中，通常需要指定材料的特性，如弹性模量、密度、失效应力/应变，才能完成材料性能的定义。而对于分子动力学方法，材料特性由相对原子质量、原子相对位置及其势函数决定。通过定义原子质量、空间相对位置（晶体结构和晶格长度）以及原子间的相互作用力来表征物体的微观作用关系和性能，通过原子的大量堆叠来表征物体的宏观性能。原子之间的作用力势函数就决定了原子的相互作用力和能量，因此在分子动力学仿真中需要准确地定义晶体结构和势函数。

势函数是描述原子势能的物理曲线，它决定了原子间的相互作用力和能量。SiC 为共价键晶体，Tersoff 势函数对于描述共价键之间的作用力，如 Si-Si、C-C 和 Si-C，具有良好的准确性。Tersoff 势中的原子系统能量 E 计算如下。

$$E = \frac{1}{2}\sum_{i \neq j} f_C(r_{ij})[f_R(r_{ij}) + b_{ij}f_A(r_{ij})] \tag{10-1}$$

其中，r_{ij} 是原子 i 和 j 之间的距离，f_A 和 f_R 分别是吸引力和排斥力的对势，f_C 是光滑截断函数。

$$f_R(r_{ij}) = A\exp(-\lambda r_{ij}) \tag{10-2}$$

$$f_A(r_{ij}) = -B\exp(-\mu r_{ij}) \tag{10-3}$$

$$f_C(r_{ij}) = \begin{cases} 1 & r_{ij} < R \\ \dfrac{1}{2} + \dfrac{1}{2}\cos\left(\dfrac{r_{ij}-R}{S-R}\pi\right) & R \leqslant r_{ij} \leqslant S \\ 0 & r_{ij} > S \end{cases} \qquad (10\text{-}4)$$

其中，A、B、λ 和 μ 是常数，S 和 R 是上下截止距离。方程式中的 b_{ij} 是一个多体效应因子，由下式计算。

$$b_{ij} = \chi(1 + \beta^n \zeta_{ij}^n)^{-\frac{1}{2n}} \qquad (10\text{-}5)$$

$$\zeta_{ij} = \sum f_C(r_{ik}) g(\theta_{ijk}) \qquad (10\text{-}6)$$

$$g(\theta_{ijk}) = 1 + \left(\frac{c}{d}\right)^2 - \frac{c^2}{d^2 + (h - \cos\theta_{ijk})^2} \qquad (10\text{-}7)$$

其中，θ_{ijk} 是 $i\text{-}j$ 和 $j\text{-}k$ 之间的键角，χ、β、n、d、c、h 取决于原子的参数。

对于没有键连接的原子，通常只存在范德瓦力（也称之为库仑力），常用的势函数是 Morse 势函数，如式（10-8）所示。

$$E(r_{ij}) = D\{\exp[-2\alpha(r_{ij} - r_0)] - 2\exp[-\alpha(r_{ij} - r_0)]\} \qquad (10\text{-}8)$$

其中，D 和 a 为由不同材料确定的 Morse 常量，r_0 为原子之间的平衡距离。

每个原子的应力由其与模型所有其他原子的相互作用所形成。每个原子的应力张量有 6 个分量，并按以下顺序存储为 6 元素向量：xx、yy、zz、xy、xz、yz。原子 i 的应力张量由式（10-9）表示，其中 a 和 b 分别取 x、y、z 以生成对称张量的 6 个分量。

$$\begin{aligned} S_{ab} = -\Bigg[& mv_a v_b + \frac{1}{2}\sum_{n=1}^{N_p}(r_{1a}F_{1b} + r_{2a}F_{2b}) + \frac{1}{2}\sum_{n=1}^{N_b}(r_{1a}F_{1b} + r_{2a}F_{2b}) \\ & + \frac{1}{3}\sum_{n=1}^{N_a}(r_{1a}F_{1b} + r_{2a}F_{2b} + r_{3a}F_{3b}) \\ & + \frac{1}{4}\sum_{n=1}^{N_d}(r_{1a}F_{1b} + r_{2a}F_{2b} + r_{3a}F_{3b} + r_{4a}F_{4b}) \\ & + \frac{1}{4}\sum_{n=1}^{N_i}(r_{1a}F_{1b} + r_{2a}F_{2b} + r_{3a}F_{3b} + r_{4a}F_{4b}) \\ & + \text{Kspace}(r_{ia}, F_{ib}) + \sum_{n=1}^{N_f} r_{ia}F_{ib} \Bigg] \end{aligned} \qquad (10\text{-}9)$$

第一项是原子 i 的动能。第二项是成对原子之间储存的势能，原子 i 与 N_p 原子之间的作用的相互作用，r_1 和 r_2 是两个相互作用的原子的位置，F_1 和 F_2 是两个原子间的相互作用力。第三项与第二项类似，表示相互作用的三个原子间的能力，其中原子 i 是相互作用的三个原子中的一个。N_a、N_d 和 N_i 为相互作用的原子对的个数。依照上述定义，采用 Kspace 来描述长程库仑力。最后一项为原子 i 受到的 N_f 个内部约束力。

从式（10-10）计算的应力单位为压力×体积。它需要除以每个原子的体积才能获得应力（压力）单位，但单个原子的体积在变形的固体或液体中没有明确定义。因此，如果对系统中所有原子的每个原子应力张量的对角线分量求和，并且总和除以 d_V，其中 d 是维度，V 是系统的体积，则结果应该是 $-P$，其中 P 是系统的总压力。

在 MD 中，温度通过原子团内部的能量来定义，计算如下。

$$T = \left\langle \sum_{i=1}^{N} m_i v_i^2 \right\rangle / 3Nk_B \qquad （10-10）$$

其中，k_B 是玻尔兹曼常数，N 是原子数，m_i 和 v_i 是第 i 个原子质量和速度，$\langle\ \rangle$ 是所有模拟时间的统计平均值。

10.3　单颗金刚石划擦 SiC 晶片分子动力学模型构建

金刚石磨粒由碳原子（C，相对原子质量为12）组成，具有金刚石立方晶体结构，晶格长度为 3.57 Å，如图 10-1（a）所示。碳化硅晶片由硅原子（Si，相对原子质量为28）和碳原子（C）组成，具有晶格长度为 4.35 Å 的闪锌矿结构，如图 10-1（b）所示。

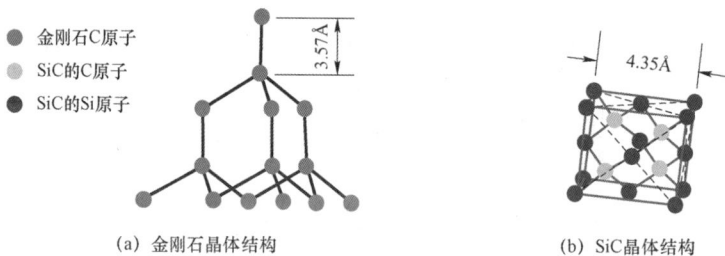

图 10-1　金刚石和 SiC 的晶体结构

分子动力学仿真过程中将金刚石磨粒设定为刚体，无需指定势函数。SiC 中 Si 和 C 之间的势函数为 Tersoff，表 10-1 给出了 C-C 和 C-Si 之间的势函数参数。金刚石中的 C 与 SiC 中的 Si 之间的势函数为 Morse，参数 D、α 和 r_0 分别为 0.435、4.648 7

和 1.947 5[20]。对于金刚石中的 C 和 SiC 中的 C，势函数也设置为 Morse，其参数 D、α 和 r_0 分别为 2.423、2.555 和 2.522[21]。

表 10-1　SiC[18]的 Tersoff 势函数参数

参数	C	Si
A/eV	$1.393\ 6 \times 10^3$	$1.830\ 8 \times 10^3$
B/eV	$2.467\ 0 \times 10^3$	$3.711\ 8 \times 10^3$
$\lambda/$	2.487 9	1.479 9
$\mu/$	1.211 9	1.738 2
β	$1.572\ 4 \times 10^{-7}$	$1.100\ 0 \times 10^{-6}$
η	$6.275\ 1 \times 10^{-1}$	$6.873\ 4 \times 10^{-1}$
c	$2.804\ 9 \times 10^4$	$1.003\ 9 \times 10^5$
d	3.384	15.217
h	$-0.570\ 58$	$-0.598\ 25$
$R/Å$	1.8	1.7
$S/Å$	1.1	2.0
λ	$\chi_{\text{C-Si}} = 0.977\ 6$	

10.4　金刚石划擦 SiC 晶片模型构建

在 SiC 晶片的超精密磨削过程中，砂轮磨粒磨损严重，如图 8-13 所示。伴随着磨削过程中砂轮的修整和钝化的磨粒破碎，整个磨削过程中始终存在尖锐和钝化两种磨粒加工状态，因此本章构建锥形和球形两种形式的磨粒来模拟尖锐和钝化后的磨粒的划擦过程。

10.4.1　尖锐金刚石磨粒划擦 SiC 模型构建

图 10-2 给出了选定晶体结构和势函数的金刚石磨粒划擦 SiC 晶片的仿真模型。金刚石磨粒被简化为一个顶角为 106° 的圆锥体，高度为 20 Å。SiC 晶片模型为一个 100 Å × 50 Å × 45 Å 的矩形。通过分子动力学仿真测量划擦力，并对宽度和高度对划擦力大小的影响进行独立性研究，确保模型尺寸继续增大时划擦力的差异小于 1%。去除模型尺寸对仿真结果的影响。确定好金刚石磨粒和 SiC 晶片工件的尺寸后，依据确定的晶体结构在相应的空间上填充原子。整个仿真模型中总共产生了

29 758 个原子。为保持 SiC 工件在仿真过程中的稳定性，采用经典的分子动力学仿真思想，将 SiC 工件材料分为边界层、恒温层和牛顿层，如图 10-2 所示。边界层位于 SiC 工件的底部和顶端，固定不动，以防止整个工件在磨削过程中滑动，可承受任意大的力。恒温层是为了对积分计算累积的误差定步长进行修正，以保证系统能量稳定，同时在磨削仿真过程中还可以充当冷却液的角色。牛顿层是除去边界层和恒温层后剩余的原子。牛顿层中的原子可以按照牛顿定律运动。整个 SiC 模型沿 Z 轴方向设置周期性的边界，模拟一个大（无限）系统，确保在现有模型计算能力下可以得到更精确的结果。

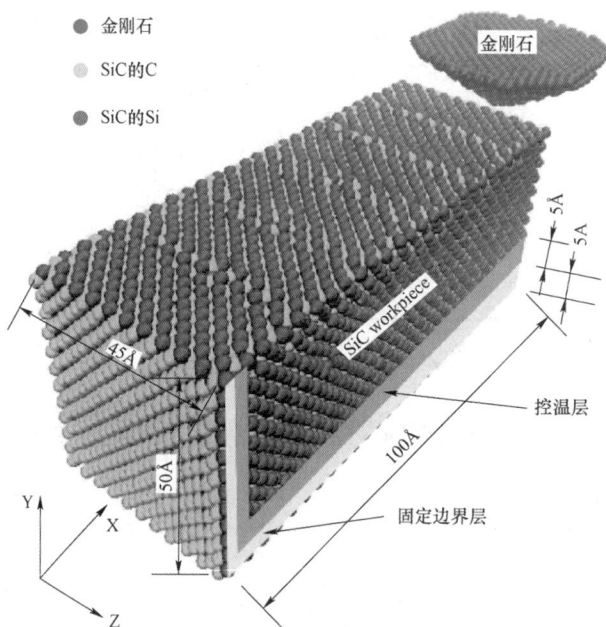

图 10-2　MD 仿真模型

表 10-2 中给出了 SiC 晶片纳米划擦仿真过程中使用的划擦工艺参数。

表 10-2　MD 模拟中的参数

参数	数值
工件尺寸（nm³）	$100 \times 45 \times 50$
锥形磨粒直径（nm）	10
磨削速度（m/s）	40、60、80、100、120、140
磨削深度（nm）	6、8、10
磨削距离（nm）	75
时间步长（ps）	0.001
初始温度（K）	293

10.4.2　钝化金刚石磨粒划擦 SiC 模型构建

图 10-3 给出了由金刚石颗粒和碳化硅工件组成的 MD 仿真模型。将金刚石磨粒简化为直径为 10 nm 的半球形状。将 SiC 工件构建在一个尺寸为 30 nm × 15 nm × 10 nm 的长方体中，该长方体是通过对切削深度为 3 nm 时的划擦力与工件尺寸间的独立研究确定的。根据原子的晶体结构和晶格长度，SiC 原子被填充在长方体中。在金刚石磨粒和 SiC 工件中分别产生 46 079 和 438 012 个原子。在 SiC 工件中定义了三种类型的原子：边界原子、恒温原子和牛顿原子，如图 10-3 所示。边界原子位于左侧和底面，厚度为 0.5 nm。与边界原子相邻的原子为恒温原子，厚度也为 0.5 nm。工件中剩余的原子称为牛顿原子。恒温原子和牛顿原子都符合经典的牛顿定律。

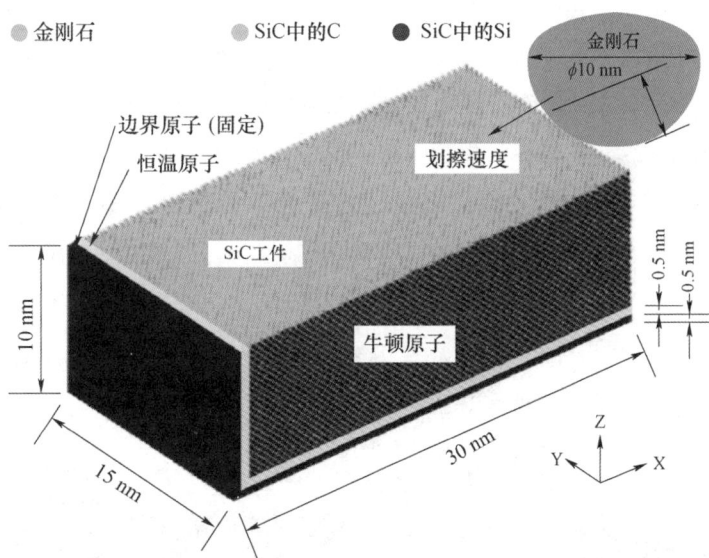

图 10-3　钝化金刚石磨粒划擦模型

研究共开展了 12 次模拟，选用的参数分别为划擦速度：50 m/s、100 m/s、200 m/s、400 m/s，切削深度：1 nm、2 nm、3 nm，见表 10-3。在模拟中，金刚石颗粒沿 X 轴的负方向运动，划擦 SiC 工件。划擦距离为 20 nm，可分为两个阶段的划擦。阶段 I 在 0～5 nm 范围内，此时磨粒进入工件，实时切削深度增加。阶段 II 在 5～20 nm 范围内，切削深度保持不变。

表 10-3　MD 模拟中使用的计算参数

参数	数值
工件尺寸（nm³）	$30 \times 15 \times 10$
磨粒直径（nm）	10
划擦速度，v_s（m/s）	50、100、200、400
切削深度，a_p（nm）	1、2、3
划擦距离（nm）	20
时间步长（ps）	0.01
初始温度（K）	293

10.4.3　分子动力模型预处理和设置

　　自然界中的物体都有自发从高能态向低能态转变的过程，因此实际被磨削工件一定处在较低的能态。磨粒和工件模型被原子填充后受边界和原子间作用力的影响，出现许多高能的原子，使整个仿真过程不稳定。为了使仿真模型的属性更接近实际材料的低能态属性，就必须对模型进行弛豫，使系统能量最小化或近似最小化。弛豫前后的剖面对比如图 10-4 所示，小椭圆表示该区域有位错。弛豫前，工件模型的原子从表面到内部的排列都很规则，由图 10-4（a）可以明显看到构建模型时在该剖面上添加了 5 条位错，但缺陷影响的区域很小。弛豫后，由图 10-4（b）可以看出，表面的原子排列已经不规则，出现高低起伏，原有的 5 条位错依然存在，但其影响区域明显增大，同时位错数目增多，特别是在靠近工件表面处，位错比较集中，出现了增值和滑移的现象。

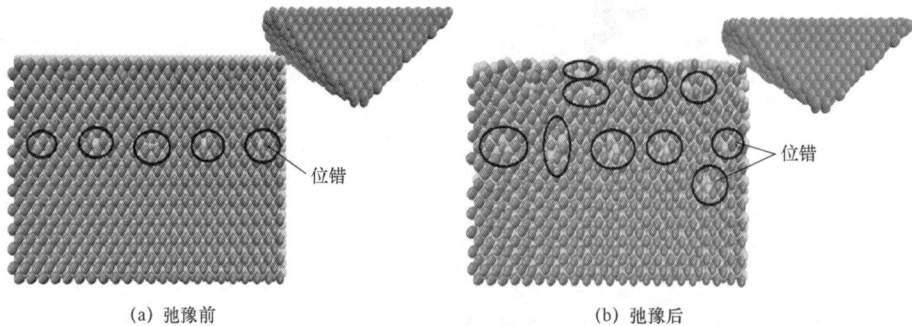

(a) 弛豫前　　　　　　　　　　　　　(b) 弛豫后

图 10-4　弛豫前后模型剖面图（在 z＝20 处剖开）

　　径向分布函数通常指的是给定某个粒子的坐标，描述其他粒子在空间的分布几率（离给定粒子多远），所以径向分布函数可以用来研究物质的有序性。图 10-5 给出了弛豫前后的工件模型的径向分布函数，可以看到弛豫前原子排列规则，所以原子间的径向分布函数主要集中在几个特定的窄小峰值上，波谷处的值都为 0，这是理想的单晶体材料才具有的特性，同时看到有几个峰值极小的波峰，这就是预加位错。弛豫后大部分原子的排列保持不变，如图 10-5（b）的前两个峰值，但后面的径向分布函数的变化较平缓，同时波谷处的值不为 0，说明弛豫后的模型中有原子出现了杂乱无章的排列，出现很多缺陷，由图 10-4（b）可知缺陷主要集中在表面和亚表面，这是因为表面原子受到的原子间的束缚力较小，其活性很高，在获得少量的能量后就会偏离平衡位置，最后出现杂乱无章的排列。

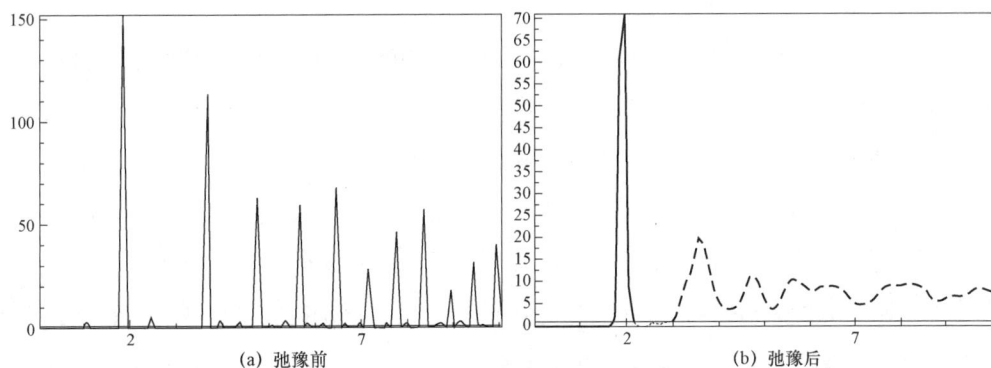

(a) 弛豫前　　　　　　　　　　　　　　(b) 弛豫后

图 10-5　弛豫前后的径向分布函数

仿真过程中通过迭代调整原子坐标，消除模型中的缺陷和残余应力，使模型的能量更低，更加稳定。研究中通过计算弛豫过程（类似自然时效过程）中最后两个计算步之间的能量差和所有原子间的力的和的差值以及总的计算步数来判断是否停止弛豫的过程。当能量差小于 10^{-20} 或所有原子间的力的和的差值小于 10^{-24} 或最大迭代次数达到 20 000 次时，弛豫过程终止，能量最小化完成。将松弛后的 MD 模型保存到重启文件中并作为后续 MD 仿真的输入，可以节省每次仿真时重新计算能量最小过程的时间。

工件的初始温度为 293 K，该初始温度由带有指定种子的随机数发生器按照原子速度的比例设定。由于在划擦过程中有大量的能量传导到恒温原子上，因此在 MD 模拟过程中进行散热以保持恒温原子在 293 K 的恒定温度上。采用速度缩放法每隔 5 个计算时间步调整原子速度，时间步为 0.001 ps。

所有 MD 模拟均使用经典分子动力学包 LAMMPS（Philadelphia，PA）完成，计算时间步长为 0.001 ps。在仿真过程中，磨粒给定的磨削速度和磨削深度沿 X 轴移动，去除 SiC 工件表面的材料。仿真过程中的力、应力、温度、位错和晶体结构的信息以每划擦 0.2 nm 后进行输出。仿真结束后，仿真过程文件通过分子动力学可视化软件 OVITO 读取，并对划擦过程中 SiC 的结构变化和位错生成过程进行分析。磨削过程中的力、应力、温度和比能等数据通过 Matlab 提取并进行分析，从而确定划擦工艺参数对划擦力、应力和温度的影响。

10.5　尖锐金刚石磨粒仿真结果

10.5.1　划擦过程与分析

图 10-6 给出了划擦速度 $v_s = 120$ m/s 和划擦深度 $a_p = 10$ Å 时的 SiC 单晶材料去除过程。当磨粒移动 13.5 ps 后，磨粒前端与工件接触并挤压 SiC 原子，没有原子沿磨粒前端流动，即未发生典型的塑性变形，同时未与磨粒接触的 SiC 材料依然保持原样，未发生变形或晶格畸变，表明此时主要以弹性变形为主，如图 10-6（a）所示。随着磨粒继续移动并挤压 SiC 材料，许多 SiC 原子被迫移动到磨粒前方，形成塑性变形，如图 10-6（b）所示。当磨粒进一步向前移动时，如图 10-6（c）所示，SiC 原子在磨粒的前端进一步堆积并从磨粒的前端或者侧面流出，形成切屑和划痕

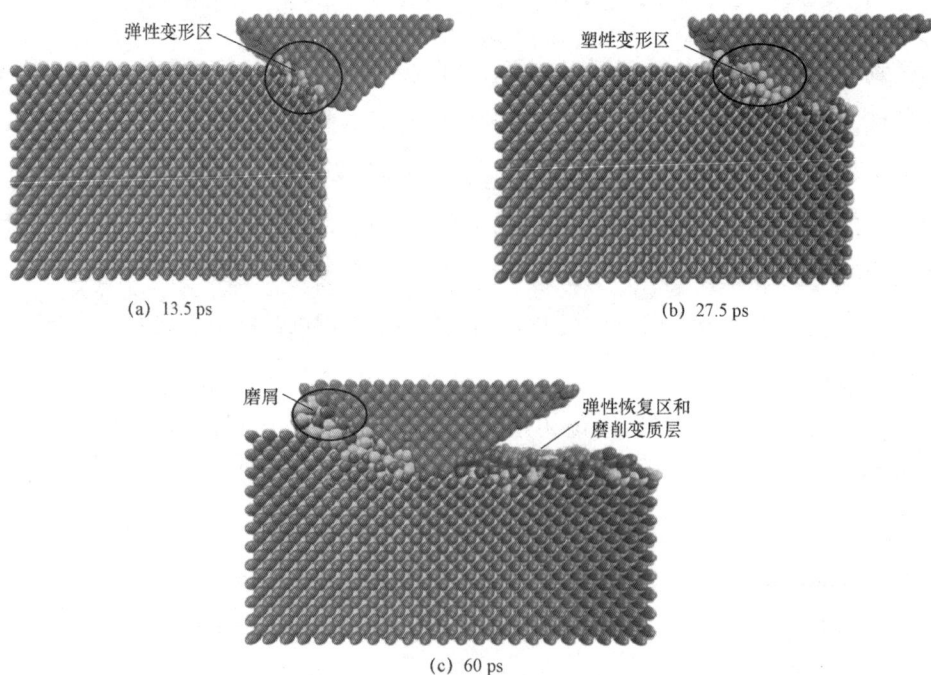

(a) 13.5 ps　　　(b) 27.5 ps

(c) 60 ps

图 10-6　尖锐磨粒去除 SiC 的过程

的隆起。划擦后的表面的一定深度的原子呈无序状态，发生了非晶转变，形成了划擦后的亚表面损伤层，损伤层的深度约为 1～2 层原子（约 0.5 nm）。整个划擦过程中，划擦表面和亚表面均无裂纹产生，表明纳米磨削可实现 SiC 晶体材料的延性域的高质量磨削。

图 10-7 给出了划擦过程中划擦力、划擦区的应力和温度随时间的变化。在最初的 20 ps，磨粒逐渐切入工件，切向力和法向力均增加，且呈现出与材料去除率正相关的二次函数形式，如图 10-7（a）所示。划擦时间超过 20 ps 后，金刚石磨粒以给定的划擦深度对 SiC 进行稳定的切削，法向力随时间线性增加。法向力 F_y 的这种增加是由于磨粒前端的 SiC 原子堆积使磨粒陷入 SiC 工件的深度不断增加，从而导致法向力增加。切向力 F_x 伴随着划擦过程的进行基本稳定，仅表现出很少量的增加，该轻微的增加主要是由于磨粒前端堆积的 SiC 原子阻碍磨粒的运动，进而造成切向力增加。

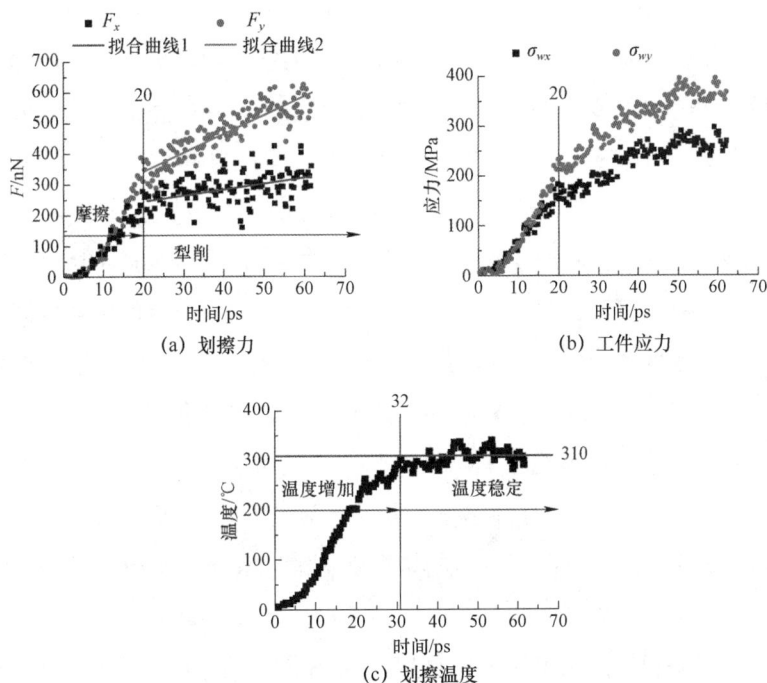

图 10-7　划擦过程中各个参数随时间的变化

图 10-7（b）给出了 SiC 工件在划擦处的法向和切向应力随划擦时间的变化。两条应力结果相同的二次曲线出现在 20 ps 之前。20 ps 后的应力呈现出随划擦深度变化的非线性增加，这是由于原子随时间的重排和温度升高释放应力所致。最终，

153

随着磨粒继续切割工件，应力略有增加并趋于稳定。这表明应力结果受划擦温度、变形时间和切屑形成的影响，这三个因素对最终的工件应力具有重要的作用。

图 10-7（c）给出了划擦过程中温度随时间的变化，划擦时间为 0～32 ps 时，划擦温度随着划擦过程的进行逐渐增加，因为在 32 ps 划擦产生的热量来不及散失，造成 SiC 工件的温度升高，在 32 ps 后，划擦温度稳定在 310 ℃左右，伴随有小幅的波动，划擦过程中产热和散热达到平衡。随着磨粒去除 SiC 原子，Si 和 C 之间的共价键被破坏，键能作为热能释放，导致工件温度升高。此外，切屑的变形和摩擦也会导致温度升高。磨削区向内部工件的热传导使温度降低，并且更高的温度也增加了温度传导。随着时间的推移，在平衡摩擦热产生和传导后，可以达到稳定的温度。

10.5.2　工艺参数对划擦过程的影响

磨削力作为砂轮转速和切削深度的函数如图 10-8 所示。由于工件和磨粒的对称几何形状，Z 方向的平均力约为零，因此本研究中未对此进行讨论。由于去除了更多材料，因此法向力和切向力都随着切削深度的增加而增加。对于砂轮转速对磨削力的影响，采用线性拟合观察到在相同切削深度下，相关系数高达 0.98，呈线性增加趋势。随着切削深度的增加，受力曲线的范围呈上升趋势。在切削深度为 10 Å 的情况下，随着砂轮转速从 40 m/s 增加到 140 m/s，切向力增加了约 25%，从 304.8 nN 增加到 380.9 nN；法向力增加了约 81%，从 443.5 nN 增加到 804.9 nN。力随砂轮转速增加的原因可以解释为：高速撞击破坏的原子键越多，产生的空位、间隙原子和位错越多，使接触区的材料更具延展性，从而消耗更多的能量。从图 10-8 可以看出，法向力大于切向力。这种现象与通常的摩擦过程相吻合，但与切向力大于法向力的常规加工不一致，这体现出纳米级切削深度的机制的不同。图 10-8（c）显示了力比（切向力/法向力）与磨削速度的关系，随着磨削速度的增加，力比呈下降趋势，尤其是在较大的切深时。这一结果意味着砂轮转速高会降低材料的阻力，因此工件的硬度和强度会降低。

不同砂轮转速和切削深度下的工件应力如图 10-9 所示，其与力具有相同的线性增长趋势。当切削深度为 10 Å 时，随着砂轮转速从 40 m/s 增加到 140 m/s，切向应力从 275 MPa 增加到 425 MPa，增加了约 55%，法向应力从 200 MPa 增加到 300 MPa，增加了 50%。切向力和法向力分别增加了约 25% 和 81%，如图 10-8 所示。磨削切向力的增加率低于相同接触面积下的应力增加率，表明剪切向应力集中效应由磨削中的原子缺陷（空位、间隙原子和位错）引起。法向力增加率高于法向应力

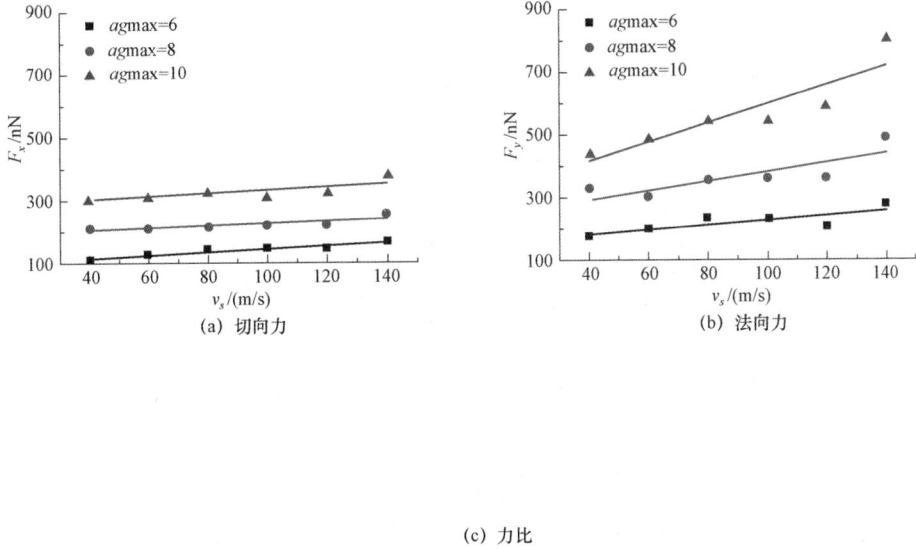

(a) 切向力　　　(b) 法向力

(c) 力比

图 10-8　切向力、法向力和力比与磨削速度的关系

增加率，这可以通过切屑流动和变形释放应力来解释。在 40 m/s 的砂轮转速下，当切削深度从 6 Å 到 10 Å 时，切向应力从 110 MPa 到 275 MPa 增加了 150%，而法向应力从 70 MPa 到 190 MPa 增加了约 171%。这表明切削深度对工件应力的影响更大。对于关于 Z 轴的对称几何形状，Z 方向上的应力也趋于为零。

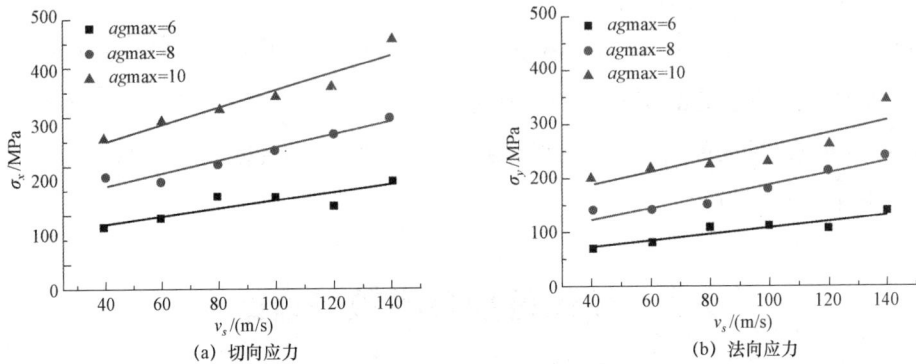

(a) 切向应力　　　(b) 法向应力

图 10-9　应力与砂轮转速的函数关系

温度结果如图 10-10 所示，其中温度随砂轮速度线性增加。当砂轮速度从 40 m/s 提高到 140 m/s 时，磨削深度分别为 6 Å、8 Å 和 10 Å，温度分别增加到 125 ℃、148 ℃和 190 ℃。在纳米磨削中，原子间的键断裂会消耗能量，断裂的键释放出键能，键能转化为工件的内能，引起温度升高。由于较高的冲击力，较高的砂轮转速会导致更多的键断裂。由于更多的材料变形和去除，更深的切削深度也会导致更大

的温升。此外，在更深的切削深度处，温度与砂轮转速的关系更为明显。这种现象表明键的破坏率大于切削深度的增加率，这将导致磨削中更深的表面损伤。

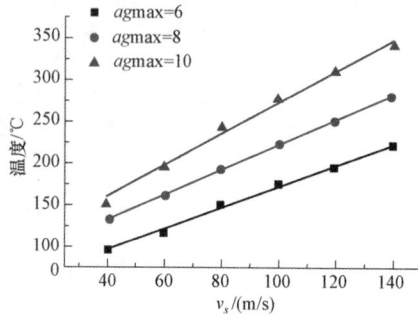

图 10-10　砂轮转速对磨削温度的影响

图 10-11 给出了在不同仿真参数下去除单位体积材料所消耗的比能。随着砂轮转速从 40 m/s 增加到 140 m/s，6 Å、8 Å 和 10 Å 下的比能分别从 23.1×10^9 J/m³、13×10^9 J/m³ 和 8.3×10^9 J/m³ 增加到 33.7×10^9 J/m³、19×10^9 J/m³ 和 12.1×10^9 J/m³，增加比率约为 33%。较高速度下的较高的比能是由于更多的 Si-C 键在较高的速度撞击中断裂，从而

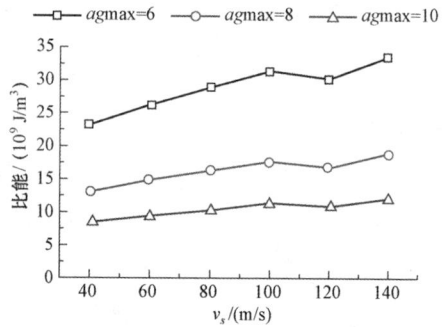

图 10-11　砂轮转速对比磨削能的影响

消耗更多的能量并使 SiC 陶瓷变得更具延展性。在相同的砂轮转速下，比能在较小的切深中表现出较大的值，这是由纳米尺度的尺寸效应引起的。这种现象在传统的磨削工艺中也有报道。

10.6　钝化金刚石磨粒仿真结果

10.6.1　划擦工艺及磨削表面

图 10-12 给出了在 200 m/s 的划擦速度和 3 nm 的切割深度下 Y = 7.5 nm 的横截面上的划擦过程。在 l = 0 nm 时，如图 10-12（a）所示，磨粒没有与工件接触，不规则分布的硅原子是由能量最小化过程引起的。当磨粒移动到 l = 5 nm 时，如图 10-12（b）所示，SiC 原子在磨粒前端堆积，产生变形的切屑或沿磨粒侧面流出，

产生划擦的凸槽。由于划擦力引起的变形，更多的硅原子显示在 Y = 7.5 nm 的截面图中。此外，在接触区的刚性金刚石磨粒中发现了一些硅原子，由于高划擦温度和应力，这可能会通过非晶转变导致金刚石刀具磨损。当磨粒进一步移动到 l = 10 nm、15 nm、20 nm 时，如图 10-12（c）、图 10-12（d）和图 10-12（e）所示，SiC 原子在磨粒前方堆积，逐渐形成延性变形切屑，更多的硅原子渗入金刚石磨粒中。在划擦过程中没有产生裂纹或脆性切屑，这体现了 SiC 陶瓷在纳米级切削深度的延性材料去除过程。

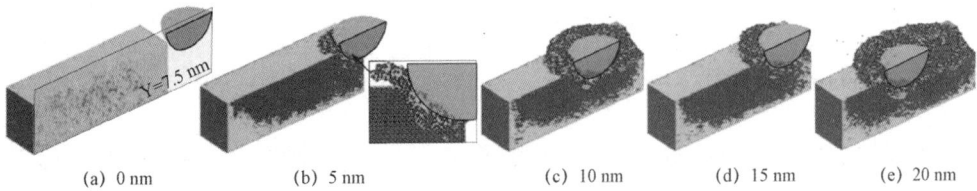

(a) 0 nm　　　　(b) 5 nm　　　　(c) 10 nm　　　　(d) 15 nm　　　　(e) 20 nm

图 10-12　单磨粒划擦过程

图 10-13 给出了在不同的划擦速度和切削深度下划擦后的 SiC 表面形貌，其中原子根据其在 Z 轴的高度着色。从 X = 15 nm 的断面剖面上看，去除的材料在磨粒前部堆积形成延性切屑，形成加工导致的圆柱形凹槽。磨粒通过后，凹槽边缘出现两个表面突起。表面塑性切屑和突出高度表现出对划擦速度和切削深度的依赖性。

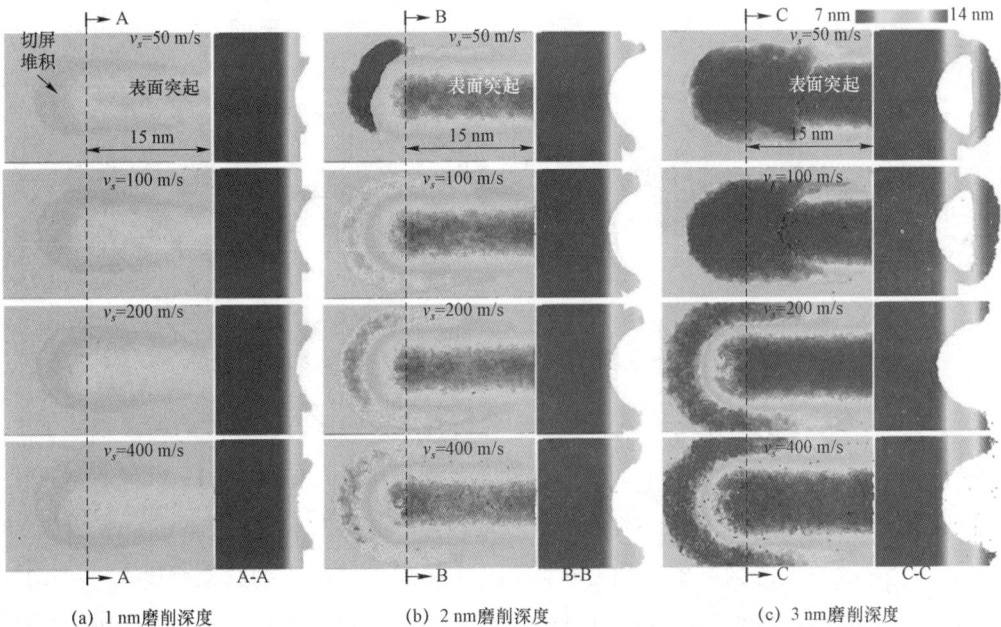

(a) 1 nm 磨削深度　　　　(b) 2 nm 磨削深度　　　　(c) 3 nm 磨削深度

图 10-13　划擦速度对表面形貌的影响

由于切削深度越大，去除的材料越多，因此表面切屑和突起高度都会增加。在相同的切削深度下，比较不同划擦速度下的表面形貌，发现较高的划擦速度导致较低的切屑堆积高度和较高的表面突起，在图 10-13 的横截面图中可以清楚地观察到。速度越大，对 SiC 原子的冲击越大，键断裂越多，键断裂面积越大，导致原子之间的连接变得更弱，更容易移动。随着划擦速度的增加，更多的磨粒前端被去除的材料沿着磨粒侧面流动，成为表面突起的一部分，这导致在较大的划擦速度下，切屑堆积较少，表面突起较高。这一现象表明划擦速度对切屑形成过程和磨削表面粗糙度有影响。

10.6.2　晶体结构分析

当磨粒划擦 SiC 材料时，接触力使原子移动，原子晶体结构被破坏，如图 10-14 所示。在 $l = 0$ nm 处，即磨粒与工件接触前，如图 10-14（a）所示，MD 模型中除表面原子缺乏邻位外，其余原子均为原始的立方金刚石/闪锌矿结构。随着磨粒划擦 SiC 工件，SiC 晶格发生变形并转变为非晶态结构，如图 10-14（b）所示。此外，由于硅原子的渗入，金刚石磨粒尖端接触区出现了一些非晶态结构。随着磨粒的继续移动，更多的原子转移到非晶态结构，如图 10-14（c）、图 10-14（d）和图 10-14（e）所示。随着非晶态结构中的原子在划擦后被隐藏，如图 10-14（e）所示，几个六边形金刚石结构的原子被发现。在碳化硅划擦过程中，材料的去除过程由闪锌矿向非晶态转变。

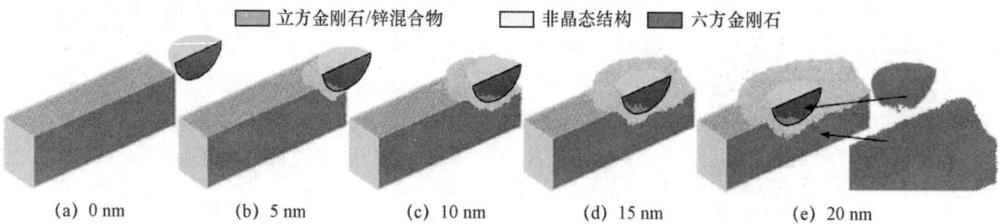

图 10-14　金刚石划擦过程中的晶体结构变化

图 10-15 显示了划擦处理后晶体结构随仿真参数的演变。较大的切深破坏了更多的闪锌矿结构，并促使其向非晶和六角形金刚石过渡，如图 10-15（a）所示。随着划擦速度的增加，闪锌矿结构原子呈递减趋势，说明由于更大的冲击力，更高的划擦速度导致更多的闪锌矿结构被破坏。与闪锌矿结构原子的结果相比，图 10-15（b）中显示的非晶结构原子的结果呈现出增加的趋势。六边形金刚石原子随着划擦速度的增加呈下降趋势，如图 10-15（c）所示。此外，在划擦过程中发现了位错，

并且位错长度（以原子为单位）显示出与六方金刚石原子相似的趋势。特别是，由于没有足够的能量从划擦过程中释放出来用以支持位错的形成，因此在 1 nm 的切削深度中没有发生位错。在较高的划擦速度下，六方金刚石晶体结构和位错的减少是因为较高的速度赋予了 SiC 原子更大的冲击力，这使得原子从高能态到低能态的重排变得更容易。从结构分析结果来看，99.9%以上被破坏的闪锌矿原子转变为非晶态晶体结构，这表明划擦过程是通过相变实现的。

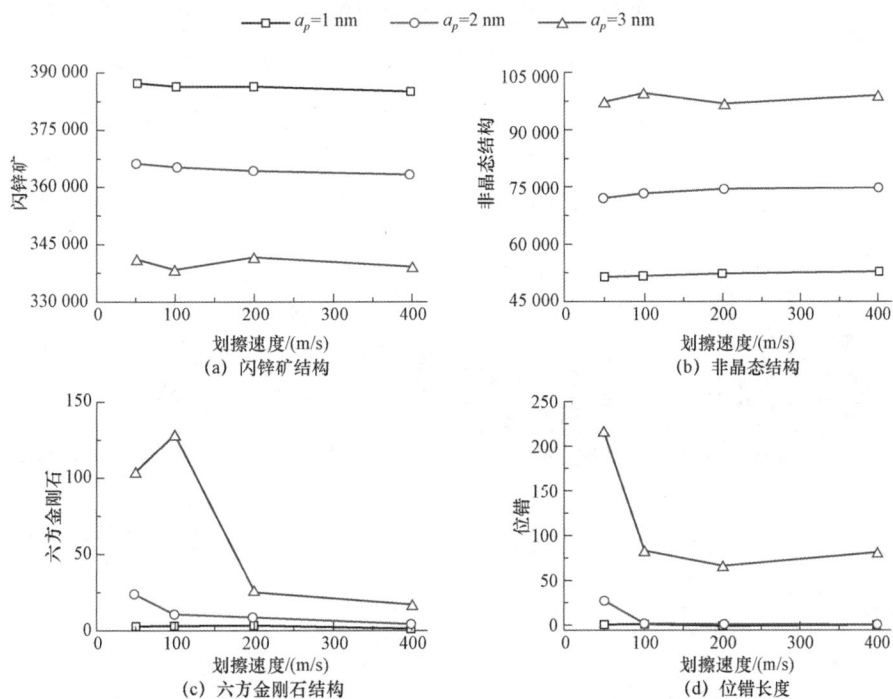

图 10-15　划擦后碳化硅结构随划擦速度的演变规律

　　径向分布函数（radial distribution function，RDF）描述了周围的原子与参考原子的距离的函数变化，在本研究中用于讨论 SiC 划擦模拟中的晶体结构转变，如图 10-16 所示。RDF 的截止原子间距离为 4.5 Å，比 SiC 晶格长度 4.35 Å 略大，以覆盖晶格中的所有原子。RDF 中的 bin 设置为 0.02。在划擦处理之前，SiC 工件的 RDF 在 1.88 Å、3.07 Å、3.61 Å 和 4.35 Å 有四个峰，与 Si-C、Si-Si/C-C、Si-C 和 Si-Si 的原始原子间距离一致，如图 10-16（a）所示。每个峰值处的 RDF 的小分布是由能量最小化过程引起的原子振动偏离理论位置。对比 SiC 工件划擦前后的 RDF 曲线，原子间距离的峰值相同，但由于划擦过程的影响，峰值幅度变小，RDF 分布范围变宽。图 10-16（b）、图 10-16（c）和图 10-16（d）定量表达了划擦速度和切削深度对 RDF 的影响。在 1 nm 切削深度下，随着划擦速度从 50 m/s 增加到 100 m/s、200 m/s 和 400 m/s，如图 10-16（b）所示，RDF 在 1.88 Å 原子间距离处的峰值从 26.1 分别减小到 25.2、24.0 和 24.0。这种对晶体缺陷的速度效应也存在于 2 nm 和 3 nm 的切削深度中，如图 10-16（c）和图 10-16（d）所示。较高的划擦速度会对 SiC 原子产生更大的冲击，从而使更多的 Si-C 键断裂并在划擦过程中产生更多的缺陷。当切削深度增加时，RDF 也呈现普遍下降的趋势，并且更多的去除材料被迫在更大的切削深度中变形，如图 10-16（b）、图 10-16（c）和图 10-16（d）所示。由此可见，速度和切削深度对 RDF 的影响与图 10-15 中的晶体结构结果一致。

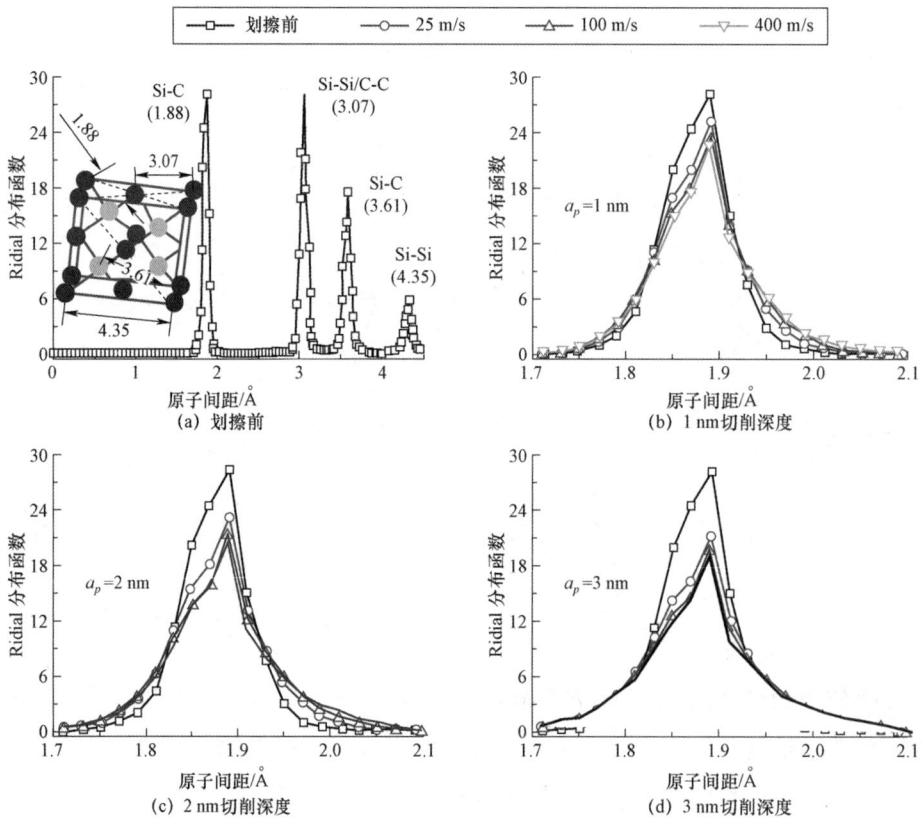

图 10-16　SiC 工件的 RDF 分析结果

10.6.3　划擦温度、划擦力和应力

图 10-17 给出了在不同的砂轮速度和切削深度下的划擦温度。在单磨粒划擦中，原子键能的破坏结合所消耗的能量转化为工件的内能并导致工件温度升高（阶段 I 温度升高，阶段 II 继续升高或达到稳定值）。如图 10-17（a）所示，在 50 m/s 的划

擦速度下，在 1 nm 和 2 nm 切削深度下，通过热传导使温度稳定在 564 K 和 655 K。然而，由于温度稳定时间超过了划擦时间，3 nm 切削深度处的温度在 20 nm 磨削距离内不断增加。与 50 m/s 相比，在 100 m/s、200 m/s 和 400 m/s 的划擦速度下发现了类似的趋势，如图 10-17（c）和图 10-17（d）所示。在相同的切削深度下，断裂的共价键释放更多的能量并导致工件在更高的划擦速度下温度更高，这与传统的磨削工艺相同。

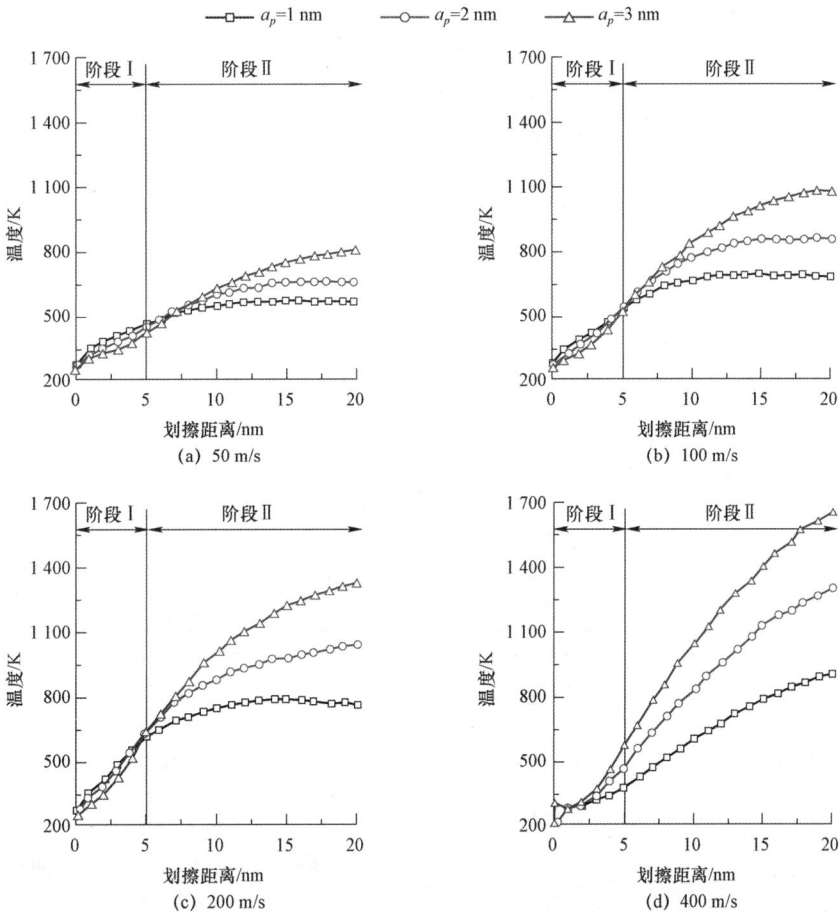

图 10-17　在不同的划擦速度中，温度与划擦距离的函数

划擦力结果如图 10-18 所示。在 200 m/s 的划擦速度和 3 nm 的切削深度下的划擦距离与切向和法向划擦力的关系如图 10-18（a）所示，切向和法向划擦力都在第一阶段增加，在第二阶段保持稳定。稳定的切向力和法向力分别为 1.8 nN 和 2.9 nN。图 10-18（b）和图 10-18（c）给出了划擦速度和切削深度对稳定切向力和法向力的影响。在相同的切削深度下，切向力和法向力均随着划擦速度的增加而略有下降。

在 1 nm、2 nm 和 3 nm 的切削深度下，当划擦速度从 50 m/s 增加到 400 m/s 时，切向力从 0.9 nN、1.7 nN 和 2.4 nN 分别减小到 0.71 nN、1.3 nN 和 1.8 nN。对于法向力，在所有三个切削深度下，当划擦速度从 50 m/s 增加到 400 m/s 时，可以观察到下降了约 13%。划擦速度越大，对 SiC 工件的冲击越大，这会破坏更多的共价键，导致更多的缺陷，使脆性 SiC 材料更具延性，更容易去除。

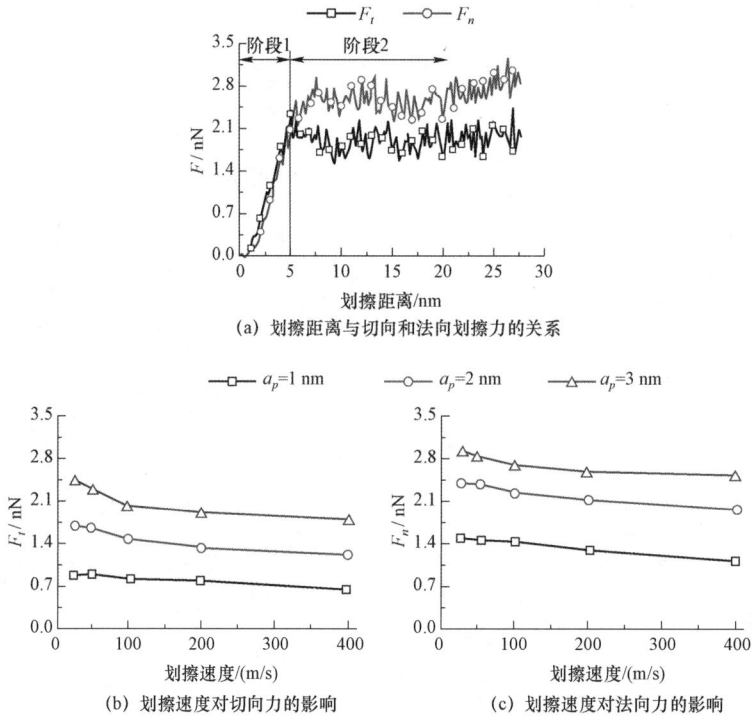

(a) 划擦距离与切向和法向划擦力的关系

(b) 划擦速度对切向力的影响

(c) 划擦速度对法向力的影响

图 10-18　划擦力结果

图 10-19 显示了 SiC 上的划擦应力随划擦距离和速度的变化。由于磨粒原子和碳化硅原子之间的吸引力，在磨粒与工件接触之前，切向应力和法向应力均显示为负值，即拉伸应力，如图 10-19（a）所示。当磨粒向工件移动并侵入工件时，由于磨粒将工件材料挤压变形并形成切屑，因此拉应力转变为压应力。随着磨粒切入 SiC 工件，应力在划擦距离到达 5 nm 之前快速增加。当划擦距离超过 5 nm 时，在 3 nm 的切削深度和 200 m/s 的划擦速度下，法向应力稳定在 1.6 GPa。在稳定的切向力下，切向应力从 1.8 GPa 持续增加到 3.0 GPa，如图 10-19（a）所示，这是由于磨粒前部的缺陷积累导致应力集中。选取 20 nm 划擦距离处的法向和切向应力值来讨论切削深度和划擦速度效应，如图 10-19（b）和图 10-19（c）所示，法向应力和切向应力都随着切削深度的增大而增加。在 50 m/s 的划擦速度下，当切削深度从

1 nm 到 3 nm 变化时，切向应力从 1.2 GPa 到 2.6 GPa 增加了约 117%，而法向应力从 1.1 GPa 到 1.8 GPa 增加了约 64%。随着切削深度的增加，在 100 m/s 和 200 m/s 的划擦速度中可以发现类似的应力增加速率。切向应力略有增加然后减少。法向应力略有下降，与法向力趋势一致。与 50 m/s 的应力相比，400 m/s 的法向应力在 1 nm、2 nm 和 3 nm 的切削深度下分别降低了约 22%、18% 和 11%。这说明切削深度对工件应力的影响较大。

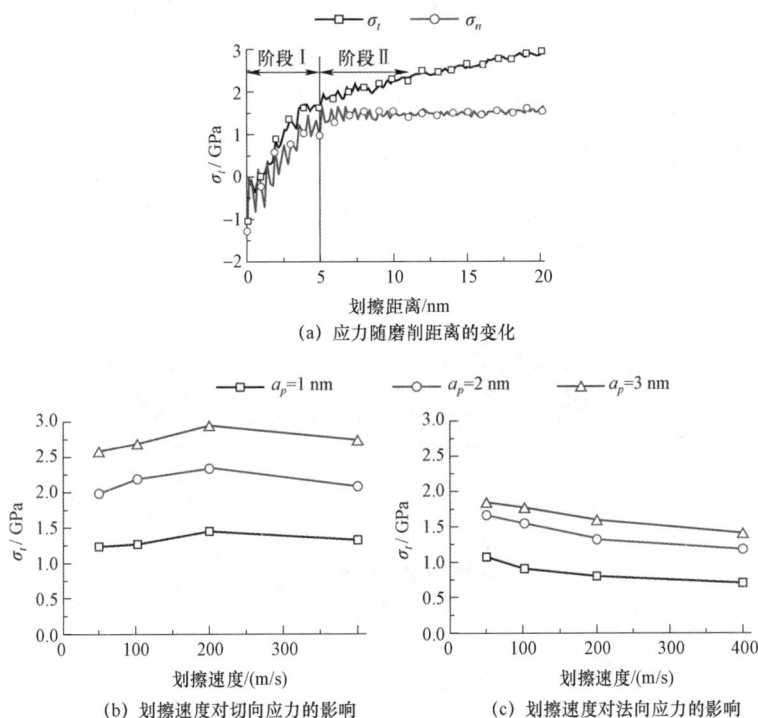

(a) 应力随磨削距离的变化

(b) 划擦速度对切向应力的影响　　　　(c) 划擦速度对法向应力的影响

图 10-19　SiC 上的划擦应力随划擦距离和速度的变化

10.6.4　亚表面损伤厚度

图 10-20 为 Y = 7.5 nm 截面下测得的 SSD 厚度。SSD 厚度为磨粒尖端到划擦表面以下非闪锌矿组织层的最大法向距离，如图 10-20 所示。在划擦过程中，原子在划擦力的作用下偏离平衡位置，形成非晶态结构和损伤层。切割深度越大，材料被切割量越大，原子晶格变形量越大，SSD 厚度与切削深度成正相关关系。随着切削深度从 1 nm 增加到 2 nm 和 3 nm，在 50 m/s 的划擦速度下，SSD 厚度分别从 1.6 nm 增加到 2.5 nm 和 2.8 nm。切削深度对 SSD 厚度的影响随着切削深度的增大而减小，说明 SSD 不能随着切削深度的增大而无限增大。这一趋势也表现在 100 m/s、200 m/s

和 400 m/s 的划擦速度上。随着划擦速度的增加，相同切削深度处的 SSD 厚度曲线呈非线性下降趋势，斜率减小。在高速划擦过程中，磨粒下方的原子晶格发生重排的时间较短，从而产生较少的非晶态结构，如位错，从而导致 SSD 的降低。而超高的划擦速度会导致划擦碰撞增加，从而提高原子的振动速度和温度。较高的速度促进了共价键的断裂和位错的成核，从而产生更多的缺陷和更大的 SSD 厚度。这说明形变时间和划擦温度对 SSD 厚度有影响，且两者与 SSD 有不利关系。随着划擦速度的增加，SSD 厚度不可能无限减小并达到一个临界值，而划擦温度与形变时间的竞争机理依赖于划擦速度。结合图 10-15（a）的结构结果和图 10-20 的亚表面损伤厚度可以发现，划擦速度越快的 SiC 工件，亚表面损伤厚度越小，非锌矿组织原子越多，说明划擦速度越快，在 0～400 m/s 的划擦范围内，越容易产生划痕缺陷，导致磨削表面损伤区越宽。图 10-13 的表面形貌验证了这一结论。

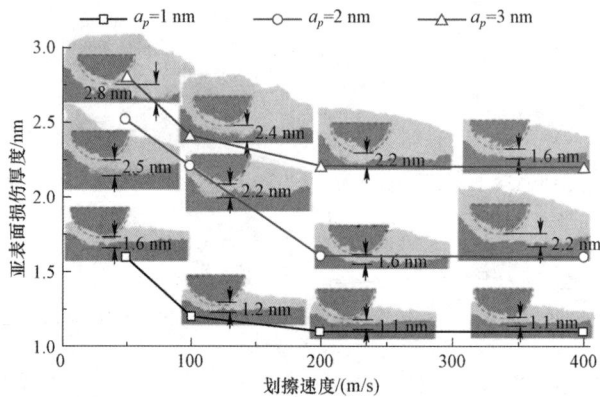

图 10-20　亚表面损伤厚度

10.7　本章小结

SiC 晶片的纳米加工可以获得镜面形貌，提高 SiC 表面的性能，广泛应用于 SiC 晶片的磨屑过程中。为获得超光滑的 SiC 表面，对 SiC 晶片的纳米磨削机理的研究势在必行。单晶碳化硅晶片的纳米磨削是制造第三代碳化硅半导体芯片的主要方法，通过实现材料的纳米级磨削可实现 SiC 材料的延性去除，进而获得无裂纹的磨削表面，提升 SiC 晶片的加工质量和使用性能。

在本章，我们为了了解单晶 SiC 晶片在纳米尺度下的延性磨削机理，建立了单粒金刚石磨粒划擦单晶碳化硅晶片的分子动力学模型。通过对 MD 模拟过程的分析发现，原子通过塑性变形和流动迫使碳化硅变形形成切屑。磨削过程经历了摩擦、耕犁和切割，类似于宏观磨削过程。切屑或亚表面没有裂纹证明了延性磨削工艺。由于碎屑原子在磨粒前端的堆积，磨削力随磨削弧长线性增加。应力随着磨削弧长的增加而增加，并且由于通过切屑变形释放应力而趋于稳定。在稳定磨削过程中，导热完成后温度趋于稳定。与相同切深下的结果相比，磨削力、应力和温度随砂轮速度线性增加，因为高速磨粒在和工件的撞击中更有可能破坏共价键，从而产生更多的空位、间隙原子和位错，以及使 SiC 陶瓷更具延展性。比能也随着砂轮速度的增加而增加，随着切削深度的增加而减小，这表明砂轮速度越高，切削深度越小，去除的材料的延性就越大。高速纳米磨削可以实现陶瓷材料的全延性磨削，制造出无裂纹、表面质量高的产品。在纳米级切割深度下，磨削表面无裂纹，损伤层厚度小于一个原子层，表明纳米磨削可以实现对 SiC 陶瓷的纯延性磨削，获得无裂纹的高质量磨削表面。磨削力、应力、温度和比能随砂轮转速和切削深度的增大而增大，磨削速度越高，切削深度越小，工件上产生的缺陷（空位、间隙原子和位错）密度越大，碳化硅陶瓷的延性越好，这说明砂轮高速旋转有利于延性磨削。

第 11 章

基于分子动力学的多晶 SiC 纳米划擦机理研究

11.1 本章引言

SiC 具有极高的刚度、高导热性和出色的尺寸稳定性，是一种很有前途的空间望远镜反射镜、大型地面反射镜和半导体衬底材料。上述应用都要求 SiC 具有非常高的表面粗糙度和光洁度，然而高硬度和低断裂韧性使得碳化硅的高精加工十分困难和耗时，且加工成本高。为了达到反射镜和半导体材料需要的表面质量，必须要对 SiC 纳米级磨削进行研究。然而，SiC 陶瓷的天然脆性和高硬度特性使其难以加工，并且加工表面通常被裂纹破坏。表面/亚表面的裂纹可能导致 SiC 陶瓷部件的强度退化和失效[4,5]，这可能导致应用过程中的灾难性后果。碳化硅无裂纹加工的一种解决方案是延性加工，这一点已在切削深度为亚微米级或纳米级的实验中进行了验证。然而，延展性加工机制，特别是纳米级对实现高质量的磨削表面和拓宽碳化硅的应用范围的重大贡献，目前还没有被完全理解。而基于分子动力学的仿真为纳米划擦行为提供了一个有效的方法。MD 模拟可以为纳米级的材料去除过程提供原子尺度的行为描述，已被用于研究单晶 SiC 纳米级加工中的弹塑性转变和相变。在立方碳化硅（β-SiC）的金刚石纳米划擦 MD 模拟中指出划擦速度和工件温度对 β-SiC 脆延性转变的临界深度有一定的影响。此外，金刚石磨削单晶 SiC 的局部高温与巨大切削力也是导致刀具磨损的主要原因，同时使 SiC 由有序向无序（sp3 向 sp2）转变。现有的 SiC 纳米加工 MD 模拟研究通常采用无缺陷单晶结构作为工作材料。然而，绝大多数 SiC 材料以多晶（而不是单晶）形式存在，而对于多晶 SiC 纳米级材料的去除机制的研究却鲜有报道。多晶材料中存在许多微观结构，如空隙、位错和晶界（GBs），以及晶粒，它们会影响材料的强度、断裂韧性、塑性变形机制、导热和相变。在多晶和单晶的 SiC 加工实验中已经证明了两者在磨粒磨损、碎屑和表面粗糙度上存在较大的差异。

在本章，我们首先介绍了多晶 SiC 的构建方法与基于分子动力学的多晶 SiC 划擦仿真模型和仿真参数设置，随后对多晶 SiC 的划擦过程、晶体结构演变、划擦温度、力和应力以及 SSD 等结果进行了讨论，明确了多晶 SiC 纳米级磨削去除的机理。然后将多晶 SiC 划擦仿真的结果与单晶 SiC 仿真的结果进行了对比分析，确定了在晶界对划擦去除机理的影响机制，最后从划擦过程、晶体结构演变、划擦温度、力和应力以及 SSD 等多个方面进行对比阐述，说明进行多晶 SiC 模型构建和仿真的必要性和重要性。

11.2 研究方法

11.2.1 多晶 SiC 工件模型

Voronoi 图将具有 n 个点（称为种子）的区域划分为凸多边形，使得每个多边形恰好包含一个生成点，并且给定多边形中的每个点都比任何其他点更接近其生成点。在本研究中，Voronoi 图用于创建纳米级多晶 SiC。考虑到不同的晶粒取向，每个种子都附加一个旋转矩阵来调整晶粒取向。种子和相关的旋转矩阵是随机生成的，称之为混合种子。首先在预先建立的单晶工件区域上生成具有混合种子的 Voronoi 图。然后在一个预先构建的工件模型上配置一个围绕矩阵种子旋转并由围绕相应种子的 Voronoi 多边形切割以生成晶粒。Voronoi 位置旋转和切割后的所有晶粒都粘贴在一起以构建多晶。尽管种子是随机放置的，但晶粒大小（即晶粒的体积）分布可以按照伽马分布进行拟合。

晶粒的平均尺寸由工件单位体积中的平均种子数控制。在本研究中，选择平均尺寸为 10 nm × 10 nm × 10 nm 的晶粒来构建多晶 SiC 模型。从多晶 SiC 模型的 Voronoi 构造的原理来看，6 × 3 × 2（X 方向有 6 个晶粒，Y 方向有 3 个晶粒，Z 方向有 2 个晶粒）的模型具有较高的转换率（多晶模型中的原子/单晶模型中的原子），最高可达 99.99%。因此，使用 60 nm × 30 nm × 20 nm 的单晶 SiC 模型来生成含有 6 × 3 × 2 个晶粒的多晶模型。为了节省计算机资源，预先在划擦工艺中独立性研究确定的工件尺寸为 30 nm × 15 nm × 10 nm。

图 11-1（a）给出了用于 MD 模拟的多晶 SiC 工件模型。每个晶粒都用不同的

颜色标记，以增强可识别性。在晶粒表面周围，原子被合并以构建晶界（grain boundary，GB）。在 SiC 工件中总共产生了 438 012 个原子，它们被定义为三种类型的原子：边界原子、恒温原子和牛顿原子，如图 11-1（b）所示。边界原子位于左侧和底部表面，厚度为 0.5 nm，设置为固定以防止整个工件在划擦过程中滑动。与边界原子相邻的为恒温原子（厚度同样为 0.5 nm），用来保持系统的能量稳定。工件中剩余的原子设置为牛顿原子。恒温原子和牛顿原子都符合经典的牛顿定律。现有模型在 Y 轴上使用周期边界来逼近一个大（无限）系统，使在有限的计算能力下可以得到准确的结果。金刚石磨粒被简化为具有 46 079 个原子的直径为 10 nm 的半球，沿 X 轴的负方向从右到左移动，以设计的划擦速度和切削深度对 SiC 工件进行划擦。

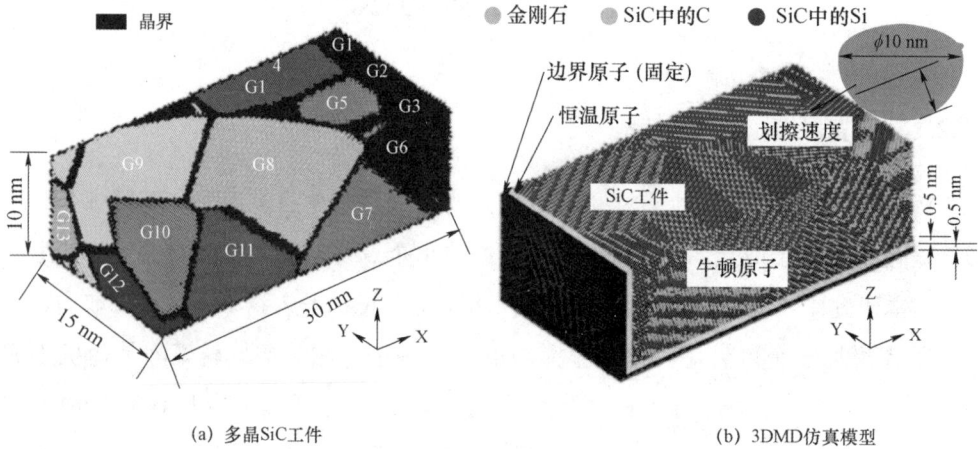

(a) 多晶 SiC 工件　　　　　　　　(b) 3DMD 仿真模型

图 11-1　多晶 SiC 工件模型

11.2.2　MD 中单颗磨粒划擦模型

在 MD 模拟中，材料属性由相对原子质量、位置和原子间的势函数表征。相对原子质量可以从元素周期表中查出，碳原子和硅原子分别为 12 和 28。原子位置由晶体结构和晶格长度决定。对于金刚石磨粒，碳原子位于金刚石立方晶体结构中，晶格长度为 3.57 Å。碳化硅为闪锌矿结构，晶格长度为 4.35 Å，其中硅原子位于顶角和表面中心，而碳原子位于晶胞内部。势函数是描述原子间势能的物理曲线，它决定了原子间的相互作用力和能量。MD 模拟需要准确的势函数。对于 Si-Si、C-C 和 Si-C 等共价键晶体，Tersoff 势函数显示出良好的准确性。对于没有键连接的原子，常用 Morse 势函数。在这项研究中，金刚石磨粒被设置为刚体，金刚石内的原子间不需要指定的势函数。SiC 中 Si 和 C 之间的势函数是 Tersoff，参数见表 10-1。金刚石中的 C 和 SiC 中的 Si 之间的势函数为 Morse，参数 D、a 和 r_o 分别为 0.435、4.648 7 和 1.947 5。对于金刚石中的 C 和 SiC 中的 C，势函数也设置为 Morse，其参数 D、a 和 r_o 分别为 2.423、2.555 和 2.522。

11.2.3　仿真参数设置

本研究共进行了 15 次仿真拟，划擦速度分别设置为 25 m/s、50 m/s、100 m/s、200 m/s 和 400 m/s，切削深度分别设置为 1 nm、2 nm 和 3 nm，见表 11-1。磨粒的划擦距离为 20 nm，可分为两个阶段。第一阶段是在 0～5 nm 的划擦距离内，此时磨粒切入工件，实时切削深度逐渐增加。第二阶段是在 5～20 nm 的划擦距离内，切削深度保持不变。工件的初始温度为 293 K，是通过使用具有指定种子的随机数以缩放原子的速度来设置的。由于在划擦过程中有相当大的能量传导到恒温原子，因此在 MD 仿真期间通过使用速度重新缩放方法在每 5 个计算时间步调整原子速度来进行散热，以使恒温原子保持在 293 K 的恒定温度。

表 11-1　MD 模拟中使用的计算参数

参数	数值
工件尺寸（nm³）	$30 \times 15 \times 10$
磨粒直径（nm）	10
划擦速度，v_s（m/s）	25、50、100、200、400
切削深度，a_p（nm）	1、2、3
磨削距离（nm）	20
时间步长（ps）	0.01
初始温度（K）	293

采用 Voronoi 图生成的新的多晶材料通常存在较大的内部残余应力和高能缺陷，这是由于 Voronoi 图仅仅是从几何上设计多晶结构，而并未考虑原子间的作用力及其相互的影响。因此，直接采用 Voronoi 图生成的多晶体会有大量的缺陷，而这些缺陷会影响多晶体的性能。为了消除这些多晶生成过程中产生的缺陷，在仿真之前，通过迭代和优化原子坐标，对多晶结构进行退火处理，从而消除内部缺陷。通常的实现过程是在恒定体积和温度（NVT）下执行 MD 仿真的能量最小化程序，

使缺陷的能量降低，达到接近工件自然状态下的能量。能量最小化程序执行过程中满足收敛标准时，迭代终止。本研究中使用的迭代收敛标准是能量容差小于 10^{-20} 或力容差小于 10^{-24} 或最大迭代次数达到 20 000。松弛后的模型保存为重新启动文件作为所有后续 MD 仿真的工件模拟，这样可以保持相同的工件属性，并为下次模拟的能量最小化节省了大量时间。

所有 MD 模拟均使用经典的分子动力学包 LAMMPS（Philadelphia，PA）完成。时间步长设置为 0.001 ps。在模拟中，磨粒以划擦速度和切削深度沿 X 轴负方向移动以去除 SiC 工件中的材料。包含位错和晶体结构结果的原子信息在每 0.2 nm 划擦距离后输出结果文件。力、应力、温度和能量结果每隔 0.1 ps 便保存到日志文件中。仿真结束后，通过 MATLAB（Mathworks，MA）分析力、应力、温度和能量结果。OVITO 读取结果文件，通过自动位错提取算法（dislocation extraction algorithm，DXA）分析位错和晶体结构。

11.3　多晶 SiC 划擦结果

11.3.1　划擦过程

图 11-2 显示了多晶工件在 200 m/s 的划擦速度和 3 nm 的切割深度下的五个 Y = 7.5 nm 横截面的图像。在划擦开始时，如图 11-2（a）所示，金刚石磨粒与 SiC 工件不接触。晶粒的不同取向可以在横截面图形中识别。晶粒间原子取向过渡区的无序排列原子为 GB，用虚线表示。当晶粒移动到 l = 5 nm 时，如图 11-2（b）所示，磨粒周围的 SiC 原子被推动堆积，变形后产生切屑或沿磨粒向侧面流动，在工件上产生划擦突起表面。此外，由于接触区的高温和应力，一些硅原子渗透到刚性金刚石磨粒中，导致金刚石磨粒的 C 原子发生非晶转变并与 SiC 中的 Si 之间发生化学反应。这种现象可能会导致金刚石磨粒的磨损，并导致 SiC 磨削中的低磨削比（去除材料的体积/砂轮磨损的体积）。由于金刚石磨粒被设置为刚性，因此在此仿真中并未考虑钻石的磨损。当磨粒继续切入 SiC 工件时，如图 11-2（c）～图 11-2（e）所示，更多的 SiC 原子被去除，更多的晶粒被切割，形成延性去除切屑和凹槽突起。由于更多的硅原子渗透到金刚石中，导致潜在磨损区进一步增加。金刚石磨粒划擦结束后，划擦表面光滑，没有任何裂纹，表明碳化硅在纳米级划擦过程中可以实现延性材料的去除。

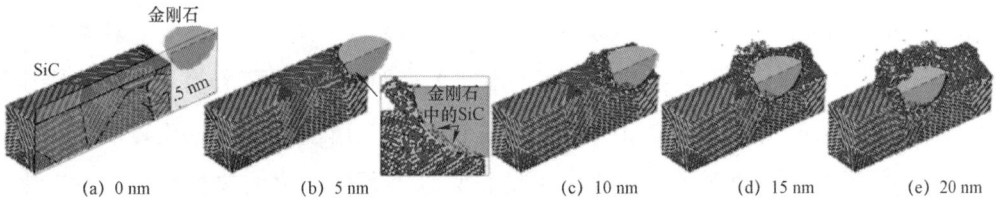

图 11-2　MD 模拟中不同划擦距离处的金刚石磨粒划擦过程（$v_s = 200$ m/s，$a_p = 3$ nm）

11.3.2　晶体结构分析

图 11-3 给出了使用 OVITO 的 DXA 分析划擦后的多晶 SiC 的晶体结构的结果。在磨粒与工件接触之前，在 Y = 7.5 nm 的横截面中显示了 7 个晶粒，如图 11-3（a）所示。由于 GB 处于晶粒取向转变的位置，晶粒被具有非晶态结构的 GB 分开，如图 11-2（a）所示。由于位于表面的原子外部缺乏邻近原子，因此被认为是非晶态的结构。晶粒和金刚石磨粒内部的原子显示出原始的立方金刚石/锌混合物结构。当磨粒切入 SiC 工件时，如图 11-3（b）所示，晶粒 G2 发生变形并转变为非晶态结构。晶粒 G5 和 G13 之间的 GB 由于晶粒表面在划擦力和温度下重构并转变为非晶结构而变得更厚。此外，由于硅原子的渗透，金刚石磨粒尖端出现了非晶态结构，形成了金刚石磨粒的损伤区。随着磨粒继续移动到 $l = 10$ nm，对图 11-3（a）中的

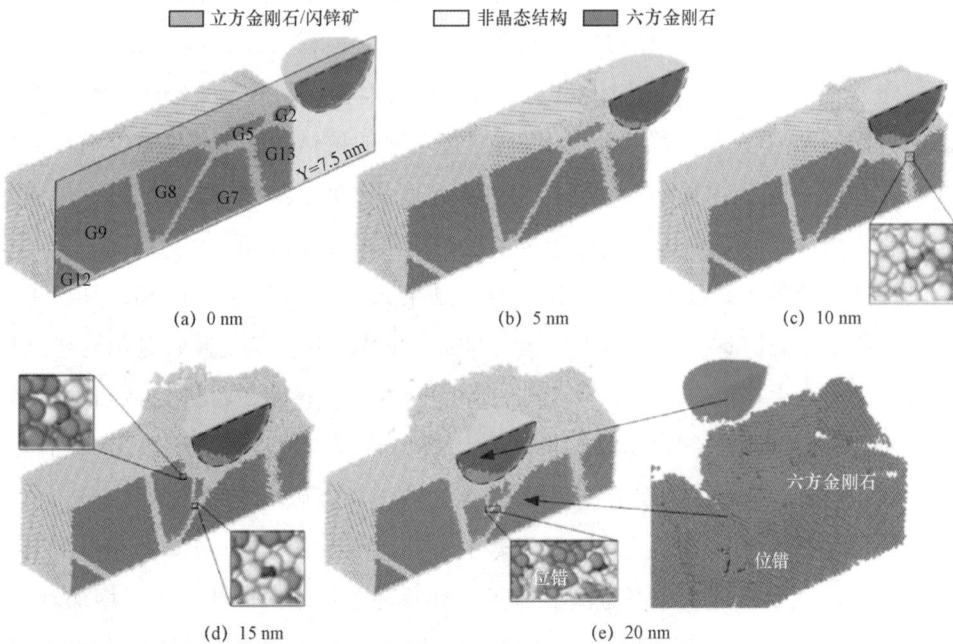

图 11-3　划擦距离不同时的晶体结构变化

171

G5 磨粒进行划擦，原子转变为非晶结构，如图 11-3（c）所示。此外，在横截面中观察到一个六方金刚石原子。当磨粒进一步切入工件 15 nm 时，在磨粒的前端会出现一个带有位错的新六方金刚石结构，如图 11-3（d）所示。然而，图 11-3（c）中显示的六角形金刚石消失了，这是由于磨粒划擦过程中产生的热量对划擦后的表面会形成退火的效应，从而出现上述的情况。六方金刚石原子和位错的数量和位置随着磨粒继续划擦而发生变化。划擦过程完成后，非晶结构的原子被隐藏起来，如图 11-3（e）所示。在非晶态结构和闪锌矿结构之间的边界处发现了几个六方金刚石结构的原子和位错，表明 GB 中出现了缺陷和相变。

图 11-4 给出了在 200 m/s 的划擦速度和 3 nm 的切削深度下，位错随划擦距离演变的规律。经过能量最小化后，位于 G9-G12-G13 和 G5-G6-G7-G8 之间的 GB 有两个位错簇，如图 11-4（a）中的 A-A 和 B-B 视图所示。这两个位错簇是在多晶结构和能量最小化过程中产生的。在划擦 5 nm 后，如图 11-4（b）所示，原始位错消失，在工件的左上角出现微小位错，分别是由于 GB 变形和在划擦力和温度作用下的热处理，高速磨粒给 SiC 的原子，特别是位于 GB 中的弱连接原子提供了撞击和热能，使原子重排，诱发位错。位错不断出现和消失，导致了位错位置和数量的演变，如图 11-4（c）～图 11-4（e）所示，距离分别为 10 nm、15 nm 和 20 nm。所有位错均出现在晶界中，晶粒内部未出现位错，表明晶界比晶粒上原子间的作用力弱，更易变形。GBs 的存在使得多晶 SiC 比单晶 SiC 具有更大的延展性，断裂韧性更高，硬度更低。图 11-4（f）给出了不同划擦速度和切削深度下的位错数。由于较高的划擦力和温度，较大的切削深度会引起更多的位错。划擦速度对位错数的影响在 0～200 m/s 范围内最小。然而，当划擦速度从 200 m/s 到 400 m/s 时，位错数会出现急剧下降，这是由于超高速减少了位错产生的重排时间。

划擦处理后的 SiC 工件的晶体结构分析结果如图 11-5 所示。在 SiC 划擦中，非晶结构原子的百分比从 22.9% 增加到 25.4%～36.8%。切削深度越大则闪锌矿结构原子越少，因为更多的去除原子被切削去除并发生非晶转变，如图 11-5（a）所示。随着划擦速度的增加，闪锌矿结构原子数呈现出减少的趋势，表明更高的划擦速度促进了闪锌矿结构的破坏过程，因为较大的冲击可以破坏更多的 Si-C 键。与闪锌矿结构原子数相比，非晶结构中原子数的变化趋势如图 11-5（b）所示。此外，在划擦过程中很少出现六角形金刚石原子，并且随着切削深度的增加呈增加趋势，因为较大的切削深度导致了更高的划擦温度，从而促进了六角形金刚石的转变，如图 11-5（c）所示。从闪锌矿到非晶态结构的相变是 SiC 划擦的主要材料去除机制，因为超过 99.9%的 SiC 原子处于闪锌矿或非晶态结构中。

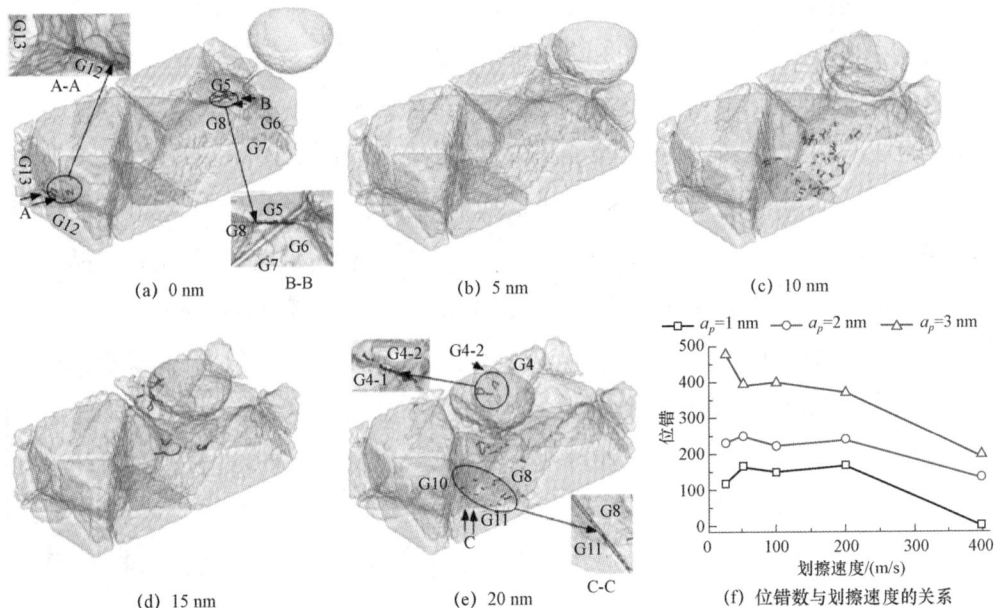

(a) 0 nm　　　　　　(b) 5 nm　　　　　　(c) 10 nm

(d) 15 nm　　　　(e) 20 nm　　　(f) 位错数与划擦速度的关系

图 11-4　划擦距离不同时的晶界内位错以及位错数与划擦速度的关系

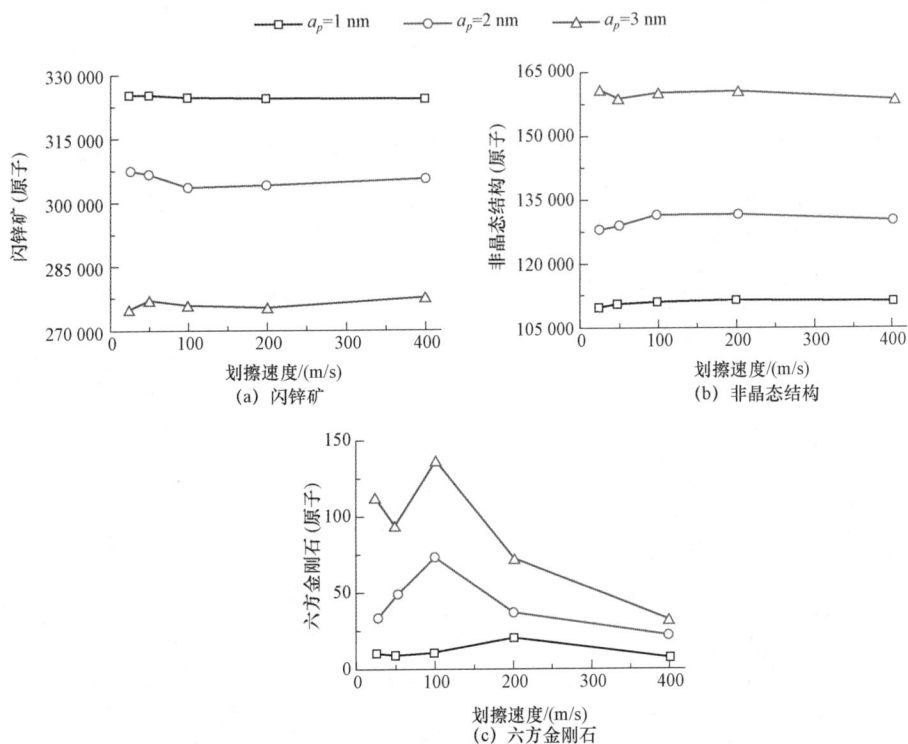

(a) 闪锌矿　　　　　　(b) 非晶态结构

(c) 六方金刚石

图 11-5　SiC 晶体结构随划擦速度的变化

图 11-6 描述了 SiC 工件在划擦后的 RDF，RDF 描述了中心原子与参考原子间的距离变化的函数。因此，RDF 可用于观察加工或变形过程中的晶体结构转变。在这项研究中，测量了划擦前后的 SiC 工件的 RDF，以讨论划擦参数对相变的影响。选择 RDF 分析的截止半径为 4.5 Å，比原始 SiC 晶格长度 4.35 Å 稍大，以覆盖能量最小化过程后振动偏离原始晶格单元位置的所有原子。RDF 中的直方图 bin 设置为 0.02。划擦之前，在 SiC 工件的 RDF 中捕获了 1.88 Å、3.07 Å、3.61 Å 和 4.35 Å 的四个峰，如图 11-6（a）所示。基于图 11-6（a）中的 SiC 闪锌矿晶体结构和晶格长度，该 RDF 曲线和峰值位置分别与 Si-C、Si-Si/C-C、Si-C 和 Si-Si 的原子间距离一致。每个峰的 RDF 中原子间距离分布在小范围（±0.1 Å）内是由能量最小化过程引起的原子振动偏离。划擦后的 RDF 具有相似的分布曲线，具有相同的原子间距离位置的峰值点。但是，由于划擦过程中的相变，峰值和分布会发生变化。图 11-6（b）～图 11-6（d）给出了 SiC 工件在 1.88 Å 峰值处划擦前后的 RDF 比较。在 1 nm、2 nm 和 3 nm 的切削深度和 25 m/s 的速度下划擦后，1.88 Å 处的峰值从 28.2 下降到 25.1、23.2 和 21.5，在 100 m/s 和 400 m/s 处可以发现峰值降低得更多。1.88 Å 处的

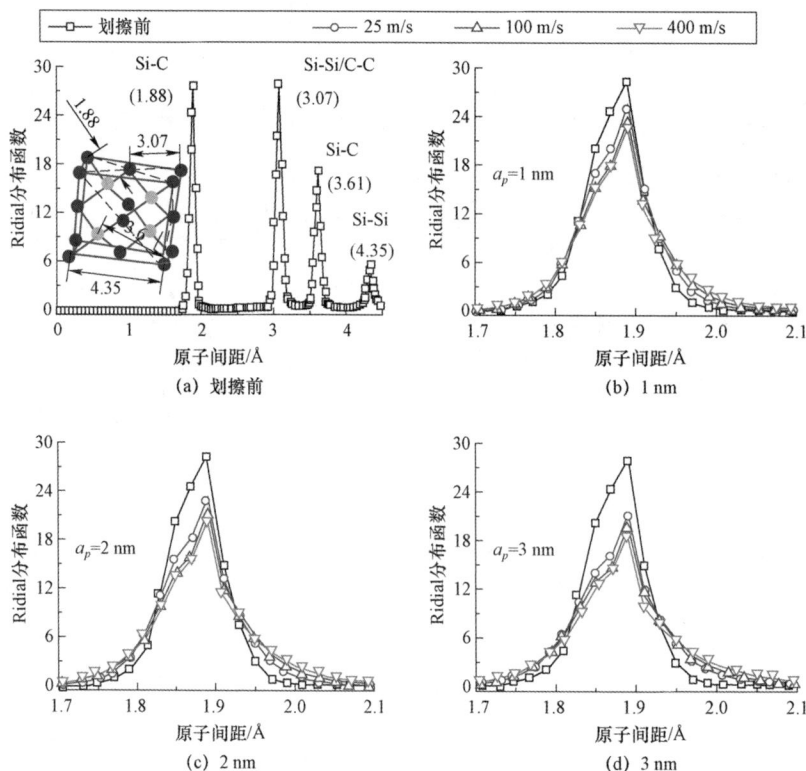

图 11-6　SiC 工件划擦前和划擦后的 RDF 分析结果

峰分布范围扩大了约 50%±0.15 Å。较小的峰值和较宽的分布范围是由于磨粒划擦过程迫使 SiC 原子从原始位置分离而成为缺陷。图 11-6（b）～图 11-6（d）还定量地呈现了划擦速度对 SiC 晶体结构转变和缺陷产生的影响。1.88 Å 原子间距离的峰值分别从 25.1 降低到 23.4 和 22.7，因为在 1 nm 的切割深度下，划擦速度分别从 25 m/s 增加到 100 m/s 和 400 m/s，表明更高的划擦速度会导致更多的晶体缺陷，如图 11-6（b）所示。这种对晶体缺陷的速度效应也存在于 2 nm 和 3 nm 的切割深度中，如图 11-6（c）和图 11-6（d）所示。较高的划擦速度会产生较大的原子撞击，从而使更多的键断裂并在划擦过程中产生更多的缺陷。当切削深度增加时，峰值也普遍下降，比较图 11-6（b）～图 11-6（d）中的结果，发现更多的材料在较大的切削深度中被迫形变。由此可见，速度和切削深度对 RDF 的影响与图 11-5 中的晶体结构分析结果一致。

11.3.3　划擦力、应力和温度

划擦力结果如图 11-7 所示。在阶段 1，当磨粒切入工件时，切向力和法向力都增加，如图 11-7（a）所示。随着磨粒在阶段 2 中继续划擦 SiC 工件，切向力和法

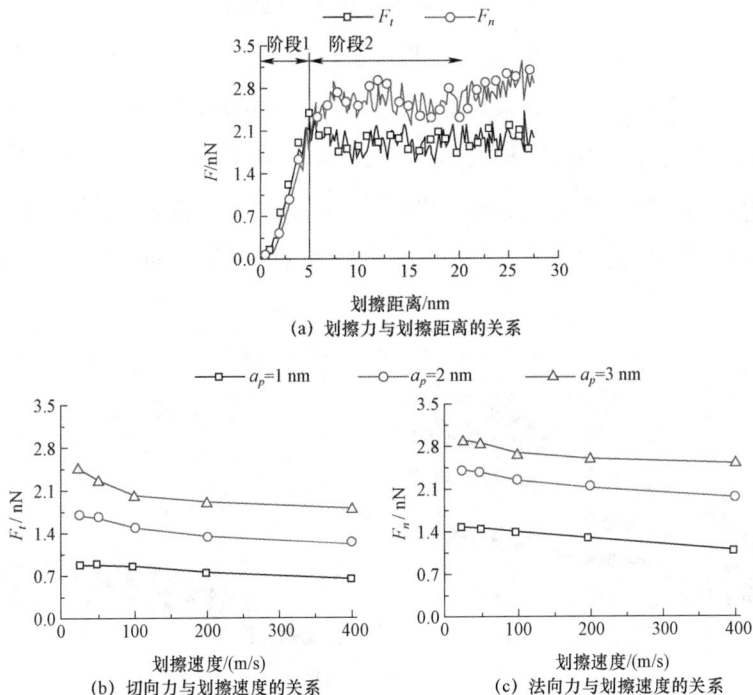

(a) 划擦力与划擦距离的关系

(b) 切向力与划擦速度的关系

(c) 法向力与划擦速度的关系

图 11-7　划擦力结果

向力分别保持稳定，约为 2.3 nN 和 2.8 nN，并有一些波动，这种波动是由不规则的 GB 和离散的原子位置引起的。图 11-7（b）和图 11-7（c）给出了划擦速度对稳定切向力和法向力的影响。由于在较大的速度冲击中产生更多的缺陷，切向力和法向力均随着划擦速度的增加而略有下降。当划擦速度从 25 m/s 增加到 400 m/s 时，切向力从 0.9 nN、1.7 nN 和 2.5 nN 减小到 1 nm、2 nm 和 3 nm 切削深度时的 0.6 nN、1.2 nN 和 1.8 nN。在这三个切削深度下，当划擦速度从 25 m/s 增加到 400 m/s 时，可以观察到法向力从 1.5 nN、2.4 nN 和 2.9 nN 减小到 1.1 nN、2 nN 和 2.5 nN。从力和晶体结构的分析结果来看，更高的速度可以产生更多的非晶原子，这使得 SiC 材料具有更大的韧性，更容易去除。

切向应力对晶粒的几何形状和位置有很大的依赖性，如图 11-8（a）所示。在 0～3.8 nm 的划擦距离范围内，G1、G2 和 G3 与磨粒相互作用。由于磨粒逐渐切入 SiC 工件，切向应力迅速增加。在 3.8～9.9 nm 的划擦距离内，磨粒移动切割 G4、G5 和 G6，导致切向应力缓慢增加。随着磨粒向前移动，由于每个阶段的晶粒接触过程不同，切向应力在相同划擦速度下，在划擦距离为 9.9～14.9 nm、14.9～17.7 nm 和 17.7～20 nm 时又经历了三个阶段。在 G8 中磨粒切割时，切向应力略有下降，这与单晶切割相似。这一现象表明，由于 GB 中的缺陷积累导致应力集中，多晶划擦中的应力高于单晶划擦中的应力。即使在稳定的切向力作用下，不同的晶粒和 GBs 在不同的划擦阶段也会导致划擦距离在 5 nm 后的应力偏差，如图 11-7（a）所示。划擦速度对切向应力的影响很小，在 0～400 m/s 范围内小于 5%。对于切深对切向应力的影响，当切深变为 2 nm 和 3 nm 时，与 1 nm 切深处的切向应力相比，观察到约 55% 和 105% 的增量。从图 11-5 可以看出，在较大的切削深度中会产生更

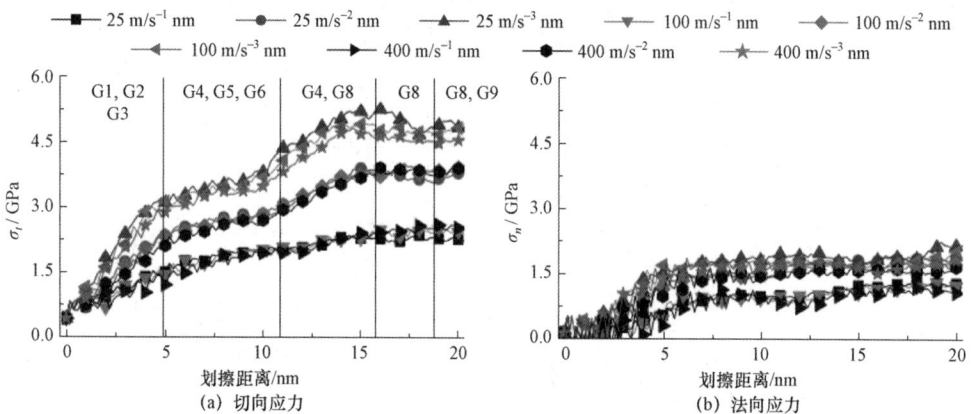

图 11-8　SiC 工件的切向应力和法向应力随划擦距离的变化

多的缺陷，这应该是造成切向应力变化的原因。法向应力在第一个 5 nm 的划擦距离内上升，并在 5～20 nm 的划擦距离内趋于稳定。该趋势表明法向应力对晶粒和 GB 不敏感。在 1 nm、2 nm 和 3 nm 的切削深度下，划擦速度从 25 m/s 增加到 400 m/s 时，平均法向应力略有下降，从 1.09 GPa、1.69 GPa 和 1.86 GPa 下降到 0.98 GPa、1.5 GPa 和 1.68 GPa，这与正常的受力趋势一致。在 25～400 m/s 的划擦速度范围内，当切削深度在 1～3 nm 变化时，发现大约 53%～80% 的增加，这表明切削深度对工件法向应力的影响较大。

图 11-9 给出了划擦温度结果。在单磨粒划擦中，破坏原子键所消耗的能量转化为内部能量并引起温度升高。在阶段 1，随着磨粒逐渐切入工件，温度在所有情况下均呈匀速上升。在阶段 2，温度通过一段时间的热传导持续升高至稳定值或保持升高。如图 11-9（a）所示，在 1 nm 的切削深度处，温度分别在 25 m/s、50 m/s 和 100 m/s 时稳定在 476 K、529 K 和 651 K。然而，在 20 nm 的划擦距离内，200 m/s 和 400 m/s 的温度不断增加至 777 K 和 835 K。这是由于较大的划擦速度导致划擦过程中的能量消耗较大，从而增加了实现温度稳定的传导时间和相应的划擦距离。如果所需的温度稳定时间大于划擦时间，则不会有温度稳定阶段出现。在 2 nm 和 3 nm 切削深度处的温度结果显示出相似的趋势，温度值大于 1 nm 切削深度处的温

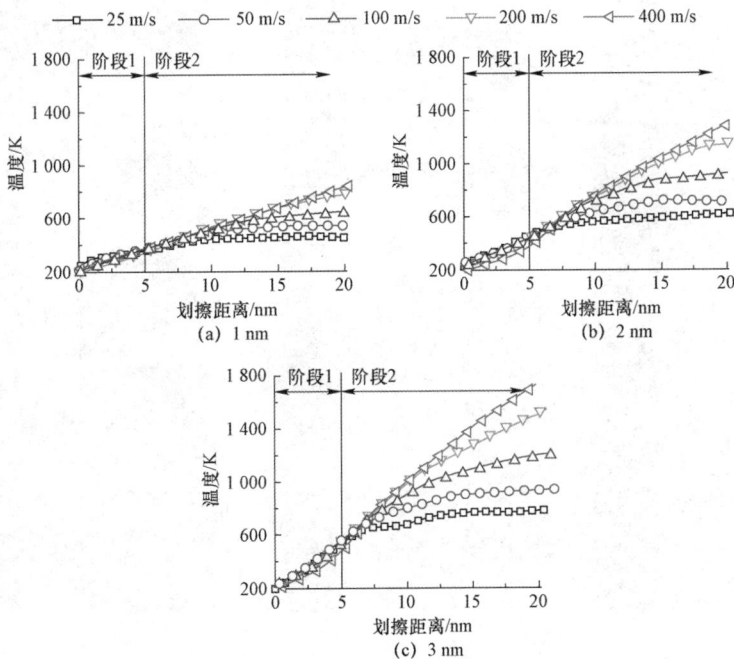

图 11-9　不同切削深度处温度与划擦速度的函数关系

度值，如图 11-9（b）和图 11-9（c）所示。在 100 m/s 和 200 m/s 的划擦速度下，在所有切削深度都没有实现热稳定性。较大的划擦速度会对 SiC 工件产生较大的冲击，这会破坏更多的共价键并导致更多的缺陷，从而使脆性 SiC 材料的断裂韧性更大，如图 11-5（b）所示。在相同的切削深度下，断裂的共价键释放更多的能量并导致工件在更高的划擦速度下温度更高，这与传统的磨削工艺相同。

11.3.4　表面损伤层和亚表面损伤层厚度

图 11-10 给出了划擦后 X = 15 nm 处的 SiC 工件表面形貌和横截面轮廓。随着磨粒在工件表面的划擦，堆积在磨粒前面的原子形成切屑，部分原子沿磨粒表面流动，在凹槽两侧形成表面突起，从图 11-10 中的 A-A、B-B 和 C-C 视图可以清楚地看到。根据基于 Z 中原子高度的颜色图方向，表面突起和切屑高度表现出对切削深度和划擦速度的依赖性。由于在较大的切削深度中去除了更多的材料，因此表面突起和切屑堆积高度都会增加。在相同的切削深度和较高的划擦速度下，在图 11-10（b）和图 11-10（c）的 B-B 和 C-C 视图中清楚地观察到凹槽侧的表面突起体积更大，切屑堆积高度更低。随着划擦速度的增加，较大的磨粒撞击使更多

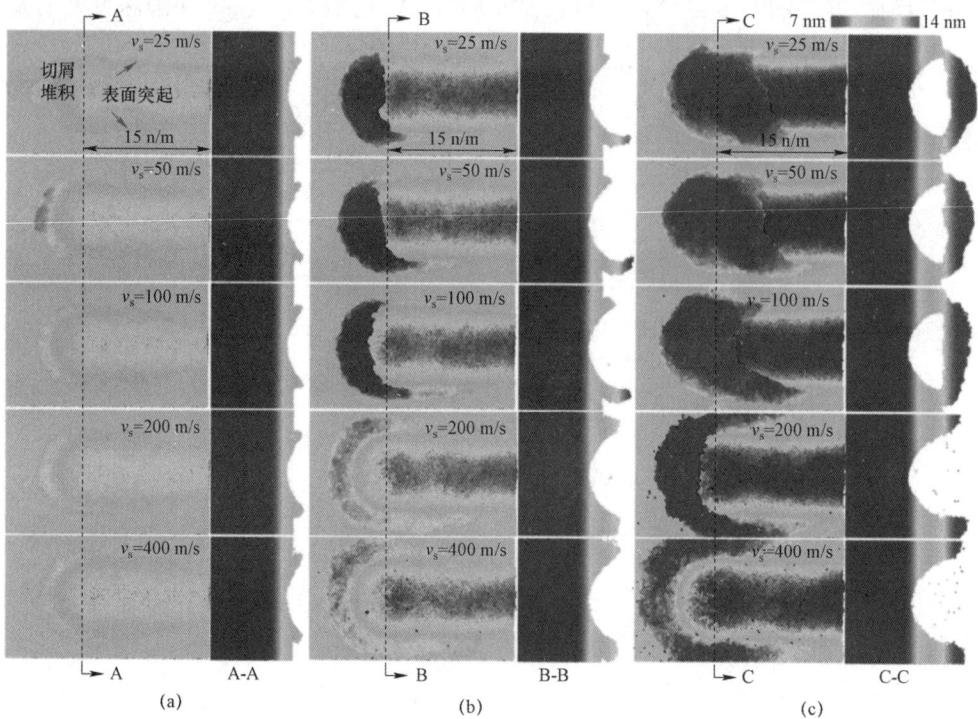

图 11-10　划擦速度对切削深度的表面形貌的影响

的 Si-C 键断裂，从而使原子之间的连接力变弱。较弱的连接力使原子容易从磨粒的正面流到磨粒的侧面，从而在较高的划擦速度下产生较低的切屑堆积和较高的表面突出。这种现象表明，较高的划擦速度可能会通过影响切屑形成过程而导致较大的磨削表面粗糙度。

SSD 厚度定义为非锌闪石晶体 SiC 原子与划擦表面之间的最大法线距离，图 11-11 给出了 Y=7.5 nm 横截面视图上标记出的 SSD 的尺寸。在划擦过程中，原子受金刚石磨粒的挤压而偏离平衡位置，从而达到去除材料并生成划擦表面的目的。原子的运动和晶体结构的变形导致非晶态转变和 SSD 层。SSD 厚度与切削深度呈正相关，因为更多的材料去除会引起更大的力和温度，从而导致更大的应力和热效应区。具体而言，在 25 m/s 的划擦速度下，SSD 厚度分别从切割深度为 1 nm 的 0.97 nm 增加到切割深度为 2 nm 和 3 nm 的 4.14 nm 和 4.78 nm，如图 11-11（a）所示。这种 SSD 厚度趋势也出现在 50 m/s、100 m/s、200 m/s 和 400 m/s 的划擦速度中。对于划擦速度效应，SSD 厚度在 25～400 m/s 的划擦速度范围内时，在 1 nm 切削深度处没有显示出差异。然而，在 2 nm 和 3 nm 的切削深度下，划擦速度从 25 m/s 增加到 400 m/s 时，SSD 厚度分别下降了约 68%和 67%。在较低的切削深度（1 nm）处，SSD 出现在晶粒中，而 GB 没有任何影响。在较深的切割深度（2 nm 和 3 nm）处，会生成新的 GB 并与旧 GB 连接以形成更深的 SSD 层。

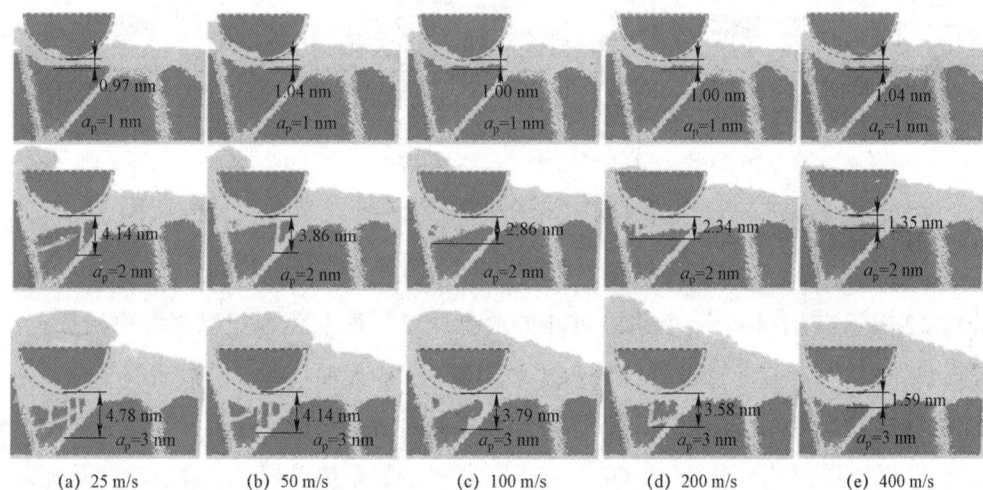

图 11-11　划擦速度不同时的 SSD 厚度

图 11-12 给出了划擦后的 SSD 宽度。在较大的划擦速度中观察到较小的 SSD

宽度。具体来说，当划擦速度从 25 m/s 变为 400 m/s 时，在 1 nm 和 2 nm 的切割深度下，SSD 宽度分别从 9.05 nm 和 10.54 nm 增加到 10.24 nm 和 13.46 nm。较高的划擦速度迫使缺陷转移到凹槽侧，导致在 0～400 m/s 的划擦范围内磨削面上的损伤区域更宽。由于 SSD 的宽度超过了工件模型的物理宽度，因此在 3 nm 的切削深度中出现了总共 15 nm 的 SSD 宽度。由于 Y 轴上的周期性边界条件，该工件宽度（Y 轴方向）对于 SSD 厚度不足并没有反映在先前的工件尺寸独立研究中。SSD 层比 SiC 晶粒材料断裂韧性更强，更宽的 SSD 有更高的机会降低划擦力和 SSD 厚度，从而可以获得更好的表面质量。SSD 宽度随着切削深度的增加呈上升趋势，如图 11-12（a）～图 11-12（e）所示，这是由于切削深度越大，凹槽越宽。由此可见，SSD 宽度结果与图 11-5（a）中的晶体结构结果和图 11-11 中的 SSD 厚度结果一致。

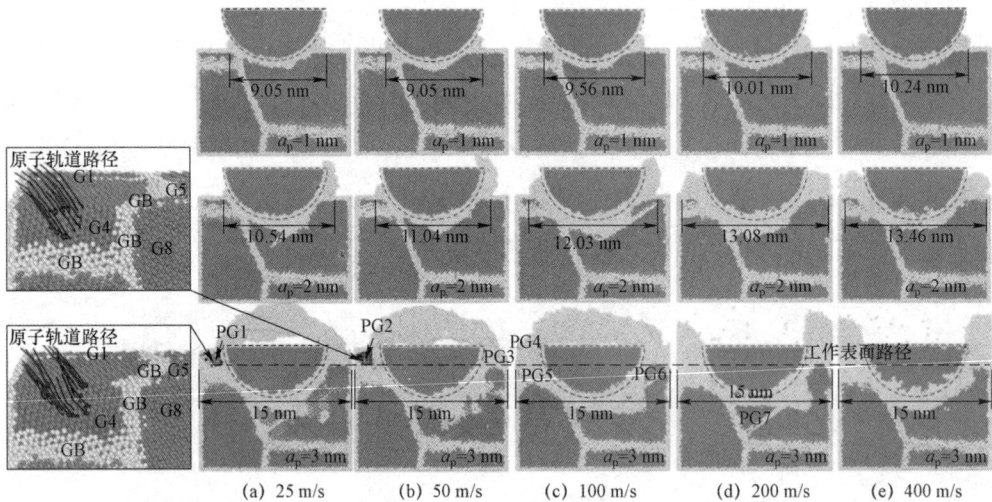

图 11-12　划擦后的 SSD 宽度

在划擦过程中，可以在塑性切屑中识别出几个粉末化的晶粒（PG1-7），如图 11-12 所示。对于其中一个晶粒 PG1 的边界原子用深灰色标记以跟踪原始位置，如图 11-12 所示。原子轨迹线表明 PG1 最初位于 G4 尖端，通过沿晶断裂生成。同样，图 11-12（b）中的 PG4 和 PG5 也来自 G4 的沿晶断裂。除了沿晶断裂，由于位错延伸和连接产生一些新的 GB，穿晶断裂在多晶划擦过程中也会发生，从而产生新的晶粒，如 PG2、PG3、PG6 和 PG7。这些结果表明，在多晶 SiC 划擦过程中至少发生了三种材料去除机制——非晶转变、沿晶断裂和穿晶断裂。

11.4　单晶与多晶 SiC 划擦仿真对比

11.4.1　材料去除过程对比

图 11-13 中的横截面视图给出了划擦过程中的材料去除和晶体结构演变。对于单晶 SiC，如图 11-13（a）所示，在 0 nm 的划擦距离处，除了表面和晶界处的非晶原子，原子显示出原始的金刚石/闪锌矿结构，表面的非晶态是因为缺乏邻近的原子。当磨粒移动到 $l = 10$ nm 时，SiC 原子在磨粒前方堆积，产生变形的切屑，流出到凹槽侧形成突起，使原子晶体结构重构，转变为非晶态。此外，由于硅原子的渗透，在接触区的磨粒尖端表面也会出现非晶态结构，这可能会导致磨粒的磨损。随着磨粒继续移动，更多的原子转变为非晶态结构。由于相变的产生，发现了数个六方金刚石结构存在。对于多晶模型，如图 11-13（b）所示，GB 中的原子由于划擦前的无序结构而显示出非晶态结构。划擦后，原子从闪锌矿结构转变为非晶态和六方金刚石结构，且六方金刚石原子伴随着 GB 中的位错而产生。此外，新 GB 在划擦过程中产生并与旧 GB 连通，可能导致晶间断裂去除。

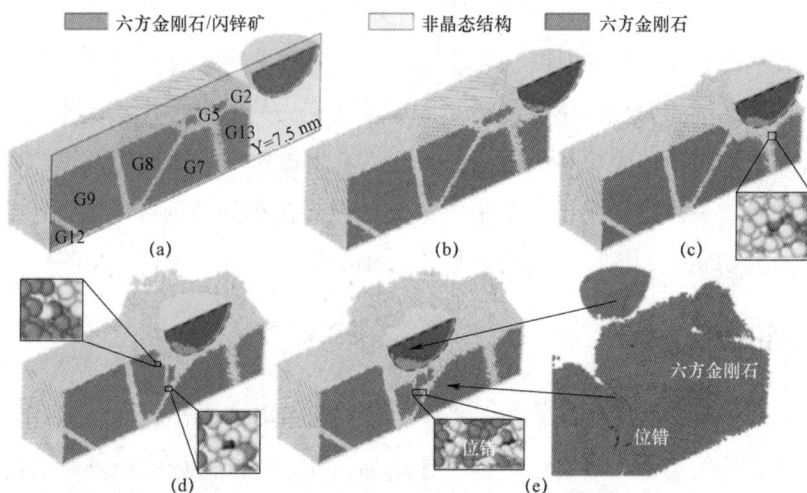

图 11-13　不同划擦距离处的晶体结构与划擦速度的关系

材料去除过程主要是通过在 SiC 划擦中诱发闪锌矿到非晶态结构的相变来实现的。在划擦之前和之后计算六方金刚石和非晶态结构原子的数量。六方金刚石结构的原子在划擦前为 0，划擦后小于 150。在 50 m/s、100 m/s 和 200 m/s 的划擦速度和 1 nm 的切削深度下，单晶中的非晶原子数分别增加了 11 917、12 346 和 12 946，表明更高的划擦速度促进了更多的闪锌矿结构破坏，因为更大的冲击导致更多的 Si-C 键断裂。在 2 nm 和 3 nm 的切削深度中也发现了相同的趋势。与单晶 SiC 相比，多晶 SiC 的非晶原子增加较少，在 50 m/s、100 m/s 和 200 m/s 的划擦速度和 1 nm 的切削深度下，非晶原子增加量分别为 10 809、11 196 和 11 576。部分冲击能量被晶界结构吸收，使多晶更软，相变更少。该结果还表明单晶对划擦速度和切削深度更敏感。

11.4.2 划擦力对比

单晶和多晶 SiC 在 200 m/s 的划擦速度和 3 nm 的切削深度下的应力如图 11-14（a）所示。在单晶模型中，在 0～5 nm 的划擦距离内，切向力和法向力都随着磨粒切入工件而增加。随着划擦距离延伸到 5～20 nm，切向力和法向力保持稳定，波动很小，这是由纳米尺度上原子位置的离散性引起的。平均切向力和法向力分别约为 1.9 nN 和 2.8 nN。多晶 SiC 的力演化显示出与单晶相似的趋势，平均切向力和法向力分别为 1.9 nN 和 2.6 nN。单晶和多晶中相似的切向力表明微观结构对材料去除能量的影响最小。然而，多晶中的法向力低约 7%，这表明微观结构使 SiC 更软，硬度更低。此外，在多晶划擦中发现更高的法向力变化为 0.185，而在单晶划擦中为 0.169，表明多晶结构中由于 GBs 存在，导致较大的不均匀性。图 11-14（b）和图 11-14（c）显示了在所有划擦速度和切削深度下的平均切向力和法向力。随着切削深度和划擦速度的变化，单晶和多晶 SiC 的切向力和法向力呈现出相似的趋势，由于在较大的冲击下产生更多的缺陷，因此随着划擦速度的增加而减小，随着切削深度的增加而增长，这是由于去除了更多的材料。在相同的划擦参数下，由于 GB 软化，多晶的切向力相同，法向力降低了约 10%。

11.4.3 划擦应力对比

图 11-15 显示了单晶和多晶 SiC 的应力随划擦距离的变化。在磨粒切割工件时，0～5 nm 的划擦距离上，所有应力都快速增加。在 5 nm 的划擦距离后，切向应力继续增大，法向应力保持稳定。在单晶中，由于缺陷的积累，切向应力在 200 m/s 的划擦速度和 3 nm 的切割深度下，从 1.8 GPa 持续增加到 3.0 GPa，如图 11-15（a）所示。这种缺陷的积累导致即使在稳定的切向力下，应力也集中在晶粒前方的材料上。划擦速度对切向应力的影响最小，在 50～200 m/s 范围内小于 5%。然而，在多晶中，切向应力对晶粒几何形状和 GB 的位置有很大的依赖性，这可以从图 11-15（b）

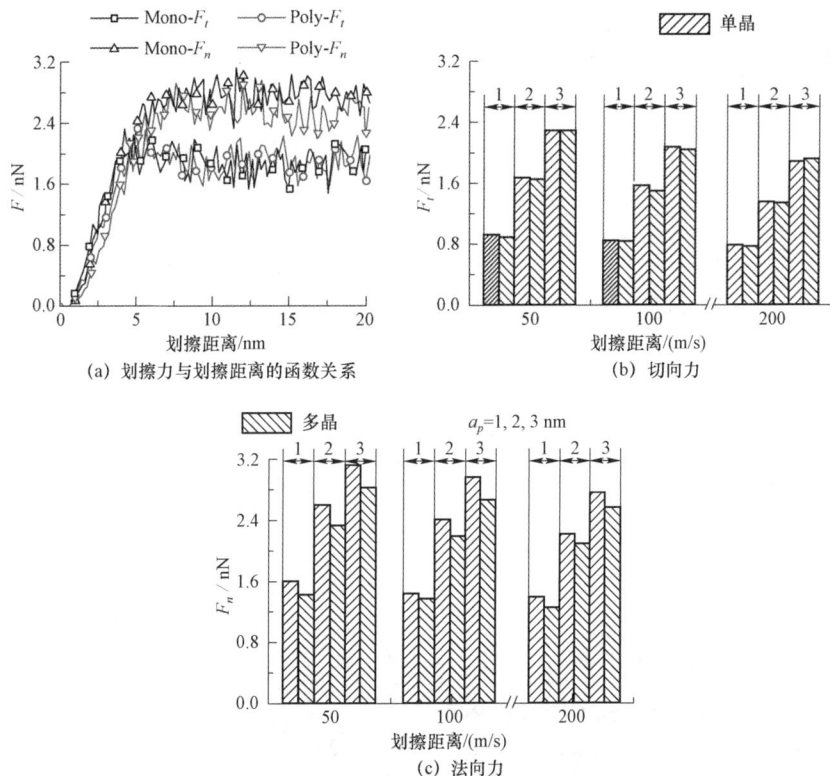

(a) 划擦力与划擦距离的函数关系

(b) 切向力

(c) 法向力

图 11-14　划擦力与划擦距离和划擦速度的关系

中看出。在 5~9.9 nm、9.9~14.9 nm、17.7~20 nm 的划擦距离内，不同颗粒间的切向应力随划擦距离的增大而增大。在只有单个晶粒接触的 14.9~17.7 nm 范围内，磨粒切向应力略有减小。多晶划擦产生的高应力是由缺陷积累引起的应力集中所致。不同划擦阶段的切向应力偏差较大的原因是晶粒尺寸和 GB 方向不同造成的。在多晶中，划擦速度对切向应力的影响也很小，但明显大于单晶时的影响。所有法向应力在 5~20 nm 的划擦速度范围内保持稳定。单晶和多晶的稳定值分别为 1.6 GPa 和 1.7 GPa，由于法向力相同，稳定值相近。这一趋势表明，多晶硅中的正常应力对晶粒和 GB 不敏感，对划擦速度和切削深度也不敏感。

11.4.4　损伤层对比

表 11-2 给出了在 Y = 7.5 nm 的横截面视图中测量的单晶和多晶 SiC 中的 SSD 厚度。SSD 厚度与单晶和多晶 SiC 的切削深度呈正相关，因为更多的材料被去除，这迫使更多的原子结构破坏。具体来说，在 50 m/s 的划擦速度下，当切割深度分别从 1 nm 增加到 2 nm 和 3 nm 时，单晶和多晶的 SSD 厚度分别从 1.6 nm 增加到 2.5 nm

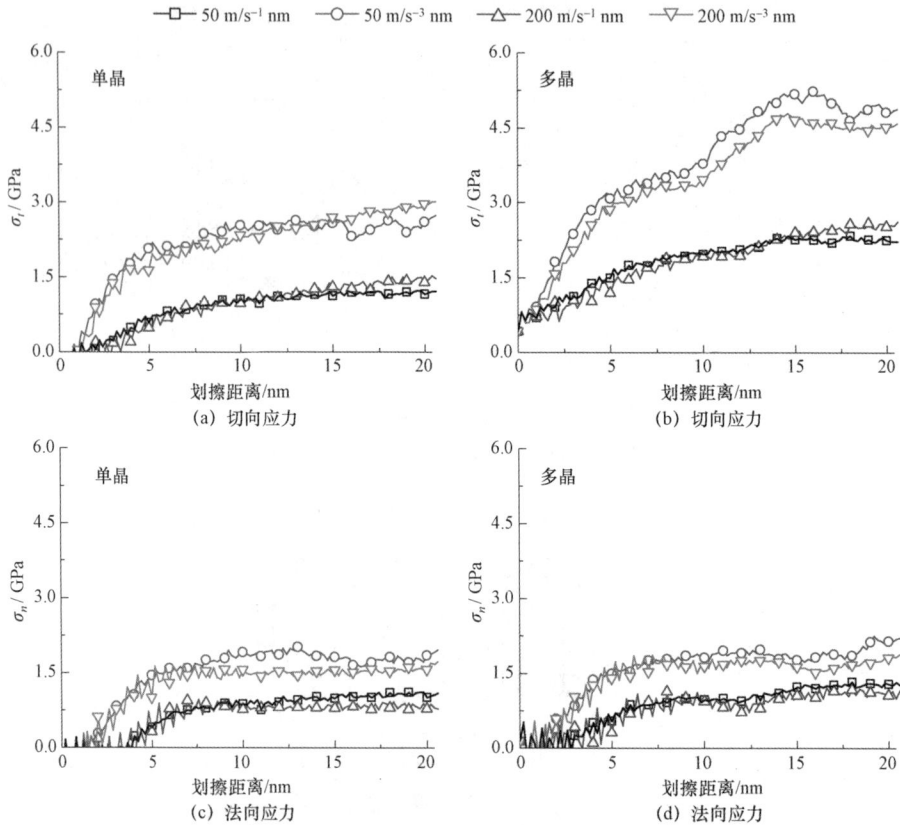

图 11-15　应力随磨削距离的变化

和 2.8 nm 和从 1.04 nm 增加到 3.86 nm 和 5.1 nm。比较单晶和多晶中的 SSD，多晶在 1 nm 切深处得到了更小的 SSD。GBs 的软化效应使多晶硅中的 SSD 在 1 nm 的切削深度中变得更小，塑性变形在材料去除过程中占主导地位。在 2 nm 和 3 nm 切深处发现了多晶中 SSD 较高的相反趋势，其中由于位错延伸、穿晶和沿晶断裂产生了新的 GB，这扩大了 SSD 厚度。然而，单晶材料的去除也受到塑性变形的控制。这些结果表明，纳米级单晶 SiC 中仅存在塑性流动，而对于多晶 SiC 划擦，由于微观结构的存在，至少会发生塑性变形、沿晶断裂和穿晶断裂三种材料去除机制。

表 11-2　亚表面损伤层厚度

划擦速度	单晶			多晶		
	$a_p = 1$ nm	$a_p = 2$ nm	$a_p = 3$ nm	$a_p = 1$ nm	$a_p = 2$ nm	$a_p = 3$ nm
50 m/s	1.6 nm	2.5 nm	2.8 nm	1.04 nm	3.86 nm	5.10 nm

划擦速度	单晶			多晶		
	$a_p = 1$ nm	$a_p = 2$ nm	$a_p = 3$ nm	$a_p = 1$ nm	$a_p = 2$ nm	$a_p = 3$ nm
100 m/s	1.2 nm	2.2 nm	2.4 nm	1.00 nm	2.86 nm	3.70 nm
150 m/s	1.1 nm	1.6 nm	2.2 nm	1.00 nm	2.34 nm	3.58 nm

11.5　本章小结

在本章，我们采用 Voronoi 定点旋转切割法构建多晶 SiC 模型，并采用分子动力学模拟方法研究了多晶 SiC 纳米划擦过程，讨论了划擦过程对 SiC 晶体结构、划擦力、应力和温度、表面形貌和 SSD 的影响机制。结果表明：多晶 SiC 的在纳米级划擦深度可以通过非晶态结构相变来实现延性去除，这是纳米级 SiC 划擦过程中的主要材料去除机制。硅原子会渗入金刚石磨粒中，从而导致金刚石磨粒的磨损。无序 GB 原子可以转变为六方金刚石结构并在划擦过程中产生位错。此外，在较高的划擦速度下，因为较大的冲击会破坏更多的 Si-C 键，导致较小的划擦力、较小的法向应力和较高的温度，这使得 SiC 材料更具韧性并且更容易去除。由于晶界内的应力集中，切向应力对晶粒和 GB 的几何形状和位置有很大的依赖性。较高的划擦速度下，温度和冲击力的增加可以促使磨粒前端的堆积原子向磨粒两侧流动形成划痕两边的突起，进而可以获得较浅的 SSD 厚度和较宽的 SSD 层。SSD 结果还表明，多晶 SiC 划擦过程中至少存在三种材料去除机制——非晶转变、沿晶断裂和穿晶断裂。

同时，我们还将多晶 SiC 仿真结果与单晶 SiC 划擦仿真结果进行了对比，发现材料去除过程都是通过相变成非晶态结构来实现的，单晶和多晶 SiC 的划擦力、非晶相变和 SSD 厚度随着切削深度的增加而增加，随着划擦速度的增加而减小。大切削深度和低划擦速度导致大的划擦力、应力和表面损伤层厚度。多晶 SiC 在所有划擦条件下，由于微观结构导致材料软化，非晶态结构相变较小，法向划擦力较小，切向应力较高。此外，切向应力高度依赖于多晶中的晶粒几何形状和 GB 位置。多晶的亚表面损伤层在低切深时比单晶稍薄，而在大切深时会恶化。除了单晶 SiC 纳米级划擦中发生的塑性变形，多晶 SiC 通过新 GB 的生成和连接也观察到了沿晶断裂和穿晶断裂，多晶中的晶界可以作为位错产生和延伸的核心，形成新晶界，使纳米级材料去除从单晶中的纯塑性变形转变为多晶中的塑性变形、沿晶断裂和穿晶断裂的混合去除。上述对晶体表面缺陷的研究将大大改变晶体的宏观性能，且该性能在改变纳米磨削过程中不可忽略。

参考文献

［1］ Lawn B R, Wilshaw T R.Fracture of brittle solids ［M］. Cambridge：Cambridge University Press, 1993.

［2］ Evans F G.Mechanical properties and histology of cortical bone from younger and older men ［J］. Anatomical Record, 1976, 185(1): 1-11.

［3］ Anstis G R, Chantikul P, Lawn B R, et al.A critical evaluation of indentation techniques for measuring fracture toughness：I, direct crack measurements ［J］. Journal of the American Ceramic Society, 1981, 64(9): 533-538.

［4］ 张玺，王蓉，张序清，等. 碳化硅单晶衬底加工技术现状及发展趋势 ［J］. 中央民族大学学报（自然科学版），2021，30（4）：5-12.

［5］ 游巧. PVT 法制备 SiC 单晶的研究进展 ［J］. 山西化工，2022，42（64）：40-41＋71.

［6］ 滕世国，张松辉，张晓红，等. 不同结构化金刚石砂轮磨削碳化硅陶瓷的试验研究 ［J］. 工具技术，2021，55（8）：38-43.

［7］ 徐铭洲，丁凯，李奇林，等. 超声辅助磨削碳化硅陶瓷的工具磨损试验研究［J］. 现代制造工程，2021（12）：88-94.

［8］ Matsuo T, Toyoura S, Oshima E, et al.Effect of grain shape on cutting force in superabrasive single-grit tests ［J］. CIRP Annals, 1989, 38(1): 323-326.

［9］Liu Y, Li B Z, Wu C J, et al.Simulation-based evaluation of surface micro-cracks and fracture toughness in high-speed grinding of silicon carbide ceramics ［J］. The International Journal of Advanced Manufacturing Technology, 2016, 86(1-4): 799-808.

［10］ Wu C J, Li B Z, Liu Y, et al.Strain rate-sensitive analysis for grinding damage of brittle materials ［J］. The International Journal of Advanced Manufacturing Technology, 2016, 89(5-8): 2221-2229.

［11］ Liu Y, Li B Z, Wu C J, et al.Smoothed particle hydrodynamics simulation and experimental analysis of SiC ceramic grinding mechanism［J］. Ceramics International, 2018, 44(11): 12194-12203.

［12］Wu C J, Li B Z, Liu Y, et al.Surface roughness modeling for grinding of silicon carbide ceramics considering co-existence of brittleness and ductility［J］. International Journal of Mechanical Sciences, 2017(133): 167-177.

［13］刘瑶，周雯雯，权宇. 基于砂轮表面磨粒特性的磨削表面粗糙度建模［J］. 组合机床与自动化加工技术，2020（12）：149-152.

［14］Pang J Z, Li B Z, Liu Y, et al.Rayleigh heat flux distribution model investigation and workpiece temperature prediction in the cylindrical grinding［J］. The International Journal of Advanced Manufacturing Technology, 2016, 89(9-12): 3231-3241.

［15］Pang J Z, Li B Z, Liu Y, et al.Heat flux distribution model in the cylindrical grinding contact area［J］. Procedia Manufacturing, 2016(5): 158-169.

［16］于爱兵，田欣利，韩建华，等. 应用压痕断裂力学分析陶瓷材料的磨削加工［J］. 硅酸盐通报，2002（1）：58-61.

［17］田雪豪，郑鹏，张琳娜. 高速磨削表面粗糙度预测模型研究［J］. 机械设计与制造，2019(10): 193-196.

［18］宋铁军，周志雄，李伟，等. 硬质合金立铣刀螺旋槽磨削表面粗糙度模型研究［J］. 机械工程学报，2017，53(17): 185-192.

［19］Chuang T J, Jahanmir S, Tang H C.Finite element simulation of straight plunge grinding for advanced ceramics［J］. Journal of the European Ceramic Society, 2003, 23(10): 1723-1733.

［20］Zhou X, Xi F. Modeling and predicting surface roughness of the grinding process［J］. Int J Mach Tool Manu, 2002, 42(8, 25): 969-977.

［21］Gopal A V, Rao P V.A new chip-thickness model for performance assessment of silicon carbide grinding［J］. The International Journal of Advanced Manufacturing Technology, 2004, 24(11-12, 26): 816-820.

［22］Zhang B, Zheng X L, Tokura H, et al.Grinding induced damage in ceramics［J］. Journal of Materials Processing Technology, 2003, 132(1-3): 353-364.

［23］Ohbuchi Y, Matsuo T.Force and chip formation in single-grit orthogonal cutting with shaped CBN and diamond grains［J］. CIRP Annals, 1991, 40(1): 327-330.

［24］ Aurich J C, Herzenstiel P, Sudermann H, et al.High-performance dry grinding using a grinding wheel with a defined grain pattern ［J］. CIRP Annals-Manufacturing Technology, 2008, 57(1): 357-362.

［25］ Zhang B, Zheng X L, Tokura H, et al. Grinding induced damage in ceramics ［J］. Journal of Materials Processing Technology, 2003, 132(1-3): 353-364.

［26］ Durgumahanti U S P, Singh V, Rao P V. A new model for grinding force prediction and analysis ［J］. International Journal of Machine Tools and Manufacture, 2010, 50(3): 231-240.

［27］ Tawakoli T, Azarhoushang B.Intermittent grinding of ceramic matrix composites (CMCs）utilizing a developed segmented wheel ［J］. International Journal of Machine Tools and Manufacture, 2011, 51(2): 112-119.

［28］ Tang J Y, Du J, Chen Y P. Modeling and experimental study of grinding forces in surface grinding ［J］. Journal of Materials Processing Technology, 2009, 209(6): 2847-2854.

［29］ 高绍武，杨长勇，徐九华，等. 超声振动辅助磨削马氏体不锈钢表面粗糙度研究 ［J］. 振动与冲击，2018，37（20）：245-250.

［30］ Aslan A, Vatansever H, Aslan G, et al.Effect of thermal energy produced by drilling on the facial nerve-histopathologic evaluation in guinea pigs ［J］. The Journal of Laryngology & Otology, 2005, 119(8): 600-605.

［31］ Dai J B, Su H H, Zhou W B, et al.Experimental and numerical investigation on the interference of diamond grains in double-grain grinding silicon carbide ceramics ［J］. Journal of Manufacturing Processes, 2019(44): 408-417.

［32］ Dai J B, Su H H, Yu T F, et al.Experimental investigation on materials removal mechanism during grinding silicon carbide ceramics with single diamond grain ［J］. Precision Engineering, 2018(51): 271-279.

［33］ Dai J B, Su H H, Zhou W B, et al.Finite element implementation of the tension-shear coupled fracture criterion for numerical simulations of brittle-ductile transition in silicon carbide ceramic grinding ［J］. International Journal of Mechanical Sciences, 2018(146-147): 211-220.

［34］ Dai J B, Su H H, Hu H, et al.The influence of grain geometry and wear conditions on the material removal mechanism in silicon carbide grinding with single grain

［J］．Ceramics International, 2017, 43(15): 11973-11980.

［35］Chang H C, Wang J J J. A stochastic grinding force model considering random grit distribution ［J］．International Journal of Machine Tools and Manufacture, 2008, 48(12-13): 1335-1344.

［36］Tang J Y, Du J, Chen Y P. Modeling and experimental study of grinding forces in surface grinding ［J］．Journal of Materials Processing Technology, 2009, 209(6): 2847-2854.

［37］Evans F G. Mechanical properties and histology of cortical bone from younger and older men ［J］．The Anatomical record, 1976, 185(2): 1-11.

［38］Liu Y, Quan Y, Wu C, et al.Single diamond scribing of SiC_f/SiC composite：force and material removal mechanism study［J］．Ceramics International, 2021, 47(19): 27702-27709.

［39］周雯雯，王建青，赵晶，等.单颗磨粒划擦 SiC_f/SiC 陶瓷基复合材料的试验研究 ［J］．金刚石与磨料磨具工程，2021，41（1）：51-57.

［40］Lamon J, Thommeret B, Percevault C.Probabilistic-statistical approach to matrix damage and stress-strain behavior of 2-D woven SiC-SiC ceramic matrix composites ［J］．Journal of the European Ceramic Society, 1998, 18(13): 1797-1808.

［41］Cao X Y, Lin B, Zhang X F. Investigations on grinding process of woven ceramic matrix composite based on reinforced fiber orientations ［J］．Composites Part B：Engineering, 2015(71): 184-192.

［42］Jones R H, Henager C H.Subcritical crack growth processes in SiC/SiC ceramic matrix composites ［J］．Journal of the European Ceramic Society, 2005, 25(10): 1717-1722.

［43］赵凡．超声辅助磨削碳化硅纤维增强碳化硅陶瓷基复合材料试验研究 ［D］．大连：大连理工大学, 2020.

［44］Gong Y D, Qu S S, Yang Y Y. Some observations in grinding SiC and silicon carbide ceramic matrix composite material ［J］．The International Journal of Advanced Manufacturing Technology, 2019, 103(5-8, 14): 3175-3186.

［45］Zhang L C, Zhang H, Wang X. A new mechanics model for predicting the forces of cutting unidirectional fiber-reinforced composites ［J］．Machining Science and

Technology, 2001, 5(3): 293-305.

［46］Xu W X, Zhang L C.On the mechanics and material removal mechanisms of vibration-assisted cutting of unidirectional fiber-reinforced polymer composites ［J］. International Journal of Machine Tools and Manufacture, 2014(80-81): 1-10.

［47］Liu C J, Ding W F, Yu T Y, et al.Materials removal mechanism in high-speed grinding of particulate reinforced titanium matrix composites［J］. Precision Engineering, 2018(51): 68-77.

［48］Liu Q, Huang G Q, Xu X P, et al.Influence of grinding fiber angles on grinding of the 2D-C_f/C-SiC composites［J］. Ceramics International, 2018, 44(11): 12774-12782.

［49］屈硕硕，巩亚东，杨玉莹，等. 2.5D C_f/SiC 复合材料磨削工艺试验研究［J］. 东北大学学报(自然科学版)，2020，41（2）：252-257.

［50］Zhang L F, Ren C Z, Ji C H, et al.Effect of fiber orientations on surface grinding process of unidirectional C/SiC composites［J］. Applied Surface Science, 2016(366): 424-431.

［51］Liu Q, Huang G Q, Fang C F, et al.Experimental investigations on grinding characteristics and removal mechanisms of 2D-C_f/C-SiC composites based on reinforced fiber orientations［J］. Ceramics International, 2017, 43(17): 15266-15274.

［52］Bheemreddy V, Chandrashekhara, K, Dharani L R, et al.Modeling of fiber pull-out in continuous fiber reinforced ceramic composites using finite element method and artificial neural networks［J］. Computational Materials Science, 2013(79): 663-673.

［53］Cao X Y, Lin B, Wang Y, et al. Influence of diamond wheel grinding process on surface micro-topography and properties of SiO_2/SiO_2 composite［J］. Applied Surface Science, 2014, 292(1): 181-189.

［54］Inghels E, Lamon J.An approach to the mechanical behaviour of SiC/SiC and C/SiC ceramic matrix composites［J］. Journal of Materials Science, 1991, 26(20): 5411-5419.

［55］Zhang L F, Ren C Z, Zhou C L, et al.Single fiber push-out characterization of interfacial mechanical properties in unidirectional CVI-C/SiC composites by the nano-indentation technique［J］. Applied Surface Science：B, 2015(357): 1427-1433.

［56］Azarhoushang B, Tawakoli T.Development of a novel ultrasonic unit for grinding of ceramic matrix composites［J］. The International Journal of Advanced Manufacturing Technology, 2011, 57(9-12): 945-955.

［57］Yuan S M, Fan H T, Amin M, et al.A cutting force prediction dynamic model for side milling of ceramic matrix composites C/SiC based on rotary ultrasonic machining［J］. The International Journal of Advanced Manufacturing Technology, 2016, 86(1-4): 37-48.

［58］康仁科，赵凡，鲍岩，等.超声辅助磨削 SiC_f/SiC 陶瓷基复合材料［J］. 金刚石与磨料磨具工程，2019，39（4）：85-91.

［59］Aubard X.Modelling of the mechanical behaviour of a 2-D SiC-SiC composite at a meso-scale［J］. Composites Science and Technology, 1995, 54(4): 371-378.

［60］池宪，吴凡，锁小红. C-SiC 陶瓷基复合材料磨削参数优化研究［J］. 航空精密制造技术，2012，48（1）：41-43.

［61］Saha P, Singha A, Pal S K, et al.Soft computing models based prediction of cutting speed and surface roughness in wire electro-discharge machining of tungsten carbide cobalt composite［J］. The International Journal of Advanced Manufacturing Technology, 2008, 39(1-2): 74-84.

［62］Furumoto T, Washizuka D, Hosokawa A, et al.Grinding performance of SiC-based ceramics composites by mounted wheel high efficiency by vitrified bonded wheel ［J］. Journal of Japan Society Abrasive Technology, 2014(58): 6.

［63］Li Z C, Jiao Y, Deines T W, et al. Rotary ultrasonic machining of ceramic matrix composites: feasibility study and designed experiments［J］. International Journal of Machine Tools and Manufacture, 2005, 45(12-13): 1402-1411.

［64］Bertsche E, Ehmann K, Malukhin K. Ultrasonic slot machining of a silicon carbide matrix composite［J］. The International Journal of Advanced Manufacturing Technology, 2013, 66(5-8): 1119-1134.

［65］Diaz O G, Axinte D A, Butler-Smith P, et al.On understanding the microstructure of SiC/SiC ceramic matrix composites(CMCs）after a material removal process ［J］. Materials Science and Engineering：A, 2019(743): 1-11.

192

［66］ Diaz O G, Luna G G, Liao Z R, et al.The new challenges of machining ceramic matrix composites (CMCs): review of surface integrity ［J］. International Journal of Machine Tools and Manufacture, 2019(139): 24-36.

［67］ Zhang L F, Wang S, Li Z, et al.Influence factors on grinding force in surface grinding of unidirectional C/SiC composites ［J］. Applied Composite Materials, 2019, 26(3): 1073-1085.

［68］ Qu S S, Gong Y D, Yang Y Y, et al.Grinding characteristics and removal mechanism of 2.5D-needled C_f/SiC composites［J］. Ceramics International, 2019, 45(17): 21608-21617.

［69］ Guo W C, Wu C J, Ding Z S, et al.Prediction of surface roughness based on a hybrid feature selection method and long short-term memory network in grinding ［J］. The International Journal of Advanced Manufacturing Technology, 2021, 112(9-10): 2853-2871.

［70］ Qu S S, Gong Y D, Yang Y, Y et al.Surface topography and roughness of silicon carbide ceramic matrix composites ［J］. Ceramics International, 2018, 44(12): 14742-14753.

［71］ Qu S S, Gong Y D, Yang Y Y, et al.Investigating minimum quantity lubrication in unidirectional C_f/SiC composite grinding ［J］. Ceramics International, 2020, 46(3): 3582-3591.

［72］ Qu S S, Gong Y D, Yang Y Y, et al.An investigation of carbon nanofluid minimum quantity lubrication for grinding unidirectional carbon fiber-reinforced ceramic matrix composites ［J］. Journal of Cleaner Production, 2020 (249): 119353.

［73］ Azarhoushang B, Tawakoli T.Development of a novel ultrasonic unit for grinding of ceramic matrix composites ［J］. The International Journal of Advanced Manufacturing Technology, 2011, 57(9-12）(15): 945-955.

［74］ Cao X Y, Lin B, Zhang X F. Investigations on grinding process of woven ceramic matrix composite based on reinforced fiber orientations ［J］. Composites Part B：Engineering, 2015, 71(16): 184-192.

［75］ Ye Z, Yan Z, Li X, et al.Chemical mechanical polishing of 4H-SiC wafer with UV-LED light ［J］. Nanotechnology and Precision Engineering, 2017, 15(5): 342-346.

［76］ Lee K I, Dong C S, Jang S O, et al.Development of silicon carbide atomic layer etching technology ［J］. Thin Solid Films, 2020, 707(33): 138084.

［77］ Liu Y, Li B Z, Kong L F. Atomistic insights on the nanoscale single grain scratching mechanism of silicon carbide ceramic based on molecular dynamics simulation ［J］. Aip Advances, 2018, 8(3): 35109.

［78］ Liu Y, Li B Z, Zheng Y H. Investigation of high-speed nanogrinding mechanism based on molecular dynamics ［C］. Proceedings of the ASME 2018 13th International Manufacturing Science and Engineering Conference ［A］. 2018：18-22.

［79］ Liu Y, Li B Z, Kong L F. A molecular dynamics investigation into nanoscale scratching mechanism of polycrystalline silicon carbide ［J］. Computational Materials Science, 2018(148): 76-86.

［80］ Liu Y, Li B Z, Kong L F. Molecular dynamics simulation of silicon carbide nanoscale material removal behavior ［J］. Ceramics International, 2018, 44(10): 11910-11913.

［81］ 李娟, 陈秀芳, 马德营, 等. SiC 单晶片的超精密加工［J］. 功能材料, 2006(1): 70-72.

［82］ Churi N J, Pei Z J, Shorter D C, et al.Rotary ultrasonic machining of silicon carbide: designed experiments ［J］. Int J Manufacturing Technology and Management, 2007, 12(1-3): 284-298.

［83］ Tomohiro I, Yusuke T, Nobuhide N, et al.Development of grinding technology of monocrystalline silicon carbide by applying nano-particle diamond grinding wheel ［C］. International Technical Conference on Diamond, Cubic Boron Nitride and their Applications ［A］. 2015：152-158.

［84］ Yan Q, Chen S, Pan J, et al.Surface and subsurface damage characteristics and material removal mechanism in 6H-SiC wafer grinding ［J］. Materials Research Innovations, 2014, 18(sup2): 742-747.

［85］ Feng W, Lu W Z, Zhou H, et al.Surface characterization of diamond film tool grinding on the monocrystal sapphire under different liquid environments ［J］. Applied Surface Science, 2016, 387(101): 784-789.

［86］ Li K, Guo Q, Liu M Y, et al.A study on pore-forming agent in the resin bond diamond wheel used for silicon wafer back-grinding [J]. Procedia Engineering, 2012, 36(102): 322-328.

[87] Pei Z J, Strasbaugh A.Fine grinding of silicon wafers: designed experiments [J]. International Journal of Machine Tools and Manufacture, 2002, 42(3, 103): 395-404.

[88] GAO S, Kang R, Dong Z G, et al.Edge chipping of silicon wafers in diamond grinding [J]. International Journal of Machine Tools and Manufacture, 2013, 64 (1, 104): 31-37.

[89] Werner G.Influence of work material on grinding forces [J]. Gen Assem of CIRP, 28th, Manuf Technol, 1978, 27(1, 105): 243-248.

[90] Liu Q, Chen X, Wang Y, et al.Empirical modeling of grinding force based on multivariate analysis [J]. Journal of Materials Processing Technology, 2008, 203(1-3, 106): 420-430.

[91] Bifano T G, Dow T A, Scattergood R O. Ductile-regime grinding-a new technology for machining brittle materials [J]. Journal of Engineering for Industry, 1991, 113(2): 184-189.

[92] Arif M, Rahman M, San W Y.An experimental investigation into micro ball end-milling of silicon [J]. Journal of Manufacturing Processes, 2012, 14(1): 52-61.

[93] Arif M, Rahman M, San W Y, et al.An experimental approach to study the capability of end-milling for microcutting of glass [J]. The International Journal of Advanced Manufacturing Technology, 2010, 53(9-12): 1063-1073.

[94] Arif M, Rahman M, San W Y.Analytical model to determine the critical feed per edge for ductile-brittle transition in milling process of brittle materials [J]. International Journal of Machine Tools and Manufacture, 2011, 51(3): 170-181.

[95] Arif M, Rahman M, Kumar S, et al.A predictive model of the critical undeformed chip thickness for ductile-brittle transition in nano-machining of brittle materials [J]. International Journal of Machine Tools and Manufacture, 2013(64): 114-122.

[96] Agarwal S, Rao P V.Experimental investigation of surface/subsurface damage formation and material removal mechanisms in SiC grinding [J]. International

Journal of Machine Tools and Manufacture, 2008, 48(6): 698-710.

［97］ Agarwal S, Rao P V.Predictive modeling of undeformed chip thickness in ceramic grinding［J］. International Journal of Machine Tools and Manufacture, 2012(56): 59-68.

［98］ Agarwal S, Rao P V.Modeling and prediction of surface roughness in ceramic grinding［J］. International Journal of Machine Tools and Manufacture, 2010, 50(12): 1065-1076.

［99］ Agarwal S, Rao P V.Predictive modeling of force and power based on a new analytical undeformed chip thickness model in ceramic grinding［J］. International Journal of Machine Tools and Manufacture, 2013(65): 68-78.

［100］ Agarwal S, Rao P V.Performance improvement of SiC grinding using solid lubricants［J］. Machining Science and Technology, 2007, 11(1): 61-79.

［101］ Agarwal S, Rao P V.Improvement in productivity in SiC grinding ［J］. Proceedings of the Institution of Mechanical Engineers, Part B: Journal of Engineering Manufacture, 2011, 225(6): 811-830.

［102］ Agarwal S, Rao P V.Grinding characteristics, material removal and damage formation mechanisms in high removal rate grinding of silicon carbide ［J］. International Journal of Machine Tools and Manufacture, 2010, 50(12): 1077-1087.

［103］ Agarwal S, Rao P V.A new surface roughness prediction model for ceramic grinding ［J］. P I Mech Eng B-J Eng, 2005, 219(11): 811-821.

［104］ Agarwal S, Rao P V.A probabilistic approach to predict surface roughness in ceramic grinding ［J］. International Journal of Machine Tools and Manufacture, 2005, 45(6): 609-616.

［105］ Agarwal S.Optimizing machining parameters to combine high productivity with high surface integrity in grinding silicon carbide ceramics ［J］. Ceramics International, 2016, 42(5): 6244-6262.

［106］ Chen M J, Zhao Q L, Dong S, et al.The critical conditions of brittle-ductile transition and the factors influencing the surface quality of brittle materials in ultra-precision grinding ［J］. Journal of Materials Processing Technology, 2005, 168(1): 75-82.

［107］高绍武，杨长勇，徐九华，等. 超声振动辅助磨削马氏体不锈钢表面粗糙度研究［J］. 振动与冲击，2018，37（20）：245-250.

［108］Gopal A V, Rao P V.A new chip-thickness model for performance assessment of silicon carbide grinding［J］. The International Journal of Advanced Manufacturing Technology, 2004, 24(11-12): 816-820.